普通高等教育工程造价类专业“十三五”系列规划教材
工程造价本科专业工作坊实践教学系列教材

建设工程估价工作坊

——案例教学教程

严　玲　郭　亮　主编

机 械 工 业 出 版 社

工作坊实践教学是在借鉴英国和中国香港等国家和地区工料测量高等教育实践教学基础上形成的，其基本理念是将专业人士能力标准引入实践教学体系，与实践教学内容有效衔接，通过设置合理的项目模块，要求学生完成相对应的任务并提交相关成果文件，将“软能力”转化为可以表现和评价的“硬技术”，以达成能力培养目标和以学生为中心的学习要求。

本书以培养学生招投标阶段工程估价的核心能力为目标，以一个真实工程项目贯穿始终，分解和设置成四大项目来实施工作坊教学，包括：项目一招标工程量清单的编制；项目二招标项目招标控制价的编制；项目三投标文件中施工组织设计的编制；项目四投标文件的编制。

全书分为上下两篇。上篇以任务为核心，将每个项目都分解为需要学生完成的若干任务，每项任务都提出了任务要求，设置了若干与项目中提供的案例情境或客观规律有关的过关问题，并给出了任务完成的方法和内容。下篇以成果范例为核心，给出了可供参考的过关问题答案以及按照国家相关法律法规和规范形成的成果文件。

本书既可为高等院校工程管理、工程造价等专业的建设工程估价课程设计、建设工程估价工作坊实践教学、建设工程投标文件编制等毕业设计提供指导，很多过关问题的讨论也可为工程管理、工程造价专业人员提供参考。

本书中的 CAD 图，读者可登录机械工业出版社教育服务网（www.cmpedu.com）搜索本书，在本书主页内容简介栏目获取下载链接。

图书在版编目（CIP）数据

建设工程估价工作坊：案例教学教程/严玲，郭亮主编. —北京：机械工业出版社，2019.1（2023.1 重印）
普通高等教育工程造价类专业“十三五”系列规划教材 工程造价本科专业工作坊实践教学系列教材
ISBN 978-7-111-61619-1

Ⅰ.①建… Ⅱ.①严… ②郭… Ⅲ.①建筑造价-估价-高等学校-教材
Ⅳ.①TU723.3

中国版本图书馆 CIP 数据核字（2018）第 295257 号

机械工业出版社（北京市百万庄大街 22 号 邮政编码 100037）
策划编辑：刘 涛 责任编辑：刘 涛 于伟蓉 商红云
责任校对：杜雨霏 封面设计：马精明
责任印制：张 博
北京雁林吉兆印刷有限公司印刷
2023 年 1 月第 1 版第 2 次印刷
184mm×260mm · 20.5 印张 · 493 千字
标准书号：ISBN 978-7-111-61619-1
定价：59.00 元

电话服务
客服电话：010-88361066
010-88379833
010-68326294

网络服务
机 工 官 网：www.cmpbook.com
机 工 官 博：weibo.com/cmp1952
金 书 网：www.golden-book.com
机工教育服务网：www.cmpedu.com

前　言

一、能力导向下的工程管理、工程造价类专业工作坊实践教学设计理念

应用型本科工程管理、工程造价类专业是旨在培养具备工程技术、经济、管理和法律法规知识，能为企业、行业服务的应用型、复合型工程化人才的高等工程教育专业。随着社会经济发展，我国自20世纪90年代起在工程管理领域建立了相应的注册工程师制度，行业对于毕业生能力的要求和期望也越来越高，尤其是对学生实践技能的要求更高，这就必然要求工程造价类高等专业教育要注重人才培养过程中执业能力的获得。

中国香港地区工料测量高等教育体系与国际上工料测量高等教育学位设置具有高度同源性和相似性，其高等教育体系中工料测量专业实践教学中最具特色的是测量工作坊（Studio）。测量工作坊的实践教学环节将工料测量行业协会制定颁布的能力标准作为其开展测量工作坊实践教学的明确导向以及实践教学内容的主线，采取案例学习、项目运作等手段，将经济、管理、法律、工程技术等知识体系整合为学生必需的专业技能，培养学生自我指导、自我激励学习、思考问题、解决问题、决策、时间管理、沟通和谈判、合作学习的能力。测量工作坊充分响应能力标准的要求，形成了“能力—任务—过关问题—知识单元”的工作坊实践教学设计理念，如图1所示。

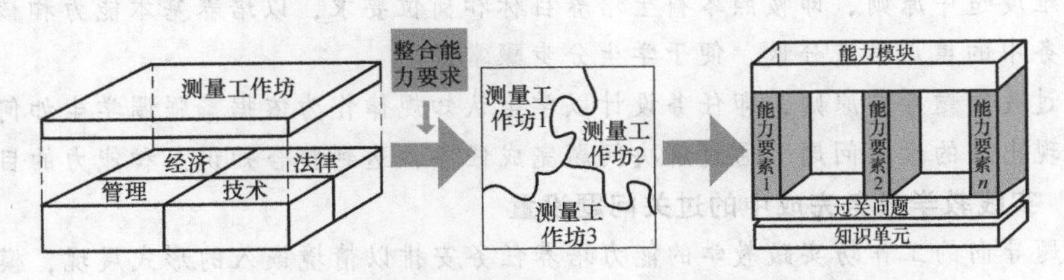

图1　能力导向下的中国香港地区高校测量工作坊实践教学设计理念

为了强化对学生的能力训练，很多高校工程管理、工程造价类专业都安排了以学生学习为中心、执业能力培养为导向的工作坊实践教学环节。但是，要实现以能力为导向的工作坊实践教学目标，首先必须构建与国内企业和行业相适应的专业人士执业能力标准，其次要将能力标准与实践教学内容有效衔接，将能力标准转变为实践教学内容中学生能够执行的任务，将“软能力”转化为可以表现和评价的“硬技术”，以达成能力培养目标。工作坊实践教学需要按照能力导向，构建能力培养与实践教学之间的衔接体系，提高能力训练的针对性；同时工作坊实践教学的内容设置应体现解决问题的训练方式，在学生解决问题的过程中实现与理论教学的有机结合。

二、工程管理、工程造价类专业工作坊实施的关键环节

我国工程管理、工程造价类专业人士执业范围与建设全过程的阶段划分以及管理体制有

关，大致可以划分为建设工程的全过程造价计价与控制、招标投标与合同管理、项目可行性研究与投融资管理等三个业务范畴。无疑，建设工程估价能力是工程管理与工程造价类专业人士所必须具备的基本能力。建设工程估价工作坊实践教学将能力标准中的能力要求转化为外显成果需要建立以下三个关键环节：

（一）基于能力导向的实践教学任务分解

实践教学的安排也指出应将实践教学具体化，将抽象的教学任务转化为可执行的方案。可见，工作坊实践教学能力培养方案以任务驱动的形式带动显得尤为关键。工作坊与传统教学最大的区别在于其按能力要求对实践教学内容进行分解，即将能力的不同层次要求，划分为不同的能力模块及其对应的能力要素，使得学生能力训练更有针对性；实践教学采用与具体项目结合的形式，以任务为载体，按照如何完成任务来重新梳理知识单元，帮助学生建立面向解决实际复杂问题的系统性思维和工作方式。当然，能力导向不仅仅是指专业技能，还包括学生在完成任务过程中获得的沟通、信息处理、组织、合作以及报告撰写等多方面的能力，以培养职业素养。

整个工作坊实践教学中，任务设计将直接影响教学效果。因此本书在能力导向下对每一个项目进行任务设计和编排时遵循了四个原则：

一是目标原则，即每一个任务的完成应该有明确目标和可交付成果，并在任务完成后能形成完整的项目成果文件。

二是可分解性原则，即每一个任务与其他任务之间具有逻辑联系，但是界面清晰，可以组合形成项目成果文件。

三是难度适中原则，即按照本科生培养目标和岗位要求，以培养基本能力和核心能力为主，将任务中的重点难点分散，便于学生分步骤掌握。

四是过关问题导向原则，即任务设计以学生认知规律作为依据，强调学生如何主动解决案例中呈现出来的过关问题，通过解决问题完成任务，达到整合知识点和能力的目标。

（二）实践教学任务完成中的过关问题设置

以问题导向的工作坊实践教学的能力培养任务安排以情境嵌入的形式展现，模拟未来工作环节，是一种踏入社会前的实战演练。工作坊实践教学若以知识为导向进行讲授，过于注重理论教学，将不利于学生实践能力的培养，不能满足实践教学能力培养的需要。根据专业认证制度及卓越工程师计划的要求，应用型专业人才培养应以能力导向，通过过关问题的设置来达到能力与知识的融合；实践教学任务的完成强调学生利用知识解决其中的过关问题，从而获得能力模块对应的实践技能，有利于实现实践教学能力培养的目标，提高实践教学的效果。

（三）实践教学任务完成的成果文件的规范和评价

工作坊实践教学需要对学生所提交的成果文件以及在活动中的表现进行评价，以考察其能力的掌握程度。实践教学实施过程的质量控制是保证实践教学效果的重要因素。工作坊实践教学能力考评体系是保证专业能力培养目标实现的重要方法。传统的考评方式只注重学习结束后的一次性评价，强调知识掌握的多少和掌握的程度，却忽视了在学习过程中形成的能力。工作坊实践教学的专业能力考评要重视对实践过程的质量保证，考查学生完成实践教学内容中的具体任务后，是否具备了相应的能力。

三、建设工程估价工作坊实施的能力标准与教学内容

我国的建设工程传统发承包模式主要是设计与施工分离的DBB模式，那么对施工项目在招标投标阶段能进行准确的工程估价就成为最基本的技能要求。专业人员既可以为发包人提供招标工程量清单编制、审核以及招标控制价编制与审核等方面的服务，也可以接受投标人的委托进行招标项目的投标文件编制。本书以行业和企业雇主对专业人员执业能力的要求出发，分别从招标人和投标人两个侧面对专业人员完成工程估价的执业能力进行分析。

（一）建设工程估价工作坊实施的能力标准

实践教学能力培养模式应以核心能力为导向，按能力要素与理论知识结构的对应关系设置教学任务。在大量收集工程咨询领域内行业、企业对招标投标阶段专业人员的工程估价执业能力要求的招聘信息、政策文件以及文献资料的基础上，形成了建设工程估价工作坊的基本和核心能力要求，据此构建了与能力标准相应的工作坊教学实施方案，并最终以学生完成相对应的任务，提交相应文件来反映学生是否达到了相应的能力标准的要求。图2为建设工程估价能力标准与工作坊实践教学培养方案。

（二）建设工程估价工作坊实施的教学内容安排

本书按照我国工程管理和工程造价类专业人士在招标投标阶段进行招标工程量清单编制、招标控制价编制以及投标文件编制的岗位要求，提炼出能涵盖相关专业人员工作范畴的最重要的基本和核心能力群，安排工作坊实践教学的项目—任务模块。

据此本书初步将建设工程估价工作坊划分为四个项目，包括招标工程量清单编制、招标控制价编制、招标项目施工组织设计编制、投标文件编制，其中每个项目又划分为若干个任务，每个任务分解为若干个环节，每个任务中又设置了若干过关问题，要求学生通过解决过关问题，完成任务并获得足够的能力训练。

全书分为上下两篇，工作坊教材结构和框架如图3所示。上篇为能力标准与任务要求，介绍每一个项目的能力要求、任务分解，引导学生从一个专业人员的角度去实践；结合具体案例提出任务要求和目标，并对任务实施过程中的工作方法、工作依据、工作程序和工作内容进行提示。下篇为过关问题答案与成果范例，针对过关问题进行解析，给出项目完成后的成果范例，帮助教师引导和组织学生完成任务。

四、任务驱动型的建设工程估价工作坊实践教学要求

工作坊实践教学以任务驱动，学生自主学习以及教师辅导为主要特征，教学过程中特别强调师生的互动，见表1。任务驱动型教学过程中有五个重要节点：

(1) 教师布置任务环节。这个环节中，由教师针对项目单元，提供具体案例（可以按照书中案例进行讲解，也可以自行准备图纸和案例），并结合具体案例提出任务要求和目标。在这个过程中，可以给予学生在具体方法上的阐述，并抛出针对案例的过关问题，但是这一阶段要做到引而不发，要求学生自行解决问题。

(2) 学生实施任务环节。这一阶段主要是由学生自主完成设定的任务，**教师给出任务实施的推荐方法，但不是唯一方法，可以鼓励学生采用课本以外的新方法。**

(3) 教师任务实施指导环节。在约定的固定时间内，教师要组织学生讨论过关问题，并对学生任务实施过程中的共性问题进行解答，针对个别学生的问题进行辅导，确保大多数

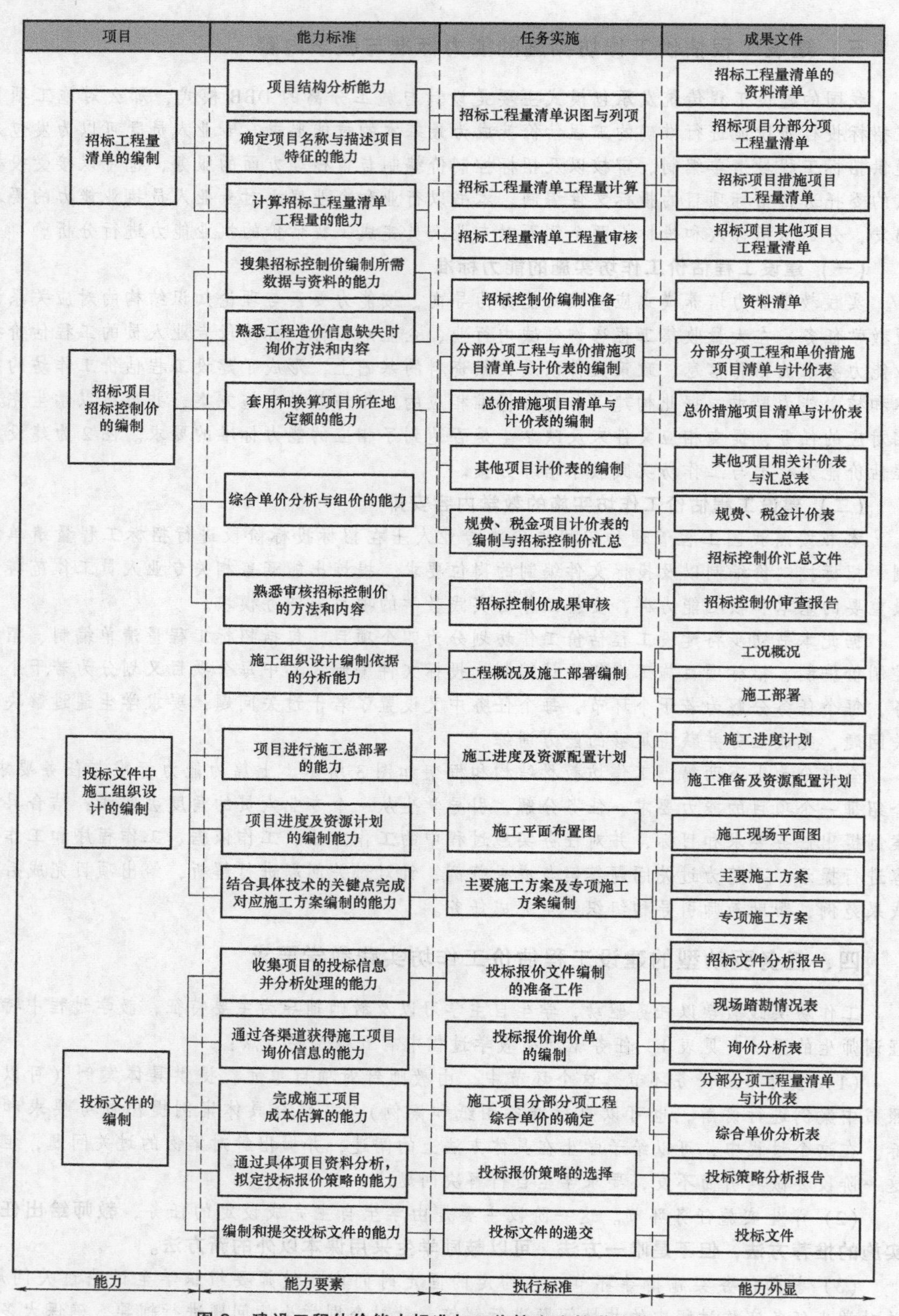

图 2 建设工程估价能力标准与工作坊实践教学培养方案

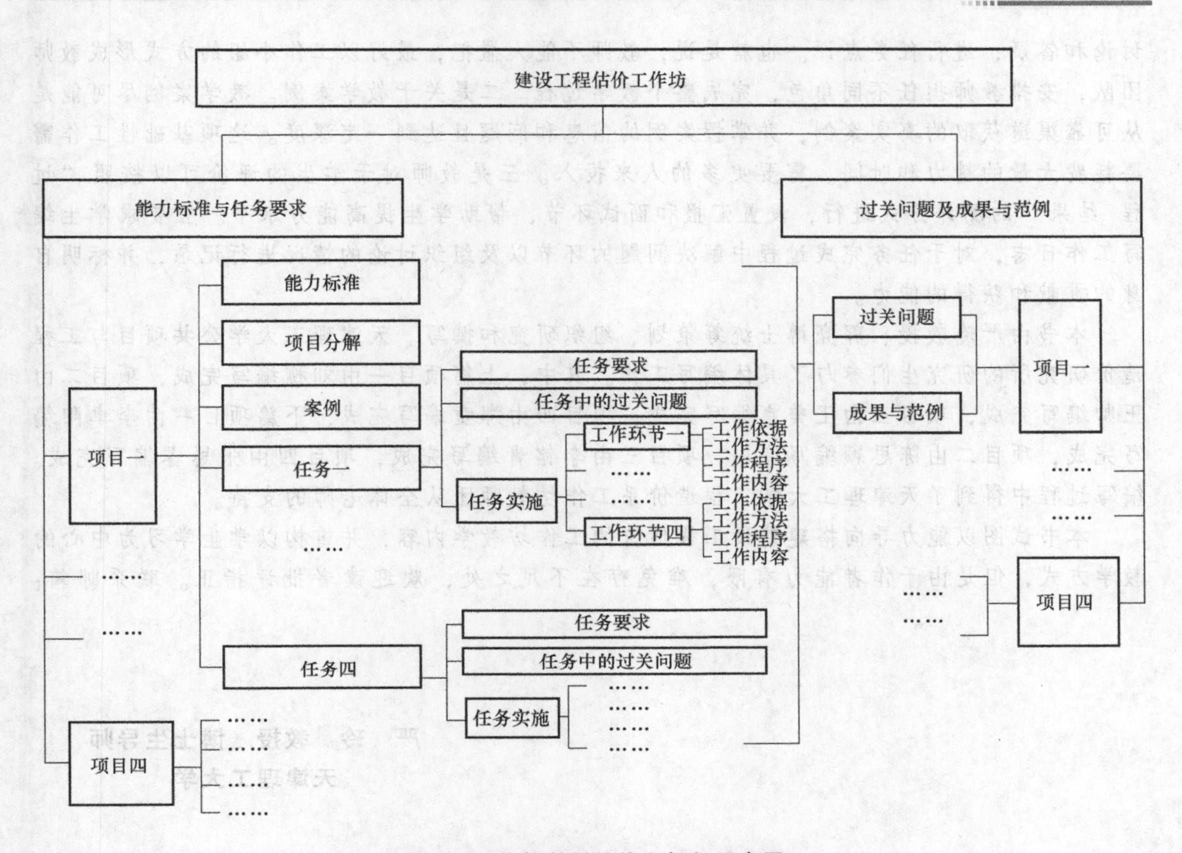

图 3　工作坊教材结构和框架示意图

学生都能受益。

（4） 学生分组汇报环节。组织学生将完成的工作分组汇报，分组讨论，教师给予点评。

（5） 学生修改总结环节。学生汇报之后针对薄弱环节进行修改和完善，并最终提交成果文件。

表 1　任务驱动型工作坊实践教学主要流程

阶段 角色	任务准备阶段	任务实施阶段	成果汇报阶段	成果考评阶段
教师	情景创设 任务设计 提供案例，呈现过关问题	组织教学活动 讲解任务涉及的重要知识点 推荐任务实施方法 过关问题答疑	教师点评 教师评价 教师答疑	教师批改并登录成绩
学生	知识准备 收集信息 接受任务	自主模拟 自主学习 初步完成任务	学生准备 PPT 学生准备问题 学生完善薄弱环节	最终报告和成果的提交 工作日志的提交

在教学过程中，要注意几个问题：一是教师的角色转换。教师不再是以讲授知识为主，而是整个工作坊实践教学的组织者和引领者。他们需要准备案例，商议过关问题，组织问题

讨论和答疑，进行任务点评。也就是说，教师不能大撒把，最好以工作小组的方式形成教师团队，安排教师担任不同角色，完成整个教学过程。二是关于教学案例。教学案例尽可能是从可靠渠道获取的真实案例，并掌握案例的信息和问题且达到一定深度。这项基础性工作需要耗费大量的精力和时间。需要更多的人来投入。三是教师对于学生的评价可以按照“过程 结果”的测评方式进行，设置汇报和面试环节，帮助学生提高能力水平。应要求学生编写工作日志，对于任务完成过程中解决问题的环节以及组织讨论的情况进行记录，并标明自身的贡献和获得的能力。

本书由严玲教授、郭亮博士统筹策划、组织研究和撰写。天津理工大学公共项目与工程造价研究所的研究生们参与了具体编写工作。其中，上篇项目一由刘柳编写完成，项目二由王帅编写完成，项目三由王美京编写完成，项目四由郑童编写完成，下篇项目一由李卓阳编写完成，项目二由陈思颖编写完成，项目三由李铭青编写完成，项目四由张思睿编写完成。编写过程中得到了天津理工大学工程造价系工作坊教师团队全体老师的支持。

本书试图以能力导向搭建建设工程估价的工作坊教学内容，并重构以学生学习为中心的教学方式，但是由于作者能力有限，难免存在不足之处，欢迎读者批评指正。联系邮箱：。

严　玲　教授　博士生导师

天津理工大学

目　录

下篇——过关问题与成果范例

上　篇

能力标准与任务要求

项目一

招标工程量清单的编制

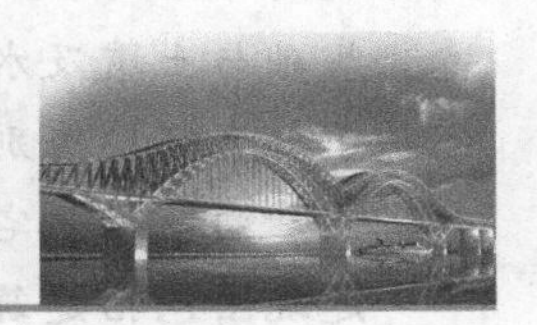

能力标准

招标工程量清单是指招标人依据国家标准、招标文件、设计文件以及施工现场实际情况编制的，随招标文件发布供投标人报价的工程量清单，包括对其说明和表格。招标工程量清单应由具有编制能力的招标人或受其委托具有相应资质的工程造价咨询人编制，其准确性和完整性应由招标人负责。招标工程量清单是工程量清单计价的依据，应作为编制招标控制价、投标报价、计算或调整工程量、索赔等的依据之一，是建设工程估价的基础工作。

通过本项目，培养学生编制施工项目招标工程量清单方面的实际能力，主要能力标准如下：

(1) 熟练运用 WBS，对项目结构进行分解的能力。

(2) 根据图纸和规范，准确确定项目名称和描述项目特征的能力。

(3) 根据图纸和计算规范，计算招标工程量清单工程量的能力。

项目分解

以能力为导向分解的招标工程量清单编制工作，可以划分为若干个任务，再将每一个任务分解为若干个任务要求以及需要提交的成果文件内容，见表 1-1。

表 1-1　招标工程量清单编制的具体描述

<table>
<tr><th>项目</th><th>任务划分</th><th>任务要求</th><th>项目成果文件</th></tr>
<tr><td rowspan="3">招标工程量清单的编制</td><td>任务一　招标工程量清单识图与列项</td><td>1. 建筑识图
2. 建设工程分部分项工程划分及项目列项
3. 编制措施项目工程量清单
4. 编制补充项目工程量清单</td><td rowspan="3">结合具体项目提交一份招标工程量清单，具体包括：
·招标工程量清单的资料清单
·招标项目分部分项工程量清单
·招标项目措施项目工程量清单
·招标项目其他项目工程量清单</td></tr>
<tr><td>任务二　招标工程量清单工程量计算</td><td>1. 计算招标工程量清单工程量
2. 编制招标工程量清单</td></tr>
<tr><td>任务三　招标工程量清单工程量审核</td><td>对编制完成的招标工程量清单进行审核</td></tr>
</table>

案　例

Y 市某住宅楼，建筑面积为 23834.37m^2，建筑高度为 59.1m，建筑类别为一类高层居住建筑，室内外高差为150mm，建筑层数为地下0层，地上21层，建筑结构为框架结构，设计使用年限为70年，抗震设防烈度为6度，耐火等级为一级。工程所在地为一般建设环境，基础与土壤及水直接接触，上部结构的屋面、雨棚、檐沟等部位属于二类环境级别，其他属于一类环境级别。按设计标准和设计图，双方签订合同。

设计图包括住宅楼建筑图、结构图等。

建筑图包括建筑设计总说明、图纸目录、一层平面图、二~二十一层平面图、屋顶平面图以及墙体楼顶等详图；结构图包括结构设计总说明，基础平法施工图，柱、梁、楼板、楼梯布置及配筋图。

根据设计图及相关规范，编制该工程招标工程量清单。具体图纸可登录www.chinamie.org/erwei/1.zip下载。

任务一　招标工程量清单识图与列项

一、任务要求

根据GB 50500—2013《建设工程工程量清单计价规范》的规定，招标工程量清单应以单位（项）工程为单位编制，由分部分项工程项目清单、措施项目清单、其他项目清单等组成。本任务主要工作内容为：根据清单计价规范，完成住宅楼项目招标工程量清单列项，确定项目名称并对项目特征进行描述。

提交的任务成果文件为如下：

（1）住宅楼项目分部分项工程量清单与计价表（不含工程量与综合单价）。

（2）住宅楼项目措施项目工程量清单与计价表（不含工程量与综合单价）。

（3）住宅楼项目其他项目清单与计价表（不含数量与金额）。

二、任务中的过关问题

过关问题1：结合住宅楼项目的类型和项目所在地的具体情况，讨论：编制招标工程量清单时，可参考的编制依据有哪些？应该搜集的资料有哪些，可以通过何种方式或方法搜集到所需的资料。

过关问题2：建设工程具有分部组合计价的特点，计价时首先要对工程建设项目进行分解，按构成进行分部计算并逐层汇总。依据GB 50500—2013《建设工程工程量清单计价规范》和住宅楼项目设计图，运用WBS技术，对住宅楼分部工程进行分解，构建工程量清单的框架。

过关问题3：在进行项目特征描述时，建筑详图是重要依据之一。建筑详图中主要包含哪些内容？以图1-1所示的墙体为例，说明墙身剖面详图中哪些内容可以用作项目特征描述。

过关问题4：计价规范附录表的“项目名称”为分项工程项目名称，在编制分部分项工程量清单时可予以适当调整或细化。讨论招标工程量清单中的项目名称设置除了要依据GB 50500—2013《建设工程工程量清单计价规范》和GB 50854—2013《房屋建筑与装饰工程工程量计算规范》之外，还需要考虑哪些因素，并对住宅楼项目墙柱面工程中的分项工程进行细化命名。

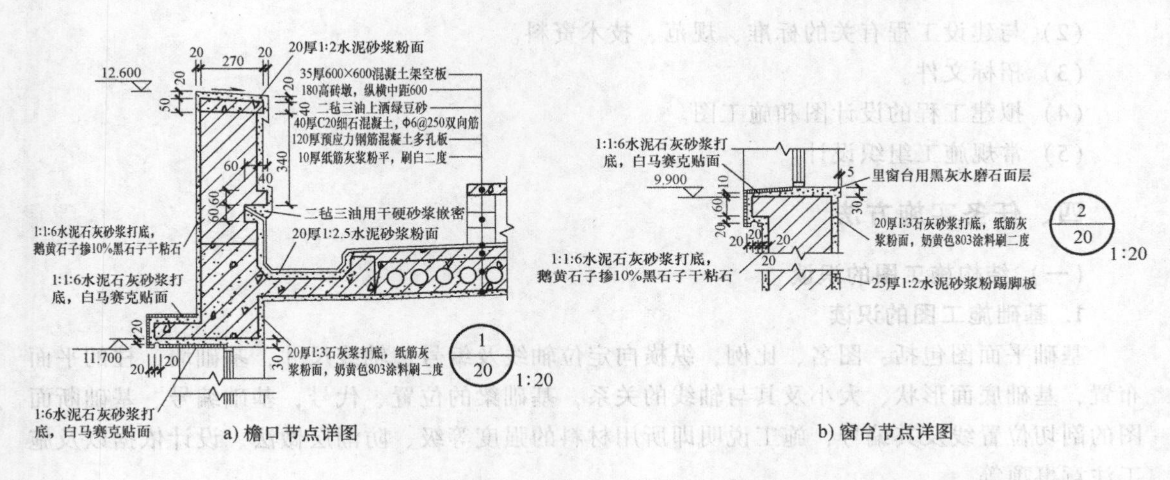

a) 檐口节点详图　　b) 窗台节点详图

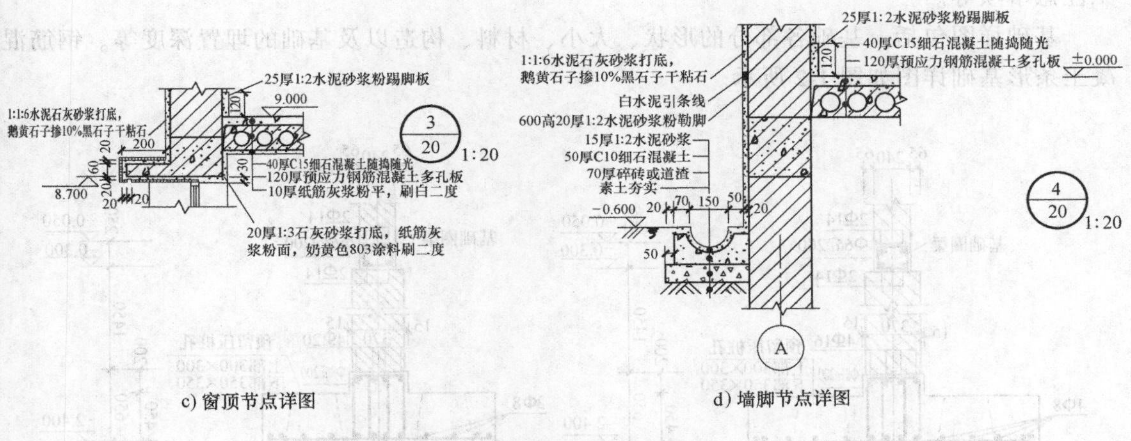

c) 窗顶节点详图　　d) 墙脚节点详图

图 1-1　墙体剖面详图

过关问题 5：项目特征是对项目准确和全面的描述，是确定一个清单项目综合单价不可缺少的重要依据。在进行项目特征描述时应遵循的原则是什么？根据 GB 50500—2013《建设工程工程量清单计价规范》和 GB 50854—2013《房屋建筑与装饰工程工程量计算规范》，讨论哪些内容是必须描述的，哪些是可不描述的，哪些是可不详细描述的。

过关问题 6：措施项目是指为完成工程项目施工，发生于工程施工准备和施工过程中的技术、生活、安全、环境保护等方面的非工程实体项目。讨论措施项目主要包含哪些项目，并以住宅楼项目中现浇混凝土施工为例，依据常规施工方案说明该施工过程涉及的措施项目的列项过程。

过关问题 7：当编制工程量清单过程中出现计价规范附录中未包括的项目时，编制人应做补充。补充工程量清单项目的编码应遵循什么规则？讨论本案例中的住宅楼项目是否有需要补充的项目。

三、任务实施依据

（1）GB 50500—2013《建设工程工程量清单计价规范》和 GB 50854—2013《房屋建筑与装饰工程工程量计算规范》。

（2）与建设工程有关的标准、规范、技术资料。

（3）招标文件。

（4）拟建工程的设计图和施工图。

（5）常规施工组织设计。

四、任务实施方法

（一）结构施工图的识读

1. 基础施工图的识读

基础平面图包括：图名、比例，纵横向定位轴线及编号、轴线尺寸，基础墙、柱的平面布置，基础底面形状、大小及其与轴线的关系，基础梁的位置、代号，基础编号、基础断面图的剖切位置线及其编号，施工说明即所用材料的强度等级、防潮层做法、设计依据以及施工注意事项等。

基础详图包括：基础各部分的形状、大小、材料、构造以及基础的埋置深度等。钢筋混凝土条形基础详图如图 1-2 所示。

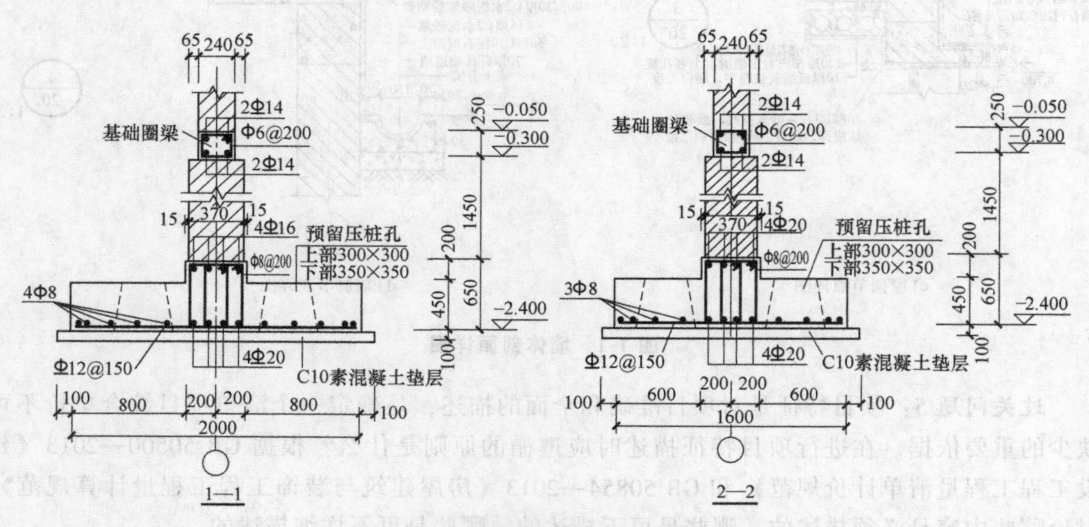

图 1-2 钢筋混凝土条形基础详图

根据基础详图，可以了解到基础的做法与材料情况，据此填写相应分部分项工程量清单，见表 1-2。

表 1-2 基础分部分项工程量清单示意表

序号	项目编码	项目名称	项目特征描述	计量单位	工程量	金额/元		
						综合单价	合价	其中
								暂估价
1	010501002	根据基础详图填写基础类型，本图应填写：条形基础	1. 混凝土种类 2. 基础形式：条形基础 3. 砂浆强度等级 4. 垫层材料种类	m^3	按计算规范，根据图示尺寸计算			

2. 柱平法施工图的识读

柱平法施工图有列表注写和截面注写两种方式。柱在不同标准层截面多次变化时，可用列表注写方式，否则宜用截面注写方法。在柱平面布置图上，先对柱进行编号，然后分别在不同编号的柱中各选择一个（或几个）截面，标注柱的几何参数代号（b_1、b_2、h_1、h_2），用以表示柱截面形状及与轴线关系；在柱表中注写柱号、柱段的起止标高、几何尺寸（含柱断面相对于轴线的情况）与配筋具体数值，并通过配以各种柱断面形状及其箍筋类型图来表达柱平面整体配筋。

3. 梁平法施工图的识读

在梁平面图上采用平面注写方式或截面注写方式表达梁的尺寸、配筋等相关信息，就是梁的平法施工图。梁的平面注写方式是在梁平面布置图上，分别在不同编号的梁中各选一根梁，在其上面注写截面尺寸和配筋等具体数值。平面注写包括集中标注和原位标注，集中标注表达梁的通用数值，原位标注表达梁的特殊数值。梁的截面注写方式是在梁平面布置图上，分别在不同编号的梁中各选一根梁，用剖面号引出配筋图，并通过在其上面注写截面尺寸和配筋等具体数值来表达梁平法施工图。通过识读梁面图，可以填写相关梁等分部分项工程项目内容。

（二）分部分项工程清单列项

1. 项目编码

分部分项工程量清单的项目编码，应采用十二位阿拉伯数字表示。以房屋建筑与装饰工程为例，一至九位应按 GB 50854—2013《房屋建筑与装饰工程工程量计价规范》附录的规定设置，十至十二位应根据拟建工程的工程量清单项目名称设置。例如：01 04 01 002 001，一、二位为工程分类码，如 01 为建筑工程；三、四位为专业顺序码（章），如 02 是第二章地基处理与边坡支护工程；五、六位为分部工程顺序码（节），如 01 第一节地基处理；七至九位为分项工程顺序码（项目名称），如 002 为铺设土木合成材料；十至十二位清单项目名称顺序码，由清单编制人依据项目特殊的区别设置，由 001 开始，同一招标工程的项目编码不得有重码。工程量清单项目编码示例如图 1-3 所示。

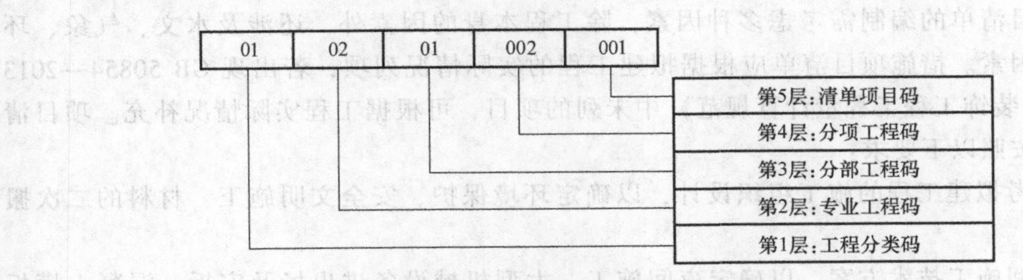

图 1-3　工程量清单项目编码示例

同一招标工程的项目编码不得有重码。例如，一个标段（或合同段）的工程量清单中含有三个单位工程，每一个单位工程中都有项目特征相同的平整场地，在工程量清单中又需反映三个不同单位工程的平整场地工程量，此时，第一个单位工程的平整场地的项目编码应为 010101001001，第二个单位工程的平整场地的项目编码应为 010101001002，第三个单位工程的平整场地的项目编码应为 010101001003，并分别列出各单位工程平整场地的工程量。

2. 项目名称

分部分项工程量清单的项目名称应按 GB 50854—2013《房屋建筑与装饰工程工程量计算规范》附录的项目名称结合拟建工程的实际来确定。

分部分项工程量清单中所列出的项目，应是在单位工程的施工过程中以其本身构成这个单位工程实体的分项工程，这些分项工程项目名称又分为以下两种情况：

(1) 在拟建工程的施工图中有体现，并且在 GB 50854—2013《房屋建筑与装饰工程工程量计算规范》附录中也有相对应的附录项目。对于这种情况就可以根据附录中的规定直接列项，计算工程量，确定项目编码等。

(2) 在拟建工程的施工图中有体现，在 GB 50854—2013《房屋建筑与装饰工程工程量计算规范》附录中没有相对应的附录项目，并且在附录项目的“项目特征”或“工程内容”中也没有提示。对于这种情况必须编制针对这些分项工程的补充项目，在清单中单独列项并在清单的编制说明中注明。

清单项目的表现形式是由主体项目和辅助项目构成，主体项目即 GB 50854—2013《房屋建筑与装饰工程工程量计算规范》中的项目名称，辅助项目即 GB 50854—2013《房屋建筑与装饰工程工程量计算规范》中的工程内容。参照图纸，确定主体项目和辅助项目。

3. 项目特征描述

分部分项工程量清单项目特征应依据 GB 50854—2013《房屋建筑与装饰工程工程量计算规范》附录中规定的项目特征并结合拟建工程项目的实际予以描述。

(三) 措施项目清单列项

GB 50500—2013《建设工程工程量清单计价规范》中将实体项目划分为分部分项工程，非实体项目划分为措施项目。措施项目清单指为完成工程项目施工，发生于该工程施工前和施工过程中技术、生活、文明、安全等方面的非工程实体项目清单。GB 50854—2013《房屋建筑与装饰工程工程量计算规范》中规定的措施项目主要包括：脚手架工程，混凝土模板及支架（撑），垂直运输，超高施工增加，大型机械设备进出场及安拆，施工排水、降水，安全文明施工及其他措施项目。

措施项目清单的编制需考虑多种因素，除工程本身的因素外，还涉及水文、气象、环境、安全等因素。措施项目清单应根据拟建工程的实际情况列项，若出现 GB 50854—2013《房屋建筑与装饰工程工程量计算规范》中未列的项目，可根据工程实际情况补充。项目清单的设置要按照以下要求：

(1) 参考拟建工程的施工组织设计，以确定环境保护、安全文明施工、材料的二次搬运等项目。

(2) 参阅施工技术方案，以确定夜间施工、大型机械设备进出场及安拆、混凝土模板与支架、脚手架、施工排水、施工降水、垂直运输机械等项目。

(3) 参阅相关的施工规范与工程验收规范，以确定施工技术方案没有表述的，但是为了满足施工规范与工程验收规范的要求而必须发生的技术措施。

(4) 确定招标文件中提出的某些必须通过一定的技术措施才能实现的要求。

(5) 确定设计文件中一些不足以写进技术方案的，但是要通过一定的技术措施才能实现的内容。

措施项目清单及其具体列项条件见表 1-3。

表 1-3　措施项目清单及其列项条件

序号	措施项目名称	措施项目发生条件
		通用措施项目
1	安全文明施工	一般情况下需要发生
2	夜间施工	拟建工程有必须连续施工的要求,或工期紧张有夜间施工的倾向
3	二次搬运	参阅施工组织设计,一般情况下需要发生
4	冬雨季施工	一般情况下需要发生
5	大型机械设备进出场及安拆	施工方案中有大型机械设备的使用方案,拟建工程必须使用大型机械设备
6	施工排水	依据水文地质资料,拟建工程的地下施工深度低于地下水位
7	施工降水	依据水文地质资料,拟建工程的地下施工深度低于地下水位
8	地上、地下设施,建筑物的临时保护	一般情况下需要发生
9	已完工程及设备保护	一般情况下需要发生
		专业措施项目
		建筑工程
1.1	混凝土、钢筋混凝土模板及支架	拟建工程中有混凝土及钢筋混凝土工程
1.2	脚手架	一般情况下需要发生
1.3	垂直运输机械	施工方案中有垂直运输机械的内容、施工高度超过 5m 的工程
		装饰装修工程
2.1	脚手架	一般情况下需要发生
2.2	垂直运输机械	施工方案中有垂直运输机械的内容、施工高度超过 5m 的工程
2.3	室内空气污染测试	使用挥发性有害物质的材料

(四) 其他项目工程量清单列项

其他项目清单是指除分部分项工程量清单、措施项目清单所包含的内容以外，因招标人的特殊要求而发生的与拟建工程有关的其他费用项目和相应数量的清单。工程建设标准的高低、工程的复杂程度、工程的工期长短、工程的组成内容、发包人对工程管理要求等都直接影响其他项目清单的具体内容，出现未包含在表格中内容的项目，可根据工程实际情况补充。

其他项目清单的内容包括暂列金额、暂估价、计日工和总承包服务费。

1. 暂列金额

暂列金额是指招标人暂定并包括在合同中的一笔款项，用于施工合同签订时尚未确定或者不可预见的所需材料、设备、服务的采购，施工中可能发生的工程变更、合同约定调整因素出现时的工程价款以及发生的索赔、现场签证确认等的费用。此部分费用由招标人支配，实际发生了才给予支付。在确定暂列金额时应根据施工图的深度、暂估价设定的水平、合同价款约定调整的因素及工程实际情况合理确定。一般可以按分部分项工程量清单的 10%~15% 来确定。不同专业预留的暂列金额可以分开列项，比例也可以根据不同专业的情况具体确定。

2. 暂估价

暂估价是指招标阶段直至签订合同协议时，招标人在招标文件中提供的用于支付必然要发生但暂时不能确定价格的材料以及专业工程的金额，包括材料暂估价和专业工程暂估价。暂估价类似于 FIDIC 合同条款中的 prime cost items，在招标阶段预见肯定要发生，只是因为标准不明确或者需要由专业承包人完成，暂时无法确定价格。暂估价数量和拟用项目应当结合工程量清单中的暂估价表予以补充说明。

以“项”为计量单位给出的专业工程暂估价一般应是综合暂估价，应当包括除规费、税金以外的管理费、利润等。项目招标时，专业工程设计深度往往是不够的，一般需要交由专业设计人设计。国际上，出于提高可建造性考虑，一般由专业承包人负责设计，以发挥其专业技能和专业施工经验的优势。这类专业工程交由专业分包人完成是国际工程的良好实践，目前在我国工程建设领域也已经比较普遍。

3. 计日工

计日工是为了解决现场发生的零星工作的计价而设立的。所谓零星工作一般是指合同约定之外的或者因变更而产生的、工程量清单中没有相应项目的额外工作，尤其是那些不允许事先商定价格的额外工作。计日工为额外工作和变更的计价提供了一个方便快捷的途径。计日工对完成零星工作所消耗的人工工时、材料数量、施工机械台班进行计量，并按照计日工表中填报的适用项目的单价进行计价支付。

编制计日工表时，一定要给出暂定数量，并且需要根据经验，尽可能估算一个比较贴近实际的数量。此外，应尽可能把项目列全。

4. 总承包服务费

总承包服务费是为了解决招标人在法律、法规允许的条件下进行专业工程发包以及自行采购供应材料、设备时，要求总承包人对发包的专业工程提供协调和配合服务（如分包人使用总承包人的脚手架、水电接驳等），对供应的材料、设备提供收、分发和保管服务以及对施工现场进行统一管理，对竣工资料进行统一汇总整理等发生并向总承包人支付的费用。招标人应当按投标人的投标报价向投标人支付该项费用。

（五）补充项目工程量清单列项

由于工程项目的多样性，规范的清单项目无法包括施工图全部的清单项，招标项目中若存在国家及省市对应工程清单计价规范中未能完全涵盖的工程内容时，需要编制补充项目工程量清单。如改扩建公路工程，对交通的影响很大，则需增加“交通组织”，由于实际交通组织与相应规范中的都不同，这时就需要额外增加章节，增加章节的内容主要依据以往类似项目的技术规范或者个人经验。

五、任务实施内容

（一）建筑识图

阅读案例中提供的 Y 市某住宅楼项目的施工图，完成以下两项工作：

（1）熟悉和检查施工图的内容。

（2）识读建筑施工图，根据施工图内容描述项目特征。

1）建筑设计说明。首先根据图纸总目录，查看各个图纸内容是否有缺失。在建筑设计说明图中可以明确一些分部分项工程的做法，可用来确定工程量清单中某些项目特征。

2）建筑立面图。建筑立面图主要反映房屋的外貌和立面装修的一般做法、建筑物高度及门窗图例等内容。立面图是设计工程师表达立面设计效果的重要图纸，在施工中是外墙面造型、外墙面装修、工程概预算、备料等的依据，此部分内容可以确定分部分项工程中的材料做法和尺寸。

3）建筑剖面图。建筑剖面图是指房屋的垂直剖面图。在剖面图中可以读识的内容有：地面、楼面、墙面、顶棚的装修做法；各部位的高度；屋面坡度、屋面防水、女儿墙防水、屋面保温、隔热等的做法。该剖面图的内容主要用于填写清单一些分部分项工程的材料组成及相关做法。

4）建筑详图。在建筑平、立、剖面图中无法表示清楚的内容，都需要另绘详图或选用合适的标准图来表示。建筑详图主要用于填写某些特殊分部分项工程中项目内容。

（二）分部分项工程清单列项

结合项目施工图，完成住宅楼项目招标工程量清单分部分项工程的列项。

分部分项工程量清单是指表示拟建工程分项实体工程项目名称和相应数量的明细清单，应包括项目编码、项目名称、项目特征描述、计量单位和工程量五个部分。其格式见表1-4，在分部分项工程量清单的编制过程中，由招标人负责前六项内容填列，金额部分在编制招标控制价或投标报价时填写。

表1-4　分部分项工程量清单与计价表

序号	项目编码	项目名称	项目特征描述	计量单位	工程量	金额/元		
						综合单价	合价	其中
								暂估价

（三）措施项目清单列项

结合案例中的住宅楼项目，根据拟定的住宅楼的常规施工方案和相关规范，完成该项目措施项目清单的列项。

措施项目清单应根据拟建工程的实际情况，按照GB 50500—2013《建设工程工程量清单计价规范》及各专业工程的工程量计算规范（如GB 50854—2013《房屋建筑与装饰工程工程量计算规范》）的规定进行列项。若出现清单规范中未列的项目，可根据工程实际情况进行补充。

（四）其他项目工程量清单列项

结合案例中的住宅楼项目施工图，在编写措施项目工程量清单过程中，根据工程施工方案和相应清单规范，完成其他项目清单编制的具体内容，见表1-5、表1-6。

表1-5　其他项目清单的任务具体描述

序号	主要内容	具体阐释
1	暂列金额的编制	熟悉暂列金额的适用范围,并根据施工方案,列出暂列金额的内容
2	暂估价的编制	了解三种暂估价适用范围,并能对暂估价列项
3	计日工的编制	熟悉计日工编制时现场勘查内容,并能对计日工列项
4	总承包服务费的编制	分清总承包服务费的内容和范围,并能对总承包列项内容进行描述

表 1-6 其他项目清单与计价汇总表

序号	项目名称	金额/元	结算金额/元	备注
1	暂列金额			
2	暂估价			
2.1	材料(工程设备)暂估价/结算价			
2.2	专业工程暂估价/结算价			
3	计日工			
4	总承包服务费			
5	索赔与现场签证			
	合计			—

(五) 补充项目工程量清单列项

需要补充的清单项目有两类:

一是在单位工程的施工过程中以其本身构成这个单位工程实体的分项工程,它们在拟建工程的施工图中有体现,而在工程量计算规范中没有相对应的项目,并且在项目的"项目特征"或"工程内容"中也没有提示。对于这种情况必须编制针对这些分项工程的补充项目。

二是工程量计算规范中没有列出的措施项目。措施项目清单的编制应考虑多种因素,除工程本身的因素外,还涉及水文、气象、环境、安全和施工企业的实际情况等,清单规范中的"措施项目"不能一一列出,因情况不同,出现表中未列的措施项目,工程量清单编制人可做补充。

补充项目应按 GB 50500—2013《建设工程工程量清单计价规范》的规定在清单中列出,包括补充项目的项目特征要求、计量单位、工程量计算规则及工作内容。

某隔墙补充项目清单格式见表 1-7。

表 1-7 补充工程量清单工程名称:附录 M 墙、柱面装饰与隔断、幕墙工程

项目编码	项目名称	项目特征	计量单位	工程计算规则	工作内容
01B001	成品 GRC 隔墙	1. 隔墙材料品种、规格 2. 隔墙厚度	m^2	按设计图示尺度以面积计算,扣除门窗洞口及单个≥$0.3m^2$的孔洞所占面积	1. 骨架及边框安装 2. 隔板安装 3. 嵌缝、塞口

注:GRC 是玻璃纤维增强混凝土。

任务二 招标工程量清单工程量计算

一、任务要求

本任务主要工作为:根据清单计价规范和计量规范,编制分部分项工程量清单、措施项目工程量清单,并依据相关规范计算案例中住宅楼的招标工程量清单分部分项工程量及措施

项目工程量。

任务要求如下：

（1）根据住宅楼项目施工图，分别编制基础、柱、梁门窗等分部分项工程量清单，并根据相关规范计算工程量。

（2）根据拟定常规施工组织设计确定措施项目清单，并计算单价措施项目工程量和总价措施项目工程量。

二、任务中的过关问题

过关问题1： 工程量是根据设计的要求和设计施工图上标明的尺寸，依据应执行的预算定额规定的工程量计算规则、项目划分要求和计量单位计算出来的。讨论进行工程量计算时可参考的依据有哪些，并说明工程量计算在工程量清单计价中和定额计价中有何不同。

过关问题2： 在工程量计算时，要防止错算、漏算和重复。如何选择正确的计算顺序和方法来保证工程量计算的准确性？

过关问题3： 根据GB 50500—2013《建设工程工程量清单计价规范》和GB 50854—2013《房屋建筑与装饰工程工程量计算规范》，试述多层建筑物及以上楼层建筑面积的计算规则。

过关问题4： 根据GB 50500—2013《建设工程工程量清单计价规范》和GB 50854—2013《房屋建筑与装饰工程工程量计算规范》，试述措施项目中脚手架工程的工程量计算规则。

过关问题5： 某工程基础平面布置和基础详图如图1-4所示。工程土为三类土，基础土方开挖的施工方案为人工开挖，弃土采用铲运机铲运土。根据已知条件编制分部分项工程清单计价表（要求写出过程）。

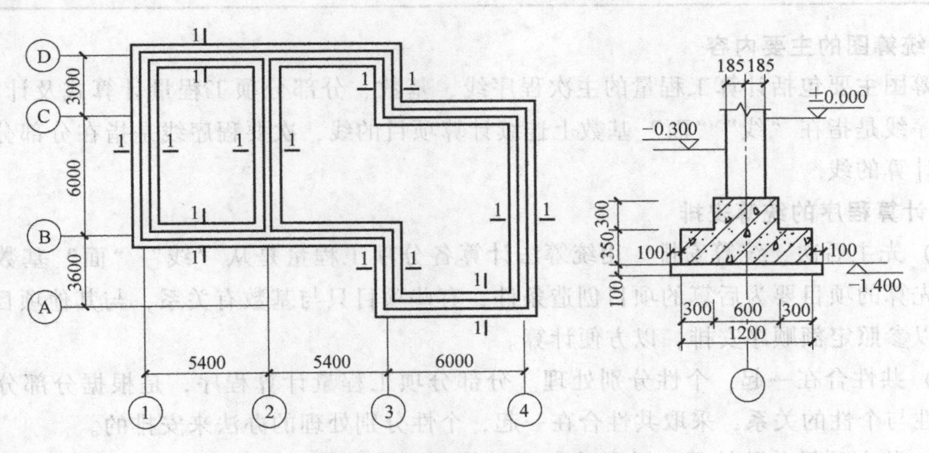

图1-4　基础平面布置和基础详图

三、任务实施依据

（1）GB 50854—2013《房屋建筑与装饰工程工程量计量规范》。

（2）工程招标文件。

（3）工程设计文件。

（4）常规施工组织设计。

（5）给定工程的相关工程施工规范。

（6）工程所在地关于暂列金额规定细则及计价办法。

四、任务实施方法

（一）统筹法

运用统筹法计算工程量，就是要根据统筹法原理对计价规范中清单列项和工程量计算规则，设计出“计算工程量程序统筹图”。统筹图以“线”“面”作为基数，连续计算与之有共性关系的分部分项工程量，而与基数无共性关系的分部分项工程量则用手册或图示尺寸进行计算。统筹法基本要点见表1-8。

表1-8 统筹法基本要点

序号	基本要点	内容说明
1	统筹程序，合理安排	工程量计算程序安排是否合理，对工程量计算的工作效率及进度有很大影响。单纯按施工顺序或清单顺序计算，往往不能充分利用数据间的内在联系而形成重复计算
2	利用基数，连续计算	以“线”或“面”为基数，利用连乘或加减，算出与它有关的分部分项工程量。“线”和“面”指的是长度和面积
3	一次算出，多次使用	首先，将常用数据一次算出，汇编成工程量计算手册；其次，把规律较明显的数据一次算出，也编入手册。当计算有关工程量时，查手册即可快速算出所需工程量
4	结合实际，灵活机动	对某些特殊工程，不能完全用“线”“面”或手册作为基数，必须结合实际情况灵活计算

1. 统筹图的主要内容

统筹图主要包括计算工程量的主次程序线、基数、分部分项工程量计算式及计算单位。主要程序线是指在“线”“面”基数上连续计算项目的线，次要程序线是指在分部分项项目上连续计算的线。

2. 计算程序的统筹安排

（1）先主后次，统筹安排。用统筹法计算各分项工程量是从“线”“面”基数计算开始的。先算的项目要为后算的项目创造条件，有些项目只与基数有关系，与其他项目没有关系，可以参照定额顺序安排，以方便计算。

（2）共性合在一起，个性分别处理。分部分项工程量计算程序，是根据分部分项工程之间共性与个性的关系，采取共性合在一起，个性分别处理的办法来安排的。

（3）独立项目单独处理。对于独立项目的工程量计算，可采用预先编制手册的方法解决，或者采用按表格形式填写计算的方法。与“线”“面”基数没有关系，又不能预先编入手册的项目，按图示尺寸分别计算。

（二）公式法

运用公式法计算工程量，就是要根据计价规范中清单列项和工程量计算规则，对相应工程量进行计算。

1. 分部分项工程量计算

根据任务二，按照相应工程的计算规范规定，根据施工图包含的项目名称，确定项目特征描述内容、项目名称及项目编码和计量单位。本环节主要内容为：按照相应计算规范，计算分部分项工程工程量，填写分部分项工程量清单。

在编制住宅楼项目工程量清单时，应根据住宅楼具体施工图，编写相应的分部分项工程量清单。本部分以房屋建筑工程为例，对计量规范中规定的分部分项工程量清单编制予以解释和示例。

（1）土石方工程工程量计算及示例。

1）土石方工程工程量清单的编制可依据结构施工图中的基础详图。土石方工程的项目划分、项目特征描述内容及工程量计算规则等内容，可参考 GB 50854—2013《房屋建筑与装饰工程工程量计算规范》的相关规定。土石方工程工程量清单编制时应注意：群桩间挖土方工程量不扣除桩所占体积；因地质情况变化或设计变更引起的土石方工程量的变更，由业主与承包人双方现场认证，依据合同条件进行调整。如招标文件对土石方开挖有特殊要求，在编制工程量清单时，可规定施工方法。

2）挖基础土方工程量计算及示例。

某工程基础平面图及详图如图 1-5 所示。土类为混合土质，其中，二类土（普通土）深 1.4m，下面是三类土（坚土），土方槽边就近堆放，槽底不需钎探，蛙式打夯机夯实，常地下水位为-2.40m。C15 混凝土垫层，C25 混凝土基础，基础墙厚 240mm。

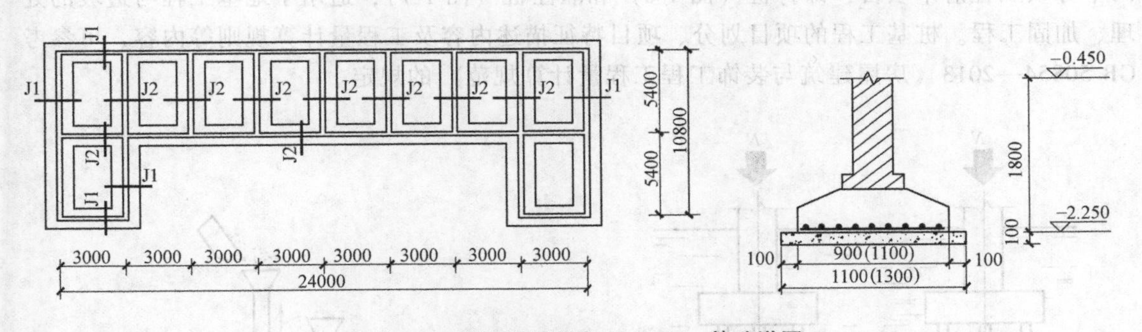

图 1-5　基础平面图和 J1（J2）基础详图

平整场地工程量计算如下：工程量 = 24.24m×11.04m−(3.00m×6−0.24m)×5.40m = 171.71m²

或工程量 = 24.24m×5.64m+3.24m×5.40m×2 = 171.71m²

挖基础土方工程量计算如下：

J1：全长 L = 24.00m+(10.80m+3.00m+5.40m)×2 = 62.40m

J1 工程量 = 62.40m×1.10m×1.90m = 130.42m³

J2：中部长条形基础长 L = 3.00m×6 = 18.00m

其他 J2 基础总长 L = [5.40m−(1.10m+1.30m)÷2]×7+(3.00m−1.10m)×2 = 33.20m

J2 基础全长 L = 18.00m+33.20m = 51.20m

J2 工程量 = 51.20m×1.30m×1.90m = 126.46m³

挖基础土方分部分项工程量清单，见表 1-9。

表 1-9 挖基础土方分部分项工程量清单表

序号	项目编码	项目名称	项目特征描述	计量单位	工程量	金额/元		
						综合单价	合价	其中
								暂估价
1	010101001001	平整场地	1. 土壤类别:二类土 2. 弃土运距:就近 3. 取土运距:就近	m²	171.71			
2	010101003001	挖沟槽土方	1. 土壤类别:二、三类土 2. 挖土深度:二类土 1.4m, 三类土 0.5m 3. 弃土运距:就近堆放 4. 垫层底宽:1.1m 5. 基础形式:带形	m³	130.42			
3	010101003002	挖沟槽土方	1. 土壤类别:二、三类土 2. 挖土深度:二类土 1.4m, 三类土 0.5m 3. 弃土运距:就近堆放 4. 垫层底宽:1.3m 5. 基础形式:带形	m³	126.46			

（2）桩基工程工程量计算及示例。

桩基工程工程量清单的编制可依据结构施工图中的基础详图。桩基工程工程量清单共分两个分项工程清单项目，即打桩（图 1-6）和灌注桩（图 1-7），适用于地基工程与边坡的处理、加固工程。桩基工程的项目划分、项目特征描述内容及工程量计算规则等内容，可参考 GB 50854—2013《房屋建筑与装饰工程工程量计算规范》的规定。

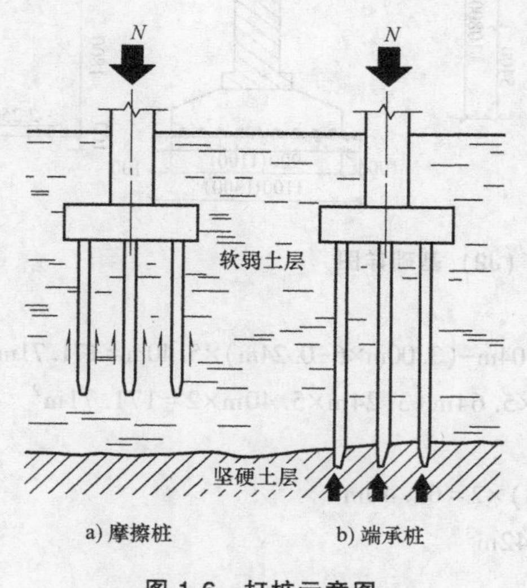

图 1-6 打桩示意图

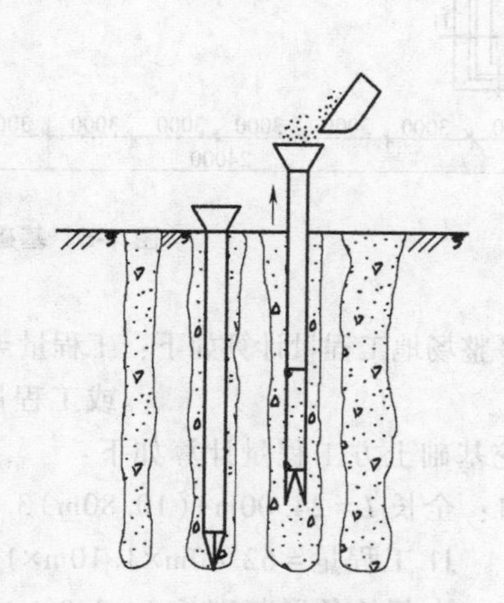

图 1-7 灌注桩示意图

（3）砌筑工程工程量计算及示例

1）砌筑工程中砖基础、石基础等基础可从结构图中的基础构造得出，墙体可从建筑施工图中建筑平面图、建筑立面图、建筑剖面图以及墙体详图等图中读出尺寸及构造说明。砌筑工程的工程量清单共有4个分项工程清单项目，即砖砌体、砌块砌体、石砌体、垫层，适用于建筑物、构筑物的砌筑工程。砌筑工程的项目划分、项目特征描述内容及工程量计算规则等内容，可参考GB 50854—2013《房屋建筑与装饰工程工程量计算规范》的规定。

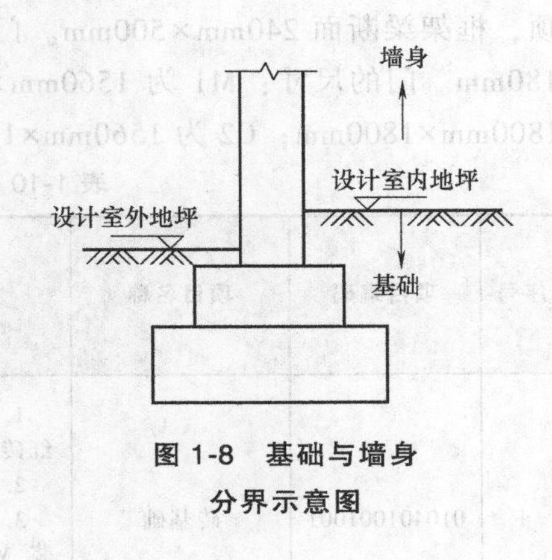

图1-8　基础与墙身分界示意图

基础与墙身以设计室内地坪为界，设计室内地坪以下为基础，以上为墙身，如图1-8所示。当基础与墙身使用不同材料，且材料分界线距设计室内地坪的距离在300mm以内时，300mm以内部分并入相应墙身工程量内计算。有地下室者，以地下室室内地坪为界，以下为基础，以上为墙身。

2）砌筑工程砖基础清单编制示例。

砖基础适用于各种类型：柱基础、墙基础、烟囱基础、水塔基础、管道基础等。基础的类型应在工程量清单中进行描述。

某砖基础工程平面图和剖面图如图1-9所示，基础底铺300mm厚3∶7灰土垫层，基础防潮层采用20mm厚防水砂浆。

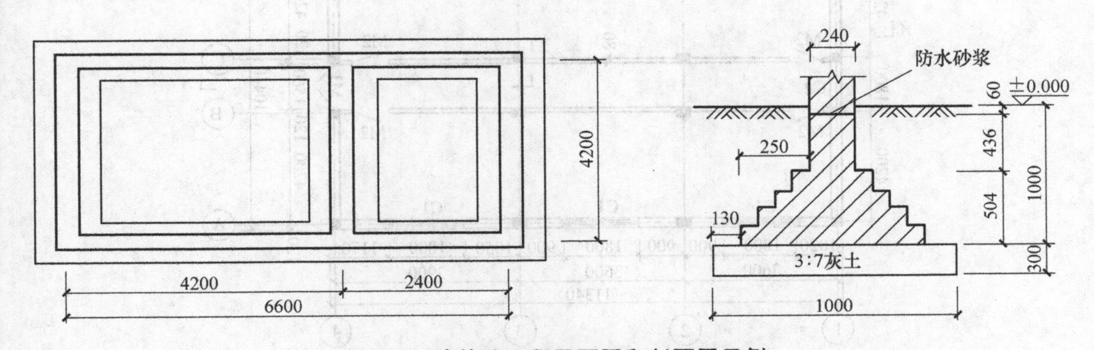

图1-9　砖基础工程平面图和剖面图示例

计算工程数量：

外墙砖基础总长 $L=(6.60\text{m}+4.20\text{m})\times2=21.60\text{m}$

内墙砖基础长 $L=4.20\text{m}-0.24\text{m}=3.96\text{m}$

砖基础四层等高大放脚一砖厚折加高度为0.656m

外墙砖基础体积 $=[0.24\text{m}\times(1.00\text{m}+0.656\text{m})]\times21.6\text{m}=8.58\text{m}^3$

内墙砖基础体积 $=[0.24\text{m}\times(1.00\text{m}+0.656\text{m})]\times3.96\text{m}=1.57\text{m}^3$

工程数量合计 $=8.58\text{m}^3+1.57\text{m}^3=10.15\text{m}^3$

将上述结果及相关内容填入砖基础分部分项工程量清单，见表1-10。

3）砌块墙分部分项工程量清单编制示例。

某单层建筑物，结构类型为框架结构，尺寸如图1-10所示。墙身用M5.0混合砂浆砌筑加气混凝土砌块，加气混凝土砌块强度等级A3.5，规格为585mm×240mm×240mm。女儿墙砌筑材料为煤矸石空心砖，MU5，规格为240mm×115mm×115mm。混凝土压顶断面240mm×60mm，墙厚均为240mm，钢筋混凝土板厚120mm。框架柱断面240mm×240mm到女儿墙顶，框架梁断面 240mm×500mm。门窗洞口上均采用现浇钢筋混凝土过梁，断面 240mm×180mm。门的尺寸：M1 为 1560mm×2700mm；M2 为 1000mm×2700mm。窗的尺寸：C1 为 1800mm×1800mm；C2 为 1560mm×1800mm。

表 1-10　砖基础分部分项工程量清单表

序号	项目编码	项目名称	项目特征描述	计量单位	工程量	金额/元		
						综合单价	合价	其中 暂估价
1	010401001001	砖基础	1. 砖品种、规格：机制标准红砖 2. 基础形式：带形基础 3. 砂浆强度等级：水泥砂浆，M5.0 4. 防潮层材料种类：抹防水砂浆 20mm 厚	m^3	10.15			

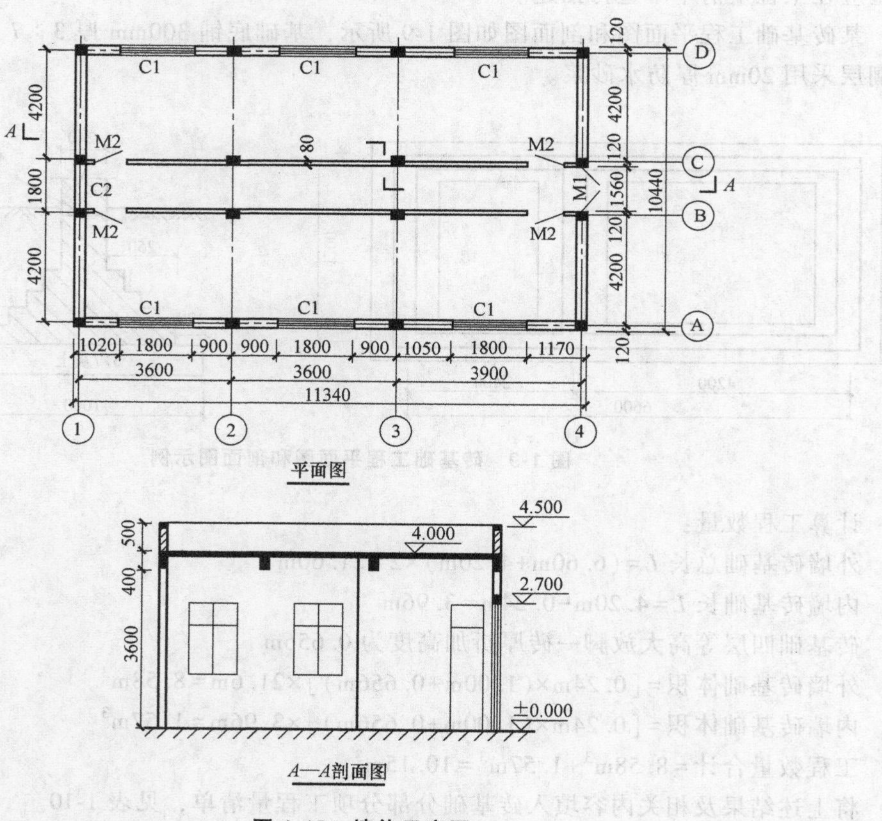

图 1-10　墙体示意图

根据工程量计算规则计算工程量：

加气混凝土砌块墙工程量 = [(11.34m−0.24m+10.44m−0.24m−0.24m×6)×2×3.60m−1.56m×2.70m−1.80m×1.80m×6−1.56m×1.80m]×0.24m−(1.56m×2+2.30m×6)×0.24m×0.18m = 27.24m³

煤矸石空心砖女儿墙工程量 = (11.34m − 0.24m + 10.44m − 0.24m − 0.24m×6)×2×(0.50m − 0.06m)×0.24m = 4.19m³

将上述结果及相关内容填入分部分项工程量清单，见表1-11。

表1-11　砌块墙体分部分项工程量清单表

序号	项目编码	项目名称	项目特征描述	计量单位	工程量	金额/元		
						综合单价	合价	其中 暂估价
1	010402001001	空心砖墙、砌块墙	1. 墙体类型：加气混凝土砌块墙 2. 墙体厚度：240mm 3. 砌块品种、规格、强度等级：C20 加气混凝土砌块，585mm×240mm×240mm 4. 勾缝要求：不勾缝 5. 砂浆强度等级、配合比：M5.0 混合砂浆	m³	27.24			
2	010402001002	空心砖墙、砌块墙	1. 墙体类型：空心砖墙 2. 墙体厚度：240mm 3. 空心砖品种、规格、强度等级：MU15 空心砖墙240mm×115mm×115mm 4. 勾缝要求：不勾缝 5. 砂浆强度等级、配合比：M5.0 混合砂浆	m³	4.19			

(4) 混凝土及钢筋混凝土工程工程量计算及示例。

1) 混凝土及钢筋混凝土工程的工程量清单共有16个分项工程清单项目，即现浇混凝土基础、现浇混凝土柱、现浇混凝土梁、现浇混凝土墙、现浇混凝土板、现浇混凝土楼梯、现浇混凝土其他构件、后浇带、预制混凝土柱、预制混凝土梁、预制混凝土屋架、预制混凝土板、预制混凝土楼梯、其他预制构件、钢筋工程、螺栓铁件等，适用于建筑物、构筑物的混凝土工程。混凝土及钢筋混凝土工程的项目特征描述内容及工程量计算规则等内容，可参考 GB 50854—2013《房屋建筑与装饰工程工程量计算规范》的规定。

2) 现浇混凝土柱分部分项工程量清单编制示例。

某工程现浇混凝土矩形柱截面尺寸为400mm×400mm，柱高3.6m，共10根，混凝土全部为搅拌机现场搅拌。

工程量 = 0.40m×0.40m×3.60m×10 = 5.76m³，将上述结果及相关内容填入现浇混凝土桩分部分项工程量清单，见表1-12。

表1-12　现浇混凝土柱分部分项工程量清单表

序号	项目编码	项目名称	项目特征描述	计量单位	工程量	金额/元		
						综合单价	合价	其中 暂估价
1	010502001001	矩形柱	1. 柱种类、断面：矩形柱，400mm×400mm 2. 混凝土强度等级：C25	m³	5.76			

3）现浇钢筋混凝土框架梁和钢筋工程分部分项工程量清单编制示例。

某钢筋混凝土框架 10 根，尺寸如图 1-11 所示。混凝土强度等级为 C30，纵向受力钢筋混凝土保护层厚 25mm。混凝土由施工企业自行采购，商品混凝土供应价为 183.00 元/m^3。施工企业采用混凝土运输车运输，运距为 8km，管道泵送混凝土。钢筋现场制作及安装，箍筋加钩长度为 100mm。

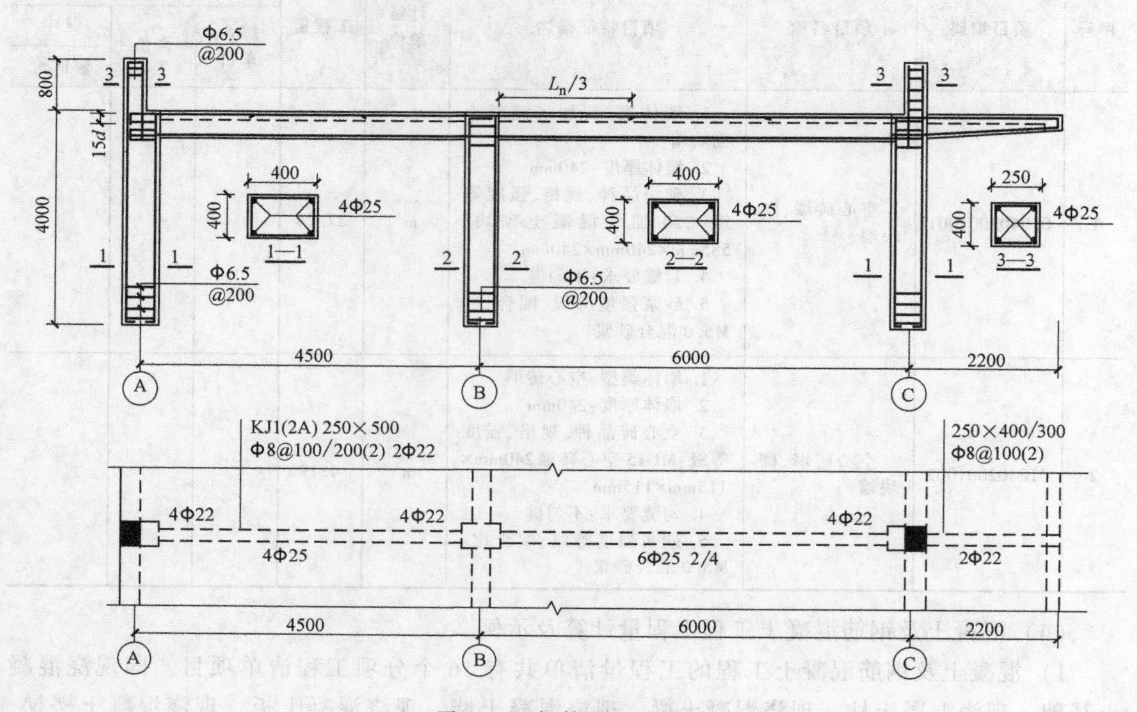

图 1-11　钢筋混凝土框架

首先计算矩形梁的混凝土工程量和钢筋工程量。

现浇混凝土矩形梁工程量＝[0.25m×0.5m×(4.5m+6m−0.4m×2)+0.25m×0.35×m(2.2m−0.2m)]×10＝13.88m^3

Φ25 钢筋工程量＝[(4.5m−0.4m+0.4×37×0.025m+15×0.025m+37×0.025m)×4+(6m−0.4m+0.4×37×0.025m+15×0.025m+37×0.025m)×6]×10×3.85kg/m ＝2567.95kg＝2.568t

Φ22 钢筋工程量＝{[(4.5m+6.0m+2.2m−0.2m−0.025m)+15×0.022m+(0.4×37×0.022m+15×0.022m)]×2+[(4m−0.4m)×1/3+0.4×37×0.022m+15×0.022m]×2+[(6m−0.4m)×2/3+0.4m]×2+[(6m−0.4m)×1/3+0.4×37×0.022m+15×0.022m]×2+[(2.2m−0.025m−0.2m+15×0.022m)]×2}×10×2.984kg/m＝1448.84kg＝1.45t

Φ8 钢筋工程量计算：

矩形梁箍筋根数：

[(0.4m+0.75m)×2+0.75m×2+0.4m]＝4.2m

4.2m/0.1m+1+(4.5m+6m+0.4m−4.2m)/0.2m−1＝76

挑梁箍筋根数 = (2.2m − 0.2m − 0.025m) ÷ 0.1m + 1 = 21

φ8 箍筋工程量 = {[(0.25m + 0.5m) × 2 − 8 × 0.025m + 8 × 0.008m + 0.1m × 2] × 76 + [(0.25m + 0.35m) × 2 − 8 × 0.025m + 8 × 0.008m + 0.1m × 2] × 21} × 10 × 0.395kg/m = 574.36kg = 0.574t

然后，将上述结果及相关内容填入现浇钢筋混凝土框架梁和钢筋工程分部分项工程量清单，见表 1-13。

表 1-13　现浇钢筋混凝土框架梁和钢筋工程分部分项工程量清单表

序号	项目编码	项目名称	项目特征描述	计量单位	工程量	金额/元		
						综合单价	合价	其中
								暂估价
1	010503002001	矩形梁	1. 梁底标高：4.5m 2. 梁截面：250mm×500mm，外挑 250mm×400(300)mm 3. 混凝土强度等级：C35 4. 混凝土拌和料要求：商品混凝土	m^3	13.88			
2	010515001001	现浇混凝土钢筋	钢筋种类、规格：HRB335 级钢筋(φ25)	t	2.568			
3	010515001002	现浇混凝土钢筋	钢筋种类、规格：HRB335 级钢筋(φ22)	t	1.45			
4	010515001003	现浇混凝土钢筋	钢筋种类、规格：HPB300 级钢筋(φ8)	t	0.574			

(5) 金属结构工程工程量计算及示例。

1) 金属结构工程的工程量清单共有 7 个分项工程清单项目，即钢网架，钢屋架、钢托架、钢桁架、钢架桥，钢柱，钢梁，钢板楼板、墙板，钢构件，金属制品。此分项工程清单项目适用于建筑物、构筑物的钢结构工程。金属结构工程的项目特征描述内容及工程量计算规则等内容，可参考 GB 50854—2013《房屋建筑与装饰工程工程量计算规范》的规定。

2) 钢梁分部分项工程量清单编制示例。

某单位自行车棚，高度为4m。用 5 根 H200×100×5.5×8 钢梁，此钢梁长度 4.80m，单根质量 104.16kg；用 36 根槽钢 18a 钢梁，此钢梁长度 4.12m，单根质量 83.10kg。钢梁由附属加工厂制作，刷防锈漆一遍，运至安装地点，运距 1.5km。

首先，计算钢筋工程量：

H200×100×5.5×8 钢梁工程量 = 104.16kg×5 = 520.80kg = 0.521t

槽钢 18a 钢梁工程量 = 83.1kg×36 = 2991.60kg = 2.992t

然后，将上述结果及相关内容填入钢梁工程分部分项工程量清单，见表 1-14。

(6) 木结构工程工程量计算及示例。

木结构工程的工程量清单共有 3 个分项工程清单项目，即木屋架、木构件、屋面木基层，适用于建筑物、构筑物的特种门和木结构工程。木结构工程的项目特征描述内容及工程量计算规则等内容，可参考 GB 50854—2013《房屋建筑与装饰工程工程量计算规范》的规定。

表 1-14 钢梁工程分部分项工程量清单表

序号	项目编码	项目名称	项目特征描述	计量单位	工程量	金额/元		
						综合单价	合价	其中
								暂估价
1	010604001001	钢梁	1. 钢材品种、规格：H200×100×5.5×8 型钢 2. 单根重量：0.104t 3. 安装高度：4m 4. 探伤要求：不探伤 5. 油漆品种、刷漆遍数：刷防锈漆一遍	t	0.521			
2	010604001002	钢梁	1. 钢材品种、规格：槽钢 18a 2. 单根重量：0.083t 3. 安装高度：4m 4. 探伤要求：不探伤 5. 油漆品种、刷漆遍数：刷防锈漆一遍	t	2.992			

（7）门窗工程工程量计算及示例。

1）门窗工程的工程量清单共有 10 个分项工程清单项目，即木门，金属门，金属卷（闸）门，厂库房大门、特种门，其他门，木窗，金属窗，门窗套，窗台板，窗帘、窗帘盒、轨。门窗工程的项目特征描述内容及工程量计算规则等内容，可参考 GB 50854—2013《房屋建筑与装饰工程工程量计算规范》的规定。

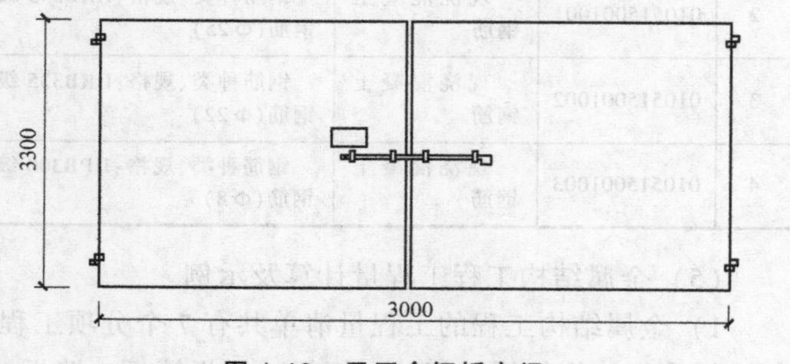

图 1-12 平开全钢板大门

2）金属门分部分项工程量清单编制示例。

某厂房有平开全钢板大门（带探望孔）共 3 樘，刷防锈漆一遍，门洞口尺寸如图 1-12 所示。

首先，计算钢筋工程量：

全钢板大门工程量 = 3 樘

或全钢板大门工程量 = $3.00\text{m}\times3.30\text{m}\times3=29.70\text{m}^2$

然后，将上述结果及相关内容填入金属门分部分项工程量清单，见表 1-15。

（8）屋面及防水工程工程量计算及示例。

1）屋面及防水工程的工程量清单共有 4 个分项工程清单项目，即瓦、型材及其他屋面，屋面防水及其他，墙面防水、防潮，楼（地）面防水、防潮。此工程量清单项目适用于建物屋面和墙、地面防水工程，主要屋面结构如图 1-13 所示。屋面及防水工程的项目特征描述内容及工程量计算规则等内容，可参考 GB 50854—2013《房屋建筑与装饰工程工程量计算规范》的规定。

表 1-15　金属门分部分项工程量清单表

序号	项目编码	项目名称	项目特征描述	计量单位	工程量	金额/元		
						综合单价	合价	其中 暂估价
1	010802001001	全钢板大门	1. 开启方式：平开 2. 有框、无框：无框 3. 含门扇数：双扇 4. 材料品种、规格：钢骨架薄钢板 5. 五金种类、规格：金属 7. 防护材料种类：防锈漆 8. 油漆品种、刷漆遍数：防锈漆一遍	m^2	29.70			

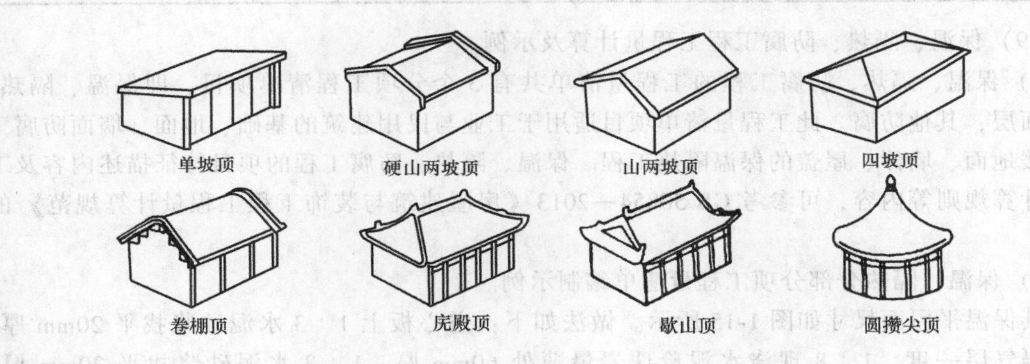

图 1-13　主要屋面结构示意图

2）屋面防水分部分项工程量清单编制示例。

某工程屋顶平面图如图 1-14 所示。屋面防水做法：20mm 厚 1∶3 水泥砂浆找平；4mm 厚 SBS 改性沥青卷材防水，错层部位向上翻起 250mm；20mm 厚 1∶2 水泥砂浆抹光压平。

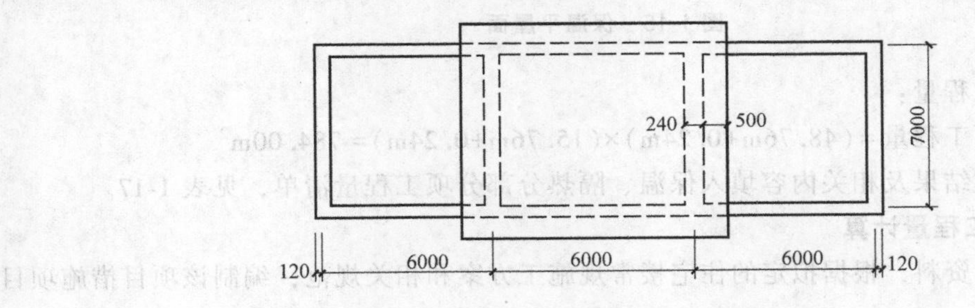

图 1-14　屋顶平面图

首先，计算工程量：

屋面卷材防水工程量 $=[(6.00m-0.24m)\times(7.00m-0.24m)+(6.00m-0.24m+7.00m-0.24m)\times2\times0.25m]\times2+(6.00m+0.24m+1.00m)\times(7.00m+0.24m+1.00m)=90.395m+59.658m=150.05m^2$

然后，将上述结果及相关内容填入屋面卷材防水分部分项工程量清单，见表1-16。

表1-16 屋面卷材防水分部分项工程量清单表

序号	项目编码	项目名称	项目特征描述	计量单位	工程量	金额/元		
						综合单价	合价	其中 暂估价
1	010902001001	屋面卷材防水	1. 卷材品种、规格：4mm SBS防水卷材 2. 防水层做法：20mm厚水泥砂浆找平，4mm SBS防水卷材 3. 嵌缝材料种类：1：2水泥砂浆 4. 防护材料种类：20mm厚1：2水泥砂浆	m^2	150.05			

(9) 保温、隔热、防腐工程工程量计算及示例。

1) 保温、隔热、防腐工程的工程量清单共有3个分项工程清单项目，即保温、隔热，防腐面层，其他防腐。此工程量清单项目适用于工业与民用建筑的基础、地面、墙面防腐工程，楼地面、墙体、屋盖的保温隔热工程。保温、隔热、防腐工程的项目特征描述内容及工程量计算规则等内容，可参考GB 50854—2013《房屋建筑与装饰工程工程量计算规范》的规定。

2) 保温、隔热分部分项工程量清单编制示例。

其保温平屋面尺寸如图1-15所示。做法如下：空心板上1：3水泥砂浆找平20mm厚，沥青隔气层一度，1：8现浇水泥珍珠岩最薄处60mm厚，1：3水泥砂浆找平20mm厚，PVC橡胶卷材防水。

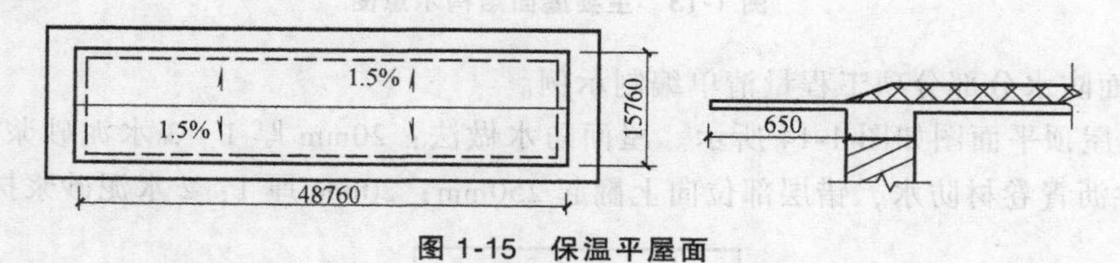

图1-15 保温平屋面

首先，计算工程量：

保温隔热屋面工程量=(48.76m+0.24m)×(15.76m+0.24m)=784.00m^2

然后，将上述结果及相关内容填入保温、隔热分部分项工程量清单，见表1-17。

2. 措施项目工程量计算

结合案例所给资料，根据拟定的住宅楼常规施工方案和相关规范，编制该项目措施项目清单。

(1) 措施项目的列项。措施项目清单应根据拟建工程的实际情况，按照GB 50500—2013《建设工程工程量清单计价规范》及各专业工程的工程量计算规范（如GB 50854—2013《房屋建筑与装饰工程工程量计算规范》）进行列项。若出现清单规范中未列的项目，可根据工程实际情况进行补充。具体步骤是，首先明确施工组织设计中施工平面部署，所需施工器械，然后根据施工工艺和施工顺序确定所需措施项目。

表 1-17　保温、隔热分部分项工程量清单表

序号	项目编码	项目名称	项目特征描述	计量单位	工程量	金额/元		
						综合单价	合价	其中 暂估价
1	011001001001	保温隔热屋面	1. 保温隔热部位:屋面 2. 保温隔热方式:外保温 3. 保温隔热材料品种、规格:1∶8现浇水泥珍珠岩最薄处60mm厚 4. 隔气层厚度:1mm 5. 黏结材料种类:水泥 6. 防护材料种类:沥青隔气层一度	m^2	784.00			

(2) 单价措施项目工程量清单编制。

1) 措施项目中可以计算工程量的项目宜采用分部分项工程量清单的方式编制，列出项目编码、项目名称、项目特征、计量单位和工程量。此类措施项目称为单价措施项目。

单价措施项目包括脚手架、混凝土模板及支架、垂直运输、超高施工增加、大型机械设备进出场及安拆、施工降水及排水等。

如按清单计算规范中规定，混凝土墙模板工程量计算如下：

模板工程量=(墙长×墙高-门窗洞口)×2+洞口侧壁

式中，墙长均按净长计算，墙与墙交接部分的长度应扣除，墙端头的模板面积应增加；墙高由墙基上表面（或楼板上表面）算至上一层楼板（或梁）下表面，板厚不同时，按板面积最大的板厚扣除。

混凝土单梁、连梁模板工程量计算如下：

模板工程量=(梁高×2+梁底宽)×梁长

对于式中的梁长：梁与柱连接时，梁长算至柱侧面；次梁与主梁交接时，梁长算至主梁侧面；过梁的长度按门（窗）宽洞口的净长度计算；圈梁按净长线计算。此外，梁交接部分的面积不扣除，梁端头的模板不另计算。梁垫的模板面积并入梁计算。

根据计算完成的工程量，填写单价措施项目表格，见表 1-18。

表 1-18　单价措施项目清单与计价表

序号	项目编码	项目名称	项目特征描述	计量单位	工程量	金额/元	
						综合单价	合价

2) 脚手架工程措施项目清单编制示例。

某工程主楼及附房的尺寸如图 1-16 所示。女儿墙高 1.5m，出屋面的电梯间为砖砌外墙，施工组织设计中外脚手架为钢管脚手架。试计算措施费中外脚手架工程量，编制措施项目清单。

该项目发生的工程内容为材料运输、搭拆脚手架、拆除后的材料堆放。

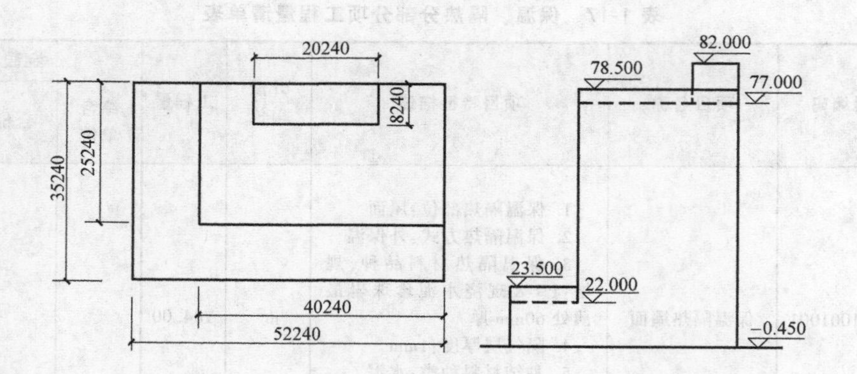

图 1-16 主楼及附房示意图

主楼部分双排外脚手架工程量 = (40.24m + 25.24m) × (78.5m + 0.45m) + (40.24m + 25.24m) × (78.5m − 22m) + 20.24m × (82m − 78.5m) = 5169.65m² + 3699.62m² + 70.84m² = 8940.11m²(搭设高度 = 82.00m + 0.45m = 82.45m)

附房部分外脚手架工程量 = (52.24m×2 − 40.24m + 35.24m×2 − 25.24m) × (23.5m + 0.45m) = 2622.05m²(搭设高度 = 23.5m + 0.45m = 23.95m)

电梯间部分外脚手架工程量 = (20.24m + 8.24m×2) × (82m − 77m) = 183.60m²

然后，将上述结果及相关内容填入脚手架措施项目工程量清单，见表 1-19。

表 1-19 脚手架措施项目工程量清单表

序号	项目编码	项目名称	项目特征描述	计量单位	工程量	金额/元		
						综合单价	合价	其中 暂估价
1	011701002001	外脚手架	1. 主楼部分双排搭设 2. 搭设高度:82.45m 3. 脚手架材质:钢管	m²	8940.11			
2	011701002002	外脚手架	1. 主楼部分双排搭设 2. 搭设高度:23.95m 3. 脚手架材质:钢管	m²	2622.05			
3	011701002003	外脚手架	1. 主楼部分双排搭设 2. 搭设高度:5m 3. 脚手架材质:钢管	m²	183.60			

3）混凝土、钢筋混凝土模板及支架措施项目清单编制示例。

现浇混凝土矩形柱如图 1-17 所示，共 20 组，采用组合钢模板、钢支撑。现浇花篮梁（中间矩形梁）5 组，采用胶合板模板、木支撑。试编制柱、梁模板及支撑工程量清单。

① 柱模板发生的工程内容为模板制作、模板安拆和刷隔离剂等。

现浇混凝土框架柱钢模板工程量 = 0.45m×4×6.8m×20 = 244.80m²

超高次数 = (6.80m − 3.6m) ÷ 3 = 1.07 次 ≈ 2 次（即 6.6m 以内超高 1 次；9.6m 以内超高 2 次；依此类推。不足 3m，按 3m 计算）

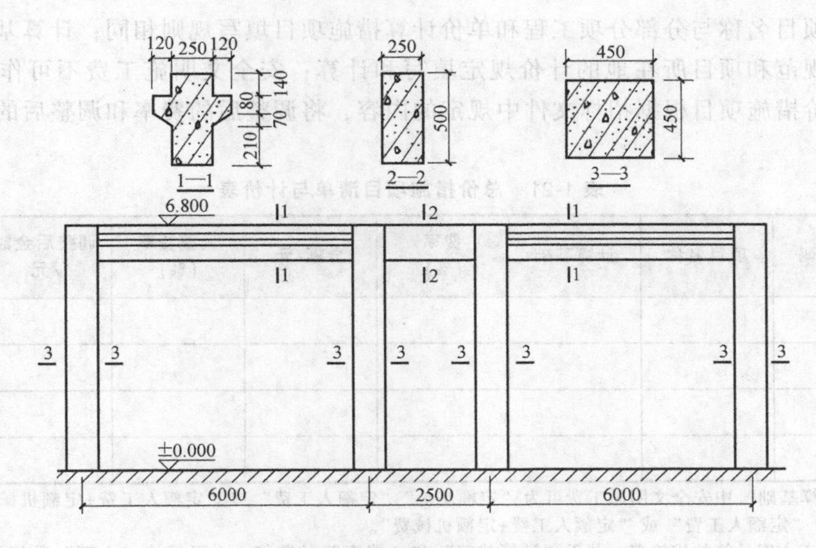

图 1-17　现浇混凝土矩形柱

混凝土框架柱钢支撑第一增加层工程量 $=0.45\text{m}\times4\times(6.6\text{m}-3.6\text{m})\times20=108.00\text{m}^2$

混凝土框架柱钢支撑第二增加层工程量 $=0.45\text{m}\times4\times(6.8\text{m}-6.6\text{m})\times20=7.20\text{m}^2$

超高工程量 $=108\times1\text{m}^2+7.2\text{m}^2\times2=122.40\text{m}^2$

② 梁模板发生的工程内容为模板制作、模板安拆和刷隔离剂等。

异形梁模板工程量 $=[0.25\text{m}+(0.21\text{m}+\sqrt{0.12\text{m}\times0.12\text{m}+0.07\text{m}\times0.07\text{m}}+0.08\text{m}+0.12\text{m}+0.14\text{m})\times2]\times(6\text{m}-0.45\text{m})\times2\times5=90.35\text{m}^2$

矩形梁模板工程量 $=(0.25\text{m}+0.5\text{m}\times2)\times(2.5\text{m}-0.45\text{m})\times5=12.81\text{m}^2$

梁模板工程量合计 $=90.35\text{m}^2+12.81\text{m}^2=103.16\text{m}^2$

超高次数 $=(6.8\text{m}-0.5\text{m}-3.6\text{m})\div3\approx1$ 次

梁支撑超高工程量 $=(90.35\text{m}^2+12.81\text{m}^2)\times1=103.16\text{m}^2$

③ 填写混凝土、钢筋混凝土模板及支架措施项目工程量清单，见表 1-20。

表 1-20　混凝土、钢筋混凝土模板及支架措施项目工程量清单表

序号	项目编码	项目名称	项目特征描述	计量单位	工程量	金额/元		
						综合单价	合价	其中
								暂估价
1	011702002001	混凝土、钢筋混凝土模板及支架	现浇混凝土框架矩形柱组合钢模板、钢支撑	m^2	244.80			
2	010503002001	矩形梁	混凝土种类、混凝土强度等级	m^2	12.81			
3	010503003001	异形梁	混凝土种类、混凝土强度等级	m^2	90.35			

（3）总价措施项目工程量清单编制。总价计算的措施项目主要包括安全施工，夜间施工增加，二次搬运，冬雨季施工增加和已完工程及设备保护，其表格格式见表 1-21。其中，

项目编码和项目名称与分部分项工程和单价计算措施项目填写规则相同；计算基础和计算费率按照国家规范和项目所在地的计价规定填写和计算；安全文明施工费不可作为竞争性费用，其他总价措施项目根据招标文件中规定的内容，将调整后的费率和调整后的金额填入表格相应栏中。

表 1-21　总价措施项目清单与计价表

序号	项目编码	项目名称	计算基础	费率（%）	金额/元	调整费率（%）	调整后金额/元	备注
1								
2								
3								
4								

注：1. “计算基础”中安全文明施工费可为“定额基价”“定额人工费”或“定额人工费+定额机械费”，其他项目可为“定额人工费”或“定额人工费+定额机械费”。

2. 按施工方案计算的措施费，若无“计算基础”和“费率”的数值，也可只填“金额”数值，但应在备注栏说明施工方案出处或计算方法。

五、任务实施内容

结合案例中所给资料，完成本项目招标工程量清单编制工作。

（1）编制分部分项工程量清单，并根据相关规范计算工程量。

第一步，根据项目划分后的结构，确定项目名称；第二步根据清单计价规范、计算规范和设计施工图等内容，拟定项目特征的描述；第三步，确定项目的编码；第四步，根据分部分项工程特点及计算规范，确定计量单位；第五步，根据计算规范计算工程量。分部分项工程清单编制的程序如图 1-18 所示。

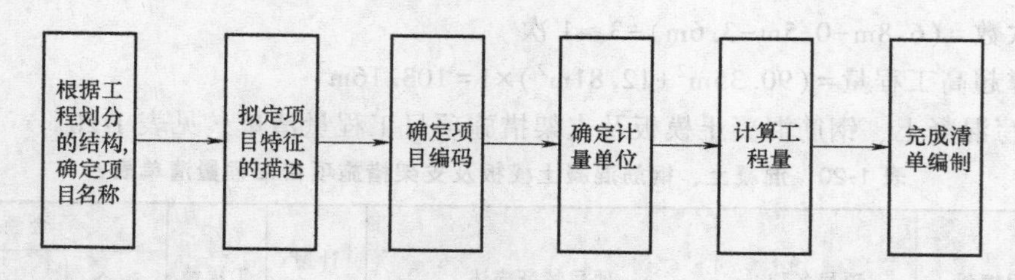

图 1-18　分部分项工程量清单编制程序

（2）确定措施项目清单，并计算单价措施项目工程量和总价措施项目工程量。

任务三　招标工程量清单工程量审核

一、任务要求

本任务主要对编制完成的招标工程量清单进行审核。

任务要求如下：

按照规定的程序和方法以及相关文件的审核标准对编制完成的招标工程量清单的完整性和准确性进行审核。

二、任务中的过关问题

过关问题1：影响招标工程量清单准确性和完整性的因素有哪些？

过关问题2：对分部分项工程量清单进行审核时，应重点审核哪些内容？

过关问题3：对措施项目清单进行审核时，审核的重点有哪些？

三、任务实施依据

（1）GB 50500—2013《建设工程工程量清单计价规范》。

（2）主要标准：国家施工标准，如GB/T 50502—2009《建筑施工组织设计规范》。

（3）主要施工规范：施工技术规范、规程和验收规范，按国家、行业、地方区分。

（4）主要法律：各级主管部门下发的法规文件，按国家、行业、地方、企业区分。

（5）技术经济指标：按地方、项目类型区分。

（6）其他：建筑施工手册，各地安全生产规范，建筑工程监理规范等。

四、任务实施方法

（1）全面审核法。

（2）重点审核法。

（3）利用相关工程量之间的关系进行复核。

（4）仔细阅读设计说明及各节点详图，从中可以发现一些疏忽和遗漏的项目，及时补足。核对清单子目名称及说明是否与设计要求相同，表达是否明确清楚，有无错漏项。

（5）技术经济指标复核法。

五、任务实施内容

招标工程量清单审核的内容包括：工程量清单封面和总说明的审核，分部分项工程量清单的审核，措施项目清单的审核，其他项目清单的审核，规费税金项目清单的审核，以及补充项目清单的审核。

工程量清单审核的具体内容及审核标准如下：

1. 工程量清单文件组成的审核

（1）工程量清单编制成果文件是否完整。完整的工程量清单编制成果文件包括：工程量清单封面，总说明，分部分项工程量清单与计价表，单价措施项目清单与计价表，总价措施项目清单与计价表，其他项目清单与计价汇总表，暂列金额明细表，材料暂估单价表，专业工程暂估价表，计日工表，总承包服务费计价表，规费，税金项目清单与计价表。

（2）工程量清单编制成果文件是否规范。审核以上各种表格是否按照GB 50500—2013《建设工程工程量清单计价规范》中要求的格式进行编制。

2. 工程量清单内容审核

（1）封面格式及相关盖章的审核。审核封面格式及相关盖章是否符合GB 50500—2013《建设工程工程量清单计价规范》的要求，是否有招标人、工程造价咨询人及法定代表人或授权人盖章和签字，以及相关资质的编制人和复核人是否签字并盖资质专用章。

（2）总说明的审核。审核总说明是否按照下列内容填写：

1）工程概况。工程概况中是否对建设规模、工程特征、计划工期、施工现场实际情况、自然地理条件、环境保护要求等做出描述。

2）工程招标及分包范围。招标范围是指单位工程的招标范围，工程分包是指特殊工程项目的分包。

3）工程量清单编制依据。包括工程量清单计价的一系列规范、设计文件、招标文件、施工现场情况、工程特点及常规施工方案等。

4）工程质量、材料、施工等的特殊要求。

5）招标人自行采购材料的名称、规格型号、数量等。

6）暂列金额、自行采购材料的金额数量。

7）其他需要说明的问题。

（3）分部分项工程量清单的审核。

1）审核分部分项工程量清单是否根据相关工程计算规范规定的统一项目编码、统一项目名称、统一项目特征、统一计量单位和统一工程量计算规则进行编制。

2）审核分部分项工程量清单是否按招标文件及设计施工图的要求进行编制，清单项目是否完整，清单工程量计算是否准确，项目特征描述是否完整清楚，不应出现漏项、错项、错算等情况。

注：编制分部分项工程量清单时，项目编码不能重复，一个编码只能对应一个相应的清单项目和工程数量。

（4）措施项目清单的审核。

1）审核以“项”为单位的措施项目是否列入了总价措施项目清单与计价表，可以按分部分项工程量清单方式进行编制的措施项目是否按分部分项工程量清单的编制方式进行编制，是否已列入单价措施项目清单与计价表。

2）根据招标文件、设计施工图及现场情况，审核所列措施项目是否完整，所采用的施工方法是否得当，规范中没有的措施项目是否进行了补充，不应出现漏项。

3）审核单价措施项目清单与计价表中的措施项目清单工程量是否计算准确、项目特征描述是否完整清楚，项目编码不应重复。

注：出现清单规范中未列的措施项目，编制人可做补充。以“项”为单位的措施项目，应在总价措施项目清单与计价表中增加列项；在单价措施项目清单与计价表中补充的项目，应列在清单项目最后，在“项目编码”栏中以“×B00×”字示之，并附补充项目的名称、项目特征、计量单位、工程量计算规则和工作内容。

（5）其他项目清单的审核。

1）根据拟建项目的具体情况，审核暂列金额设定是否合理，有无超出规范中规定的计取比例。

2）审核暂估价设立的项目是否合理，暂估价格是否符合市场行情，暂估价格的类型是否正确，有无出现与分部分项工程量清单重复的现象。

3）审核计日工设立的类型是否全面，给定的暂定数量是否合理。

4）审核总承包服务费中包含的工作内容是否齐全。

(6) 规费税金项目清单的审核。审核规费及税金项目清单，是否按国家相关规定进行列项。

(7) 补充工程量清单的审核。审核补充项目的编制是否符合规范要求，是否附上了补充项目的名称、项目特征、计量单位、工程量计算规则和工作内容。

工程量清单的审核程序如图 1-19 所示。

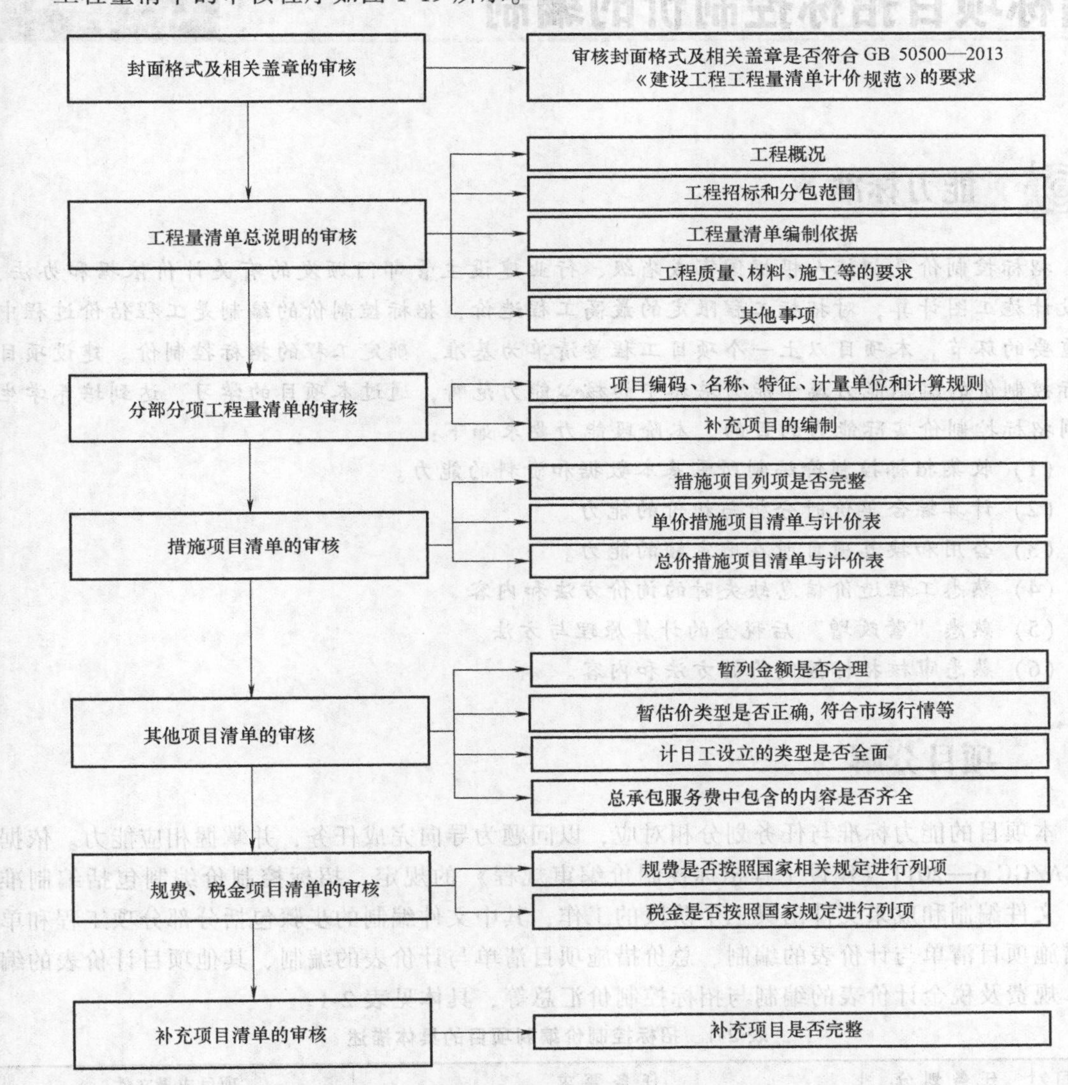

图 1-19　工程量清单的审核程序

项目二

招标项目招标控制价的编制

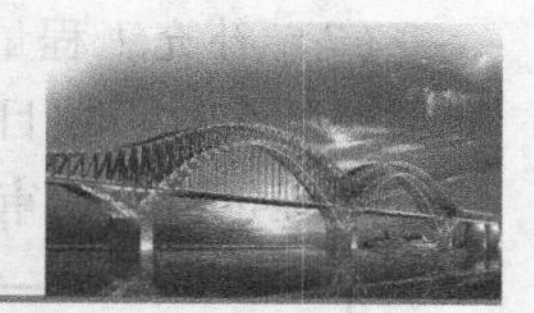

能力标准

招标控制价是招标人根据国家或省级、行业建设主管部门颁发的有关计价依据和办法，按设计施工图计算，对招标工程限定的最高工程造价，招标控制价的编制是工程估价过程中最重要的环节。本项目以上一个项目工程量清单为基准，确定工程的招标控制价。建设项目招标控制价的编制能力属于能力培养中的核心能力范畴，通过本项目的学习，达到培养学生编制招标控制价实际能力的目的。本阶段能力要求如下：

(1) 收集招标控制价编制所需基本数据和资料的能力。

(2) 计算综合单价时分析与组价的能力。

(3) 套用和换算项目所在地定额的能力。

(4) 熟悉工程造价信息缺失时的询价方法和内容。

(5) 熟悉“营改增”后税金的计算原理与方法。

(6) 熟悉审核招标控制价的方法和内容。

项目分解

本项目的能力标准与任务划分相对应，以问题为导向完成任务，并掌握相应能力。依据CECA/GC 6—2011《建设工程招标控制价编审规程》的规定，招标控制价编制包括编制准备、文件编制和成果文件出具三个阶段的工作，其中文件编制的步骤包括分部分项工程和单价措施项目清单与计价表的编制、总价措施项目清单与计价表的编制、其他项目计价表的编制、规费及税金计价表的编制与招标控制价汇总等，具体见表2-1。

表2-1　招标控制价编制项目的具体描述

<table>
<tr><th>项目</th><th>任务划分</th><th>任务要求</th><th>项目成果文件</th></tr>
<tr><td rowspan="2">招标控制价编制</td><td>任务一　招标控制价编制准备</td><td>1. 收集编制依据、计价标准、工程现场条件等文件和资料，确定编制要求和范围，并对编制依据进行分类和整理
2. 收集费用指标和材料价格信息，为准确计价做好基础工作，并成立编制小组，就招标控制价编制的内容进行技术交底，完成编制前期的准备工作</td><td rowspan="2">依据项目一的招标工程量清单及相关计价资料，形成以下成果文件：
1. 收集整理的各种资料装订成册，制作资料清单
2. 编制分部分项工程和单价措施项目清单与计价表
3. 编制总价措施项目清单与计价表
4. 编制其他项目相关计价表与汇总表
5. 编制规费、税金计价表
6. 编制招标控制价汇总文件
7. 编制招标控制价审查报告</td></tr>
<tr><td>任务二　分部分项工程和单价措施项目清单与计价表的编制</td><td>根据任务一所提供的资料，确定分部分项工程费与单价措施项目费，并填写相关计价表</td></tr>
</table>

（续）

项目	任务划分	任务要求	项目成果文件
招标控制价编制	任务三　总价措施项目清单与计价表的编制	根据任务一所提供的资料，确定总价措施项目费，并填写相关计价表	依据项目一的招标工程量清单及相关计价资料，形成以下成果文件： 1. 收集整理的各种资料装订成册，制作资料清单 2. 编制分部分项工程和单价措施项目清单与计价表 3. 编制总价措施项目清单与计价表 4. 编制其他项目相关计价表与汇总表 5. 编制规费、税金计价表 6. 编制招标控制价汇总文件 7. 编制招标控制价审查报告
	任务四　其他项目计价表的编制	根据任务一所提供的资料，确定其他项目费，并填写相关计价表	
	任务五　规费、税金项目计价表的编制与招标控制价汇总	根据任务一所提供的资料，确定规费及税金，并填写相关计价表	
	任务六　招标控制价成果审查	1. 审核人对文件组成、编制依据进行审核 2. 审核人对编制内容进行审核	

案　例

【项目背景】

一、项目概述

项目名称：某住宅楼项目（项目所在地可自行选择）。

建设单位：Y市住房保障发展中心。

建设性质：新建项目。

建设规模：建筑面积23834.37m^2，建筑高度59.1m，建筑类别为一类高层居住建筑，室内外高差150mm，建筑层数为地下0层、地上21层。

结构概况：建筑结构采用框架结构，设计使用年限为50年，抗震设防烈度为6度，耐火等级为一级。工程所在地为一般建设环境，土壤及水直接接触基础，上部结构的屋面、雨篷、檐沟等部位属于二类环境级别，其他属于一类环境级别。

二、设计图相关信息

设计图包括住宅楼建筑图、结构图等。

建筑图包括建筑设计总说明、图纸目录、一层平面图、二~二十一层平面图、屋顶平面图以及墙体楼顶等详图。

结构图包括结构设计总说明，基础平法施工图，柱、梁、楼板、楼梯布置及配筋图。

根据设计图纸及相关规范，编制该工程工程量清单。具体图纸可登录 www.chinamie.org/erwei/1.zip 下载查阅。

根据项目一所编制的招标工程量清单，结合项目所在地定额、GB 50500—2013《建设工程工程量清单计价规范》及当地相关规定，编制招标控制价。

案例也可以由教师指定的其他项目完成招标控制价的编制，提交相关成果文件。

任务一　招标控制价编制准备

一、任务要求

招标控制价编制准备阶段，核心任务是编制资料的收集与材料询价。结合案例某住宅楼项目，掌握有关工程量清单及招标控制价编制基础资料，并通过对基础资料的了解，熟悉工程项目，获得工程量情况，合理选用各种费率。具体任务要求如下：

（1）对收集到的原始基础资料进行分析、整理，以便于使用。

（2）掌握国家、行业和地方建设主管部门颁发的计价定额和计价方法、价格信息及其相关配套计价文件。

（3）熟悉项目所在地（可自选）住宅楼项目的设计文件、招标文件。

（4）将收集到的与招标控制价编制有关的资料装订成册。

最终提交成果文件——资料清单，主要包括：招标控制价相关资料交接单、现场调查记录、工程量清单复核的工程量计算书、清单项目下定额子目的工程量计算书、询价记录、编制过程会议纪要、常规施工组织设计及特殊施工方案等。

二、任务中的过关问题

结合案例中某住宅楼项目概况和任务要求，组织讨论以下问题：

过关问题1：在编制招标控制价时，由于各省市主管部门颁布的计价依据和办法各有不同，因此对项目所在地计价依据的搜集和整理至关重要。请以你所在地为例，说明编制该住宅楼项目招标控制价的计价依据。

过关问题2：试说明招标控制价编制的基本步骤。

过关问题3：试说明招标控制价与施工图预算之间的区别与联系。

过关问题4：试说明建安工程费的划分方式和相应构成。

过关问题5：在编制招标控制价时，什么情况下需要进行市场询价？

过关问题6：如果某住宅楼项目工程所采用的建设工程计价定额与当地生产要素市场价格差距过大，你将如何处理？若不能有效处理可能会带来什么样的后果？

过关问题7：招标控制价作为招标工程限定的最高工程造价，如果设置得过高或过低会对招标项目带来什么影响？哪些因素会导致招标控制价过高或过低？

三、任务实施依据

（1）中华人民共和国住房和城乡建设部发布的计价相关文件。

（2）中国建设工程造价管理协会发布的 CECA/GC 6—2011《建设工程招标控制价编审规程》及其他计价文件。

（3）项目所在地住房和城乡建设厅发布的计价相关文件。

（4）项目所在地建设工程造价信息官方网站发布的计价相关文件。

（5）项目所在地定额站指定建筑书店所购买的建筑、安装、装饰装修等定额。

四、任务实施方法

（1）网络搜寻法。网络搜寻法是一种非常便捷的搜寻法，可以在相关网站，通过各种关键词，快速寻找计价相关文件与资料，避免盲目的搜寻，从而节约时间，提高工作效率。

（2）标杆对比法。调查与招标项目相似的其他已完成项目的信息，通过分析本项目与其他项目各方面状况，了解可能影响项目价格的外部因素和风险，进而编制更准确的招标控制价。

（2）访谈法。对相关材料的市场价格进行调研，将所要调查的事项以当面、书面或电话的方式，向受访者提出询问，以获得所需资料。访谈法在市场调查中最为常见。

（3）实地调查法。实地调查法是应用客观的态度和科学的方法，对某种社会现象，在确定的范围内进行实地考察，并搜集大量资料以统计分析，从而探讨社会现象的一种调查手段。

（4）问卷调查法。问卷调查法也称书面调查法，或称填表法，它是用书面形式间接搜集研究材料的一种调查手段。问卷调查是通过向调查者发出简明扼要的征询单（表），请其填写对有关问题的意见和建议来间接获得材料和信息的。

五、任务实施内容

（一）资料收集

CECA/GC 6—2013《建设工程招标控制价编审规程》规定，编制准备阶段的主要工作内容包括：

（1）收集与本项目招标控制价相关的编制依据；熟悉招标文件、相关合同、会议纪要、施工图和施工方案。

（2）了解应采用的计价标准、费用指标、材料价格信息等情况。

（3）了解本项目招标控制价的编制要求和范围；对本项目招标控制价的编制依据进行分类、归纳和整理。

（4）成立编制小组，就招标控制价编制的内容进行技术交底，做好编制前期的准备工作。准备阶段资料收集清单见表 2-2。

表 2-2　准备阶段资料收集清单

资料类型	文件名称	用　途
招标文件及答疑纪要	拟定的招标文件及其补充通知	招标控制价的编制范围、编制要求、编制依据等
	答疑纪要	

（续）

资料类型		文件名称	用　　途
文件	设计文件	设计概算	最高限额
		设计文件	清单列项，项目特征描述
	国家标准	GB 50500—2013《建设工程工程量清单计价规范》	编制依据及要求
		GB 50584—2013《房屋建筑与装饰工程工程量计算规范》	
		GB 50855—2013《仿古建筑工程工程量计算规范》	
		GB 50856—2013《通用安装工程工程量计算规范》	
		GB 50857—2013《市政工程工程量计算规范》	
		GB 50858—2013《园林绿化工程工程量计算规范》	
		GB 50859—2013《矿山工程工程量计算规范》	
		GB 50860—2013《构筑物工程工程量计算规范》	
		GB 50861—2013《城市轨道交通工程工程量计算规范》	
		GB 50862—2013《爆破工程工程量计算规范》	
	法律法规	《中华人民共和国招投标法》	招标控制价的背景、要求、编制要求及施工承包与发包计价
		《中华人民共和国招标投标法实施条例》（国务院第 613 号令）	
		《中华人民共和国标准施工招标文件》	
		项目所在省市《建筑市场管理条例》	
		《建筑工程施工发包与承包计价管理办法》（住建部令第 16 号）	
	取费文件	《建筑安装工程费用项目组成》（建标〔2013〕44 号）	国家、省市地区关于招标控制价的工程费用计算方法及工程计价程序
		项目所在省市《建设工程计价办法》	
		项目所在省市各专业工程定额	
	技术规范	CECA/GC 6—2013《建设工程招标控制价编审规程》	招标控制价编制与审核的标准、编制程序与编制依据
其他		常规施工方案	招标控制价编制依据
		工程造价管理机构发布的工程造价信息	招标控制价组价依据

（二）标杆调查

在编制该住宅项目招标控制价之前，可查找项目所在地类似住宅项目的详细信息，分析本项目中出现的价格信息以及可能出现的风险，以便编制出准确的招标控制价。

首先，通过网络搜寻法查找类似项目，尽可能多地收集该类似项目信息，如项目概况、建筑规模、结构概况、施工组织设计、招标控制价、投资概算等，并与本项目的实际情况进行比对，从而确定该类似项目的参考价值。

其次，查找该类似项目实际发生的费用等信息，与其前期估算费用比对，从而明确该类似项目在实施过程中哪些重要的外部要素或风险会导致费用的增加或减少，了解哪些重要材料的价格会影响项目的总投资。

最后，通过调查类似项目所获经验，并将这些经验应用于本住宅项目招标控制价的编制，以获得较为准确的价格。

（三）重要材料的确定与询价

工程造价信息没有发布的那部分重要材料价格应参照市场价，而市场价需要通过询价进行确定。本部分主要针对询价的相关问题进行展开，其主要步骤如图 2-1 所示。

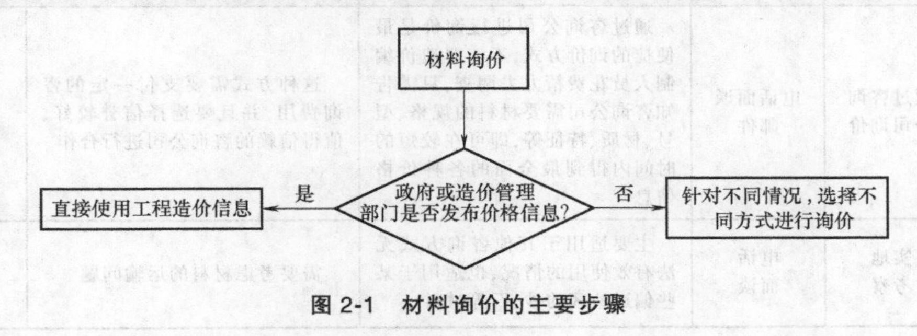

图 2-1　材料询价的主要步骤

1. 查询工程造价管理机构发布的造价信息

若政府或工程造价管理机构发布的价格信息中有项目涉及的材料价格信息，则应直接使用此工程造价信息。若政府或工程造价管理机构发布的价格信息中没有项目涉及的材料价格信息，则应针对不同情况，选择不同的方式进行自主询价。

2. 材料价格询价

在查询工程造价管理机构发布的造价信息中，若所查询的材料价格在造价信息中没有涉及，则应进行自主询价。

材料价格询价，应明确材料费用的准确概念及其所包含的全部内容。弄清楚所得到的信息价格是属于什么性质的价格，是材料出厂价，还是包含运杂费的市场价，还是包括材料费用全部内容的预算价；清单报价时，组价中是否包括了材料的正常损耗和采购保管费。

询价方式的选择包括询价渠道、联系方式的选择。询价渠道主要包括联系生产商询价、联系经销商询价、利用互联网查询搜索、通过咨询公司询价、实地考察等；联系方式可以采用电话、邮件、面谈等。根据实际情况选择相应询价方式进行询价，具体内容见表 2-3。

表 2-3　询价方式

序号	询价渠道	联系方式	优点	注意事项	是否直接使用
1	联系生产商询价	电话邮件面谈	直接与生产商联系是最直接的询价方式，生产商提供的一般为出厂价，没有中间环节，询价结果相对其他渠道可能较低	需要考虑是否为材料原价，生产商是否愿意直接供货	不能直接使用
2	联系经销商询价	电话邮件面谈	经销商提供的一般为销售价格（批发价），较为贴近市场平均价格	不同经销商销售材料的价格可能相差较大，并且可能是材料原价，也可能包含其他费用，询价时必须明确	不一定
3	利用互联网查询	网站电话邮件面谈	许多商家会在相关网站上（如中国建材在线、中国建筑网）发布材料价格，因此可以直接通过互联网查询材料价格	网站上公布的材料价格可能相对较高或不是当期最新的价格，不适于直接应用，应进一步与其联系以确定最终价格	不能直接使用

（续）

序号	询价渠道	联系方式	优点	注意事项	是否直接使用
4	通过咨询公司询价	电话面谈邮件	通过咨询公司进行询价是最便捷的询价方式，不需要造价编制人员花费精力去调查，只需告知咨询公司需要材料的规格、型号、材质、特征等，即可在较短的时间内得到最全面的各种价格信息	这种方式需要支付一定的咨询费用，并且要选择信誉较好、值得信赖的咨询公司进行合作	可以直接使用
5	实地考察	电话面谈	主要适用于其他咨询方式无法有效使用的情况，也适用于某些偏远地区的砂、石等材料	需要考虑材料的运输问题	不直接使用

3. 重点分析主要材料价格，预测材料价格走势

建筑材料中的主要材料有钢材、水泥、防水材料等。此步骤的主要工作内容为重点分析材料费用在整个工程费用中所占的比例以及主要材料在全部材料费用中所占的比例。通过对主要材料价格的分析，将材料价值进行排序，筛选主材，最终预测材料价格的走势。

4. 价格筛选

当询价人员拿到报价单位所报价格后，不仅需对价格进行简单的平均计算，还要对所得到的数据进行对比分析，主要方法有以下两种：

方法一：利用 Excel 表格，进行价格筛选。

方法二：进行大子样对母体平均数的区间估计，进行价格筛选。

5. 建立材料价格库

在确定价格之后，应建立材料价格数据库，将询价过程中得到的时间、价格、企业名称等信息进行保存，供日后编制人员参考使用。

最终，将所有收集到的资料装订成册，制作资料清单，作为本任务的成果文件。后续便依据此资料清单开始招标控制价文件的编制，包括分部分项工程费及单价措施项目费的确定、总价措施项目费的确定、其他项目费的确定、规费及税金的确定等。

（四）资料清单汇总

招标控制价编制准备阶段，核心任务是编制资料的收集与材料价格询价。收集的编制资料应装订成册，其成果文件一览表见表 2-4。

表 2-4 招标控制价编制准备阶段成果文件一览表

序号	资 料 名 称
1	相关资料交接单
2	现场踏勘记录表
3	工程量清单复核的工程量计算书（含钢筋计算底稿）
4	清单项目下定额子目的工程量计算书
5	询价记录表
6	工程咨询会议纪要
7	常规性施工组织设计及特殊施工方案

1. 招标控制价编制相关资料交接单

咨询准备阶段与委托人签订合同后的相关资料收集应进行记录，其格式参照表2-5。

表2-5　招标控制价咨询相关资料交接单

项目名称：

序号	提供资料内容	份数	要求提供		实际提供		收件人	备注
			日期	页数	日期	页数		

2. 现场踏勘记录

招标文件中一般会明确工程现场的地点，编制人应对现场情况做初步调查分析，并做好资料准备，形成现场踏勘记录的报告，具体内容见表2-6。

表2-6　现场踏勘记录

项目名称：　　　　　　　　　　　项目地点：

勘查时间：　　　　　　　　　　　记录人：

<table>
<tr><td rowspan="4">勘查情况</td><td>调查项目</td><td colspan="3">调查内容</td></tr>
<tr><td>自然条件调查</td><td colspan="3">气象资料，水文资料，地震、洪水及其他自然灾害情况，地质情况</td></tr>
<tr><td>施工条件调查</td><td colspan="3">工程现场的用地范围、地形、地貌、地物、高程，地上或地下障碍物；现场周围的道路、进出场条件等交通条件；现场邻近建筑物与拟建工程的特征；当地政府有关部门对施工现场管理的一般要求等</td></tr>
<tr><td>其他条件调查</td><td colspan="3">现场附近的生活设施、治安情况</td></tr>
<tr><td>勘查结果确认</td><td colspan="2">建设单位代表(签字)：</td><td>委托单位代表(签字)：</td><td>咨询单位代表(签字)：</td></tr>
</table>

3. 工程量清单复核的工程量计算书

在招标控制价编制前，要认真研究招标文件，熟悉招标文件内容，领会招标文件的意图，掌握招标文件中的一些特殊规定。

研究招标文件工作中，最重要的是要认真复核招标图纸工程量和清单工程量，其计算依据是GB 50854—2013《房屋建筑与装饰工程工程量计算规则》中项目的计算规则。复核招标图纸工程量主要是检查招标图纸中重要工程量是否准确；复核清单工程量是将清单细目工程量与招标图纸一一对照，检查工程量清单是否漏项或工程数量是否出错。熟悉设计图、核对工程数量及与设计人员的良好沟通是提高招标控制价编制质量的基础。工程量核实记录单见表2-7。

表2-7　工程量核实记录单

项目名称：　　　　　　　　　　　标段：　　　　　　　　　　　第　　页，共　　页

清单(定额)编号	项目名称	计量单位	核实工程量	备注

4. 清单项目下定额子目的工程量计算书

在编制招标控制价的过程中，采用综合单价法进行清单项目组价，需计算各清单项目下定额子目的工程量，其计算依据是各地区消耗量定额中的工程量计算规则。定额子目工程量计算表的格式见表2-8。定额子目的罗列要依据清单项目的项目特征描述，注意遵循不重不漏的原则。

表2-8 定额子目工程量计算表

项目名称：

序号	分项工程名称	项目编号	定额编号	计算表达式	数量	单位
1						
2						
3						

5. 询价记录表

询价可以为投标人的投标报价提供可靠的依据，同样，在招标控制价的编制中，为提高编制精度，可进行合理的询价。要特别注意两个问题：一是产品质量必须可靠，并满足招标文件的有关规定；二是供货方式、时间、地点，有无可附加条件和费用。询价需做严格的询价记录（表2-9），以备后期招标控制价的审核和档案管理。

表2-9 询价记录

项目名称：

序号	材料设备名称	规格	型号	品牌	单位	单价	询价方式	报价单位	报价人员及电话	询价人	询价时间	项目名称	价格包含主要内容	备注
一、人工														
1														
2														
二、材料														
1														
2														
三、施工机械														

6. 工程咨询会议纪要

招标控制价编制前期准备阶段，对招标项目中具有疑问的地方，应组织建设单位等相关参与方进行答疑并记录，形成会议纪要（表2-10）。

表2-10 招标控制价编制工程咨询会议纪要

时间		地点	
主持人		记录人	
参加会议单位及人员： 委托单位： 建设单位： 咨询单位：			
会议议题：			
会议确认意见：			
勘查结果确认	建设单位代表(签字)：	委托单位代表(签字)：	咨询单位代表(签字)：

7. 常规性施工组织设计及特殊施工方案

招标控制价应反映拟建工程的质量和工期要求，常规性施工组织设计及特殊施工方案（表 2-11）的编制主要是为措施项目费的确定提供依据。应包括下列内容：工程概况；施工部署；施工方案；施工进度计划；资源供应计划；施工准备工作计划；施工平面图；技术组织措施计划；项目风险管理；项目信息管理；技术经济指标分析。通过现场调查，编制人认为有必要拟定特殊施工方案的应做好记录，此部分的编制是为措施项目费的确定提供依据。

表 2-11 常规性施工组织设计及特殊施工方案表

项目名称：

工程概况	
施工部署	
施工方案	
施工进度计划	
资源、供应计划	
施工准备工作计划	
施工平面图	
技术组织措施计划	
项目风险管理、信息管理	
技术经济指标分析	

任务二 分部分项工程和单价措施项目清单与计价表的编制

一、任务要求

分部分项工程费是指各专业工程的分部分项工程应予列支的各项费用。措施项目费是指为完成建设工程施工，发生于该工程施工前和施工过程中的技术、生活、安全、环境保护等方面的费用，包括按单价计算的措施项目（单价措施项目）和按总价计算的措施项目（总价措施项目）。本任务的内容是：结合案例中某住宅楼项目，依据项目一中完成的该住宅楼项目招标工程量清单，编制相应的分部分项工程费及单价措施项目费。具体任务要求如下：

（1）掌握项目所在地（可自选）住宅楼项目的消耗量定额及相关计价文件规定。

（2）编制分部分项工程量清单综合单价时定额套用及换算的能力。

（3）编制分部分项工程量清单综合单价的组价能力。

提交成果文件：某住宅楼项目分部分项工程及单价措施项目清单与计价表。

二、任务中的过关问题

结合案例中某住宅楼项目概况和任务要求，组织讨论以下问题：

过关问题 1：工程量，就是以物理计量单位或自然计量单位所表示的各个具体工程和结构配件的数量。清单编制中会遇到两种工程量——清单工程量和定额工程量，试说明两种工程量之间的关系。

过关问题2：在编制综合单价时，当GB 50854—2013《房屋建筑与装饰工程工程量计算规范》的项目特征、工程内容、计量单位及工程量计算规则与预算定额一致时，应如何选择和套用分部分项工程工程量清单综合单价组价中的计价定额？

过关问题3：当GB 50854—2013《房屋建筑与装饰工程工程量计算规范》的项目特征、工程内容、计量单位及工程量计算规则与预算定额不一致时，应如何选择和套用计价定额？

过关问题4：风险费用是隐含于已标价工程量清单综合单价中，用于化解发承包双方的工程合同中约定内容和范围内的市场价格波动风险的费用，然而此项费用却没有单独进行列项。试简要说明工程量清单综合单价组价中风险费用的计算方法。

过关问题5：某工程有现浇混凝土独立柱基础5个，基础平面图和剖面图如图2-2所示。设计混凝土采用碎石GD40普通商品混凝土C25，单价285.00元/m³，非泵送。表2-12为某地区现行消耗量定额表。按现行消耗量定额规定，要求：

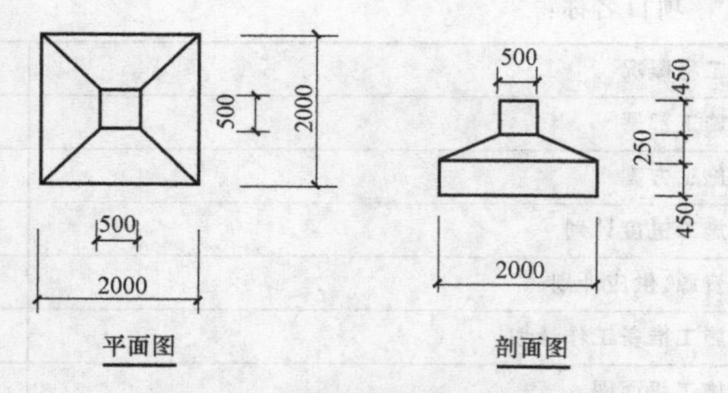

图2-2 基础平面图和剖面图

（1）计算独立基础混凝土浇捣工程量。

（2）若工程管理费率取35%，利润率取10%，完成分部分项工程费用表的编制（要求写出计算过程）。

表2-12 现浇混凝土消耗量定额

工作内容：（略） （单位：10m³）

定额编号				A4-6	A4-7
项目				独立基础	
				毛石混凝土	混凝土
参考基价/元				2630.21	3013.87
其中	人工费/元			288.42	326.61
	材料费/元			2334.18	2677.81
	机械费/元			7.61	9.45
编码	名称	单位	单价/元	数量	
041401026	碎石GD40普通商品混凝土C20	m³	262.00	8.120	10.150
040601001	毛石	m³	52.00	3.630	—
310101065	水	m³	3.40	1.090	1.130
021701001	草袋	m³	4.50	3.170	3.260
990311002	插入式振捣器	台班	12.27	0.620	0.770
990308003	混凝土搅拌机 容量500L	台班	163.90	—	—

过关问题 6：某工程基础平面布置和基础详图如图 1-4 所示。工程土为三类土，基础土方开挖的施工方案为人工开挖，基础混凝土垫层支模要考虑每边加工作面 300mm，弃土采用铲运机铲运土。表 2-13 为某地区现行土方工程消耗量定额，工料机均按定额计取，管理费率为 10%，利润率为 5%。根据已知条件完成表 2-14 的编制（要求写出过程）。

表 2-13　土方工程消耗量定额

工作内容：（略）　（单位：$100m^3$）

定额编号				A1-9		A1-110	A1-111
项　目				挖沟槽三类土深		单(双)轮车运土方	
				2m 以内	4m 以内	运距 50m 以内	500m 以内每增 50m
参考基价/元				2083.39	2443.02	832.32	121.44
其中	人工费/元			2078.40	2440.80	832.32	121.44
	材料费/元			—	—	—	—
	机械费/元			4.99	2.22		
编码	名称	单位	单价/元	数量			
990605001	夯实机 电动 [200~620]	台班	27.70	0.180	0.080		

表 2-14　分部分项工程量清单计价表

序号	项目编码	项目名称及特征描述	计量单位	工程量	综合单价/元	合价/元
1	010101003001	挖沟槽土方 土壤类别:三类土 挖土深度:≤2m 弃土运距:500m				

过关问题 7：某挖掘机械挖二类土方的台班产量定额为 $100m^3$/台班。当机械幅度差系数为 20% 时，该机械挖二类土方 $1000m^3$ 预算定额的台班耗用量应为多少？

过关问题 8：试说明工料单价法和综合单价法的区别。

三、任务实施依据

（1）GB 50500—2013《建设工程工程量清单计价规范》、GB 50854—2013《房屋建筑与装饰工程工程量计算规范》及当地相关规定。

（2）CECA/GC 6—2011《建设工程招标控制价编审规程》。

（3）《建筑安装工程费用项目组成》（建标〔2013〕44 号）。

（4）项目所在地区（自选）的建筑、安装、装饰装修等工程定额。

（5）拟定的招标文件及招标工程量清单中的项目特征描述。

（6）经过批准和会审的全部建设工程设计文件及相关资料，包括施工图等。

（7）通过询价所建立的材料价格库。

四、任务实施方法

1. 工料单价法

工料单价法是指分部分项工程项目单价采用直接工程费单价（工料单价）的一种计价

方法，综合费用（企业管理费和利润）、规费及税金单独计取。工料单价是指完成一个规定计量单位项目所需的人工费、材料费、施工机械使用费。

2. 综合单价法

综合单价法是指分部分项项目及施工技术措施项目的单价采用除规费、税金外的全费用单价（综合单价）的一种计价方法，规费、税金单独计取。综合单价是指完成工程量清单中一个规定计量单位项目所需的人工费、材料费、施工机械使用费、企业管理费和利润，并考虑风险因素。

3. 分项风险计算法

分项风险计算法是在进行综合单价风险分析时，分别计算人工费、材料费、机械费、管理费、各部分费用的风险，然后再进行综合单价计算。

4. 综合风险系数法

综合系数法是将层次分析法与模糊隶属度分析相结合，综合确定综合单价中的风险系数，以确定各部分风险的综合影响的方法。

5. 风险利润率法

与综合风险系数法类似，风险利润率法也需先建立风险评价因素集，用层次分析法确定各个风险因素的权重，并根据风险等级评估风险因素，确定风险模糊评价矩阵。最后利用风险模糊评价矩阵和利润率矩阵计算风险利润率。

6. 综合单价组价的方法

由于工程量清单计价模式下的工程量计算规则与定额中计算规则、计量单位、工程内容存在差异，因此，综合单价的确定有如下三种方式：

（1）直接利用清单工程量计价。直接利用清单工程量计价时，工程量清单计价模式下的工程量计算规则与定额中的工程量计算规则相同，综合单价可直接套定额组价。直接利用清单工程量计价的组价方法为直接使用相应的工程定额中的消耗量综合单价。

（2）重新计算工程量组价。当工程量清单给出的分部分项工程项目的单位与所用消耗量定额的单位不同，或工程量计算规则不同时，采用重新计算工程量组价，即按定额的计算规则重新计算工程量来组价综合单价。

（3）复合组价。当工程量清单项目的单位、工程量计算规则与定额子目相同，但两者工程内容不同时，综合单价采用复合组价。对清单项目的各组成子目计算出合价，并对各合价进行汇总后算出该清单项目的综合单价。

五、任务实施内容

结合案例中的某住宅楼项目，参照国家规定的分部分项工程和单价措施项目清单与计价表的标准格式，编制完成土建工程或安装工程中的综合单价组价，并填写在表格中。

（一）分部分项工程综合单价的确定

1. 定额子目的选取

根据招标工程量清单中的项目特征描述，参照工作内容、施工现场情况和施工方案，确定各清单项目的内容，并与定额中的工作内容进行匹配，完成定额子目的选取工作。

2. 定额子目的套用

将 GB 50854—2013《房屋建筑与装饰工程工程量计算规范》中的项目特征、工程内容、计量单位及工程量计算规则与定额进行对比分析，选择相应的套用方法。

此外还要注意的是：当清单项目只包含有一个子目，且其工程内容、单位与子目一致时，需要判断其计算单位、工程量计算规则是否相同，进而采用不同的套用方法。

3. 定额的调整与补充

（1）定额调整的条件：①根据工程实际选择并调整定额子目；②根据施工方案套用定额；③为新工艺、新材料涉及的项目。

（2）定额补充的程序：首先应对其进行研究，并与已有的类似定额进行比较。如果其他专业定额（如市政定额、铁路定额等）中有相应定额内容，也可以调整后作为补充定额使用；抽换和套用时注意基价也应做相应的调整。

若没有定额子目的调整与补充工作，可直接进入下一步。

4. 分部分项工程人材机费用的计算

依据工程造价政策规定或工程造价信息，以完成每一计量单位的清单项目所需人工、材料、机械用量为基础，计算每一个清单所套定额子目的人工、材料、机具台班单价。

5. 企业管理费、利润、风险的计算

企业管理费是指建筑安装企业组织施工生产和经营管理所需的费用，包括管理人员工资、办公费、差旅交通费、固定资产使用费、工具用具使用费、劳动保险和职工福利费、劳动保护费、检验试验费、工会经费、职工教育经费、财产保险费、财务费、税金及其他。其中，税金是指企业按规定缴纳的房产税、非生产性车船使用税、土地使用税、印花税、城市维护建设税、教育费附加、地方教育附加等㊀。

企业管理费的计算一般采用取费基数乘以费率的方法。取费基数有三种，分别为：以直接费为计算基础；以人工费和施工机具使用费合计为计算基础；以人工费为计算基础。企业管理费费率应按照项目所在地的相关规定选用，则企业管理费计算式为

$$企业管理费=取费基数\times费率 \tag{2-1}$$

利润的计算可按照人工费、材料费、机械费之和按照一定的费率取费计算，具体计算基数与费率应按照项目所在地相关规定选用。利润的计算式为

$$利润=取费基数\times费率 \tag{2-2}$$

在招标控制价的综合单价确定过程中，风险费用通常按建设主管单位公布的风险系数计算。用统一的风险系数计算的风险费用不能真实反应拟建项目的情况，因此需要根据不同工程建设项目的实施特点对风险因素进行计算，其计算方法主要包括分项风险计算法、综合风险系数法和风险利润率法等。

6. 分部分项工程量清单综合单价的组价

将分部分项工程人工费、材料费、机械费、企业管理费、利润五项费用汇总，并考虑合理的风险费用后，即可得到分部分项工程量清单组价定额项目的合价，见式（2-3）。然后，将若干项所组价的定额项目合价相加除以工程量清单项目工程量，便得到工程量清单项目综合单价，见式（2-4）。注意：未计价材料费（包括暂估单价的材料费）应计入综合单价。

㊀ 营改增方案实施后，城市维护建设税、教育费附加、地方教育附加的计算基数均为应纳增值税额（即销项税额-进项税额），但由于在工程造价的前期预测时，无法明确可抵扣的进项税额的具体数额，造成此三项附加税无法计算。因此，根据《关于印发<增值税会计处理规定>的通知》（财会〔2016〕36号），城市维护建设会、教育费附加、地方教育附加等均作为“税金及附加”，在管理费中核算。

$$\text{定额项目合价}=\text{定额项目工程量}\times[\sum(\text{定额人工消耗量}\times\text{人工单价})+\sum(\text{定额材料消耗量}\times\text{材料单价})+\sum(\text{定额机械台班消耗量}\times\text{机械台班单价})+\text{价差(基价或人工、材料、机械费用)}+\text{企业管理费和利润}] \tag{2-3}$$

$$\text{工程量清单综合单价}=\frac{\sum(\text{定额项目合价})+\text{未计价材料费}}{\text{工程量清单项目工程量}} \tag{2-4}$$

（二）按单价计算的措施项目

招标工程量清单措施项目包括应予计量的措施项目和以“项”计量的措施项目。前者采用综合单价法计价，又称为按单价计算的措施项目（单价措施项目）；而后者采用总价计价，又称为按总价计算的措施项目（总价措施项目）。由于单价措施项目费用的计算同样采用综合单价法，与分部分项工程费的计价方式相同，故将单项措施项目一并在任务二中计算。总价措施项目将在任务三中计算。单价措施项目费计算式为

$$\text{单价措施项目费}=\sum(\text{措施项目工程量}\times\text{综合单价}) \tag{2-5}$$

（三）分部分项工程和单价措施项目清单与计价表的填写

分部分项工程清单与计价表的形式同单价计算的措施项目清单与计价表的形式一致，包括项目编码、项目名称、项目特征、计量单位、工程量、综合单价、合价，其中暂估价按GB 50500—2013《建设工程工程量清单计价规范》填写。具体填写示例见表2-15。

表2-15 分部分项工程和单价措施项目清单与计价表

工程名称： 标段： 第 页，共 页

序号	项目编码	项目名称	项目特征	计量单位	工程量	金额/元		
						综合单价	合价	其中
								暂估价
本页小计								
合计								

注：合价=综合单价×工程量。

任务三 总价措施项目清单与计价表的编制

一、任务要求

结合案例中某住宅楼项目，依据项目一中完成的某住宅项目的招标工程量清单编制出相应的总价措施项目费。

（1）掌握项目所在地（可自选）某住宅楼项目总价措施项目所包含的内容。

(2) 熟悉项目所在地（可自选）某住宅楼项目总价措施项目的计算规则及相关计价文件。

提交成果文件：某住宅楼项目总价措施项目清单与计价表。

二、任务中的过关问题

结合案例中某住宅楼项目概述和任务要求，组织讨论以下问题：

过关问题1：某住宅楼建筑工程，经施工图计算可得表2-16中数据。

表2-16　某住宅楼分部分项工程费及单价措施费

项目名称	人工费/万元	材料费/万元	机械费/万元
分部分项工程费	1608	3045	480
单价措施费	540	752	641

其中，建设工程管理费率取35%，利润率取12%。本工程应计取的各项费用及取费费率为：安全文明施工费的费率6.96%；检验试验配合费的费率0.10%；雨季施工增加费费率为0.50%；工程定位复测费的费率0.05%；暂列金额的费率取8%；建安劳保费的费率27.46%；工程排污费的费率0.40%；税率10%。根据已知条件和当地现行费用定额规定计算该工程造价。

过关问题2：安全文明施工费必须按照国家或省级、行业建设主管部门的规定计算，不得作为竞争性费用，但这并不意味着工程量发生变化后安全文明施工费不可以调整，请结合以下案例，分析该条件下的安全文明施工费应如何调整？

某住宅楼建筑规模2.5万m^2，2栋，每栋16层。招标方式采用公开招标。招标文件中规定，根据该省《建设工程现场安全文明施工措施费计价方法》的规定，安全文明施工费的计取基数为分部分项工程费总额的2.0%，其中安全文明施工费中的临时设施费采用总价包干形式，为安全文明施工费总额的40%。该省某房地产开发经营集团中标，分部分项工程费总额为6610万元，安全文明施工费按照招标文件的规定，总额为132.2万元，其中临时设施费为52.88万元。施工过程中由于融资渠道出现问题，该项目资金不能按预期计划完全到位，因此业主提出了变更指令，将每栋楼的建设规模由16层缩减至14层。该项目最终审定的分部分项工程费为5950万元，因此业主提出对安全文明施工费的调整，调整方法为根据该省《建设工程现场安全文明施工措施费计价方法》的规定，最终应该支付给承包商的安全文明施工费为132.2万元×(5950/6610)= 119万元。而承包商认为合同中规定安全文明施工费中的临时设施计价规定为总价包干，因此临时设施费用不应该调整，认为最终应该得的安全文明施工费总额为52.88万元+(132.2-52.88)万元×(5950/6610)= 124.28万元。

过关问题3：在工程实施过程中，由于工程变更、施工方案调整等经常会导致措施费发生调整，招标人为避免这种麻烦，常常采用措施项目总价包干的方式来计取，试讨论采用措施项目总价包干的费率应如何计取。

过关问题4：总价措施费列项的类目众多，包括冬雨季施工增加费、夜间施工增加费等。请结合项目所在地（可自选）讨论总价措施费列项时应考虑哪些因素以及应有哪些类目。

三、任务实施依据

（1）GB 50500—2013《建设工程工程量清单计价规范》、GB 50854—2013《房屋建筑与装饰工程工程量计算规范》及当地相关规定。

（2）CECA/GC 6—2011《建设工程招标控制价编审规程》。

（3）《建筑安装工程费用项目组成》（建标〔2013〕44号）。

（4）项目所在地区（自选）的建筑、安装、装饰装修等工程定额。

（5）单位工程招标工程量清单。

（6）经过批准和会审的全部建设工程设计文件及相关资料，包括施工图等。

四、任务实施方法

（1）费率法。对于以“项”计量或综合取定的措施费用应采用费率法。采用费率法时应先确定某项费用的计费基数，再测定其费率，然后将计费基数与费率相乘得到费用。取费基数和费率要按各地建设工程计价办法的要求确定，一般不同地区对取费基数和费率的规定都不尽相同。

（2）分包法。在分包价格的基础上增加投标人的管理费及风险费进行计价的方法，这种方法适用于可以分包的独立项目，如室内空气污染测试等。

五、任务实施内容

结合案例中的某住宅楼项目，参照国家规定的单价措施项目工程量清单与计价表以及总价措施项目费的标准格式，编制完成土建工程中措施项目的费用，并填写在对应的表格中。编制过程中的关键节点如下：

（一）安全文明施工费的计算

安全文明施工费是指工程项目施工期间，施工单位为保证安全施工、文明施工和保护现场内外环境等所发生的措施项目费用，不得作为竞争性费用。通常由环境保护费、文明施工费、完全施工费、临时设施费组成。安全文明施工费是以“项”计量的措施项目，其计算采用费率法，计算式为

$$安全文明施工费=计算基数\times安全文明施工费费率（\%） \tag{2-6}$$

（二）总价措施费的计算

结合案例及项目所在地具体情况，明确应按总价计算的措施项目费的内容及其计算方法。根据《建筑安装工程费用项目组成》（建标〔2013〕44号），总价措施项目费包括夜间施工增加费、二次搬运费、冬雨季施工增加费、已完工程及设备保护费等，计算公式见表2-17。按总价计算的措施项目的计费基数应为定额人工费或定额人工费+定额机械费，其费率应按照国家或省级、行业建设主管部门的规定，合理确定。

表 2-17 总价措施项目费计算方法

序号	措施项目类别	计算公式
1	夜间施工增加费	计算基数×夜间施工增加费费率(%)
2	二次搬运费	计算基数×二次搬运费费率(%)
3	冬雨季施工增加费	计算基数×冬雨季施工增加费费率(%)
4	已完工程及设备保护费	计算基数×已完工程及设备保护费费率(%)

（三）编制总价措施项目清单与计价汇总表

总价措施项目清单与计价表填写时，项目名称、计费基数、费率应按省级或行业建设主管部门的规定记取，见表2-18。

表2-18　总价措施项目清单与计价表

工程名称：①　　　　标段：②　　　　第③页，共　页

序号	项目编码	项目名称	计算基础	费率（%）	金额/元	调整费率（%）	调整后金额/元	备注
④	⑤	安全文明施工费	⑥				⑧	⑨
		夜间施工增加费						
		二次搬运费						
		冬雨季施工增加费						
		已完工程及设备保护费						
		合计			⑦			

编制人（造价人员）：⑩　　　　复核人（造价工程师）：⑪

填写说明：
①填写工程项目全称。
②填写施工承包的标段。
③填写当前页码和总页码。
④填写自1开始向后排序的阿拉伯数字。
⑤填写相应项目的工程量清单项目编码。
⑥填写计算基础，如定额人工费。
⑦合计金额=安全文明施工费+夜间施工增加费+二次搬运费+冬雨季施工增加费+已完工程及设备保护费。
⑧如果调整费率不为0，则调整后金额=金额×调整费率。
⑨填写备注事项。
⑩填写编制人姓名，盖章。
⑪填写复核人姓名，盖章。

其中，“计算基础”中安全文明施工费可为“定额基价”“定额人工费”或“定额人工费+定额机械费”。其他的项目可为“定额人工费”或“定额人工费+定额机械费”。若是按施工方案计算的措施费，若无“计算基础”和“费率”的数值，也可以只填写“金额”数值，但应在备注栏说明施工出处或计算方法。

任务四　其他项目计价表的编制

一、任务要求

招标控制价其他项目包括暂列金额、暂估价、计日工与总承包服务费。结合案例中某住宅楼项目，依据项目一中完成的某住宅楼项目的招标工程量清单，确定其他项目费用。

（1）掌握项目所在地（可自选）暂列金额的内容和确定方法。

（2）掌握项目所在地（可自选）材料、专业工程暂估价的内容和确定方法。

（3）掌握项目所在地（可自选）计日工确定方法。

(4) 掌握项目所在地（可自选）总承包服务费的内容和确定方法。

提交成果文件：暂列金额明细表、材料（工程设备）暂估单价及调整表、专业工程暂估价及结算价表、计日工表、总承包服务费计价表、其他项目清单与计价汇总表。

二、任务中的过关问题

结合案例中某住宅楼项目概况和任务要求，组织讨论以下问题：

过关问题1：根据GB 50500—2013《建设工程工程量清单计价规范》，暂列金额是招标人在工程量清单中暂定并包括在合同价款中的一笔款项。试说明暂列金额包括哪些具体内容，与暂估价相比两者有何区别。

过关问题2：材料暂估价应按工程造价管理机构发布的工程造价信息中的材料单价计算，工程造价信息未发布的材料单价，参考市场价格估算。在没有工程造价信息可以查询的时候，需要自行询价。试讨论材料暂估价可能存在的风险有哪些。

过关问题3：GB 50500—2013《建设工程工程量清单计价规范》将发包人在招标工程量清单中给定暂估价的专业工程，分为属于依法必须招标的和不属于依法必须招标的两种情况。试分别说明两种情况下专业工程暂估价的确定程序及方法。

过关问题4：在工程施工过程中，会经常遇到承包人应发包人要求完成合同以外的零星项目、非承包人责任事件等工作，需通过查询已标价工程量清单计日工表上人工、材料和机械台班的综合单价来计算现场签证费用。但由于这些合同外的零星工程相对复杂、零碎，致使已标价工程量清单计日工表中缺少部分人工、材料、机械台班的综合单价。请就此讨论，无计日工单价的情况可能带来哪些问题。

过关问题5：计日工项目数量的准确确定，往往会对计日工计价与结算产生重大影响。如某建设工程，招标工程量清单中的计日工项目暂估数量采用“名义数量”，而施工过程实际使用的机械台班数量远远超过了招标时确定的名义数量，从而导致计日工结算金额过大。请查找相关资料，讨论计日工数量应如何进行估算。

过关问题6：总承包服务费是总承包人为配合、协调建设单位进行的专业工程发包，对建设单位自行采购的材料、工程设备等进行保管以及施工现场管理、竣工资料汇总整理等服务所需的费用。在实践过程中，总承包服务费常与总包管理费相混淆，试说明两者的区别。

过关问题7：发包人与承包人就某工程签订施工总承包合同。在招标文件中，招标人规定将铝合金门窗工程作为专业工程暂估价。但承包人在投标报价时，将铝合金门窗作为材料暂估价格计入分部分项工程综合单价中，并以此为基础计取了相关措施项目费和规费，还对铝合金门窗工程部分收取2%的总承包服务费。在工程建设过程中，由发包人、监理、审计等部门共同对该门窗工程进行询价，由施工单位签订分包合同，分包合同中单价为总费用单价，含所有费用。

在工程结算中，发包人认为应扣除原合同总价中铝合金门窗暂定综合单价以及相应的措施项目费和规费，再以分包合同中的价格取代专业工程暂估价。施工单位认为应以分包合同的价格做材料价差处理，并计取相应的措施项目费和规费以及总承包服务费，因此形成造价纠纷。试结合以上案例解决下列问题：

(1) 铝合金门窗工程是按材料暂估价结算还是按专业工程暂估价结算？

(2) 该工程是否应计取总承包服务费？

三、任务实施依据

(1) GB 50500—2013《建设工程工程量清单计价规范》、GB 50854—2013《房屋建筑与装饰工程工程量计算规范》及当地相关规定。

(2) CECA/GC 6—2011《建设工程招标控制价编审规程》。

(3)《建筑安装工程费用项目组成》(建标〔2013〕44号)。

(4) 项目所在地区(自选)的建筑、安装、装饰装修等工程定额。

(5)《中华人民共和国房屋建筑和市政工程标准施工招标文件》(2010年版)。

(6) 单位工程招标工程量清单。

(7) 经过批准和会审的全部建设工程设计文件及相关资料,包括施工图等。

四、任务实施方法

(1) 费率法。采用费率法时应先确定某项费用的计费基数,再测定其费率,然后将计费基数与费率相乘得到费用。

(2) 经验法。经验法是通过对实践活动中的具体情况进行归纳与分析,使之系统化、理论化,上升为经验的一种方法。

五、任务实施内容

结合案例中的住宅楼项目,参照国家规定的其他项目工程量清单标准格式,逐项编制完成暂列金额、暂估价、计日工以及总承包服务费等四项内容。编制过程中的关键节点如下:

(一) 暂列金额的确定

根据招标文件中关于暂列金额的规定、设计图及工程的特点和施工方案,找出施工过程中可能需要的材料、设备、服务等内容。暂列金额明细表中需要填写项目名称、计量单位及暂列金额的数值和备注。暂列金额一般以分部分项工程费用的10%~15%记取。暂列金额明细表的填写见表2-19。

表2-19　暂列金额明细表

工程名称:①　　　　　　标段:②　　　　　　第③页,共　页

序号	项目名称	计量单位	暂定金额/元	备注
④	⑤	⑥	⑦	
合计			⑧	

填写说明:

①填写工程项目全称。

②填写施工承包的标段。

③填写当前页码和总页码。

④填写自1开始向后排序的阿拉伯数字。

⑤填写项目名称,如工程量偏差和设计变更、政策性调整和材料价格波动等。

⑥填写计量单位。

⑦填写暂定金额。

⑧合计=∑暂定金额。

注:如果不能详列,也可只列暂列金额总额。

（二）材料暂估价、工程设备暂估价的确定

暂估价是指招标人在工程量清单中提供的用于支付必然发生但暂时不能确定价格的材料、工程设备的单价以及专业工程的费用，包括材料暂估单价、工程设备暂估单价及专业工程暂估价。招标控制价中材料、工程设备暂估价只包括此类材料、工程设备本身运输至施工现场内工地地面的价格，而暂估项目的安装及辅助工作的费用应该在其对应的分部分项工程量清单的综合单价中计算。

1. 材料暂估价、工程设备暂估价确定方法

（1）材料暂估价的确定方法。招标人提供暂估价的材料，应按暂定的单价计人综合单价；未提供暂估价的材料，应按工程造价管理机构发布的工程造价信息中的单价计算；工程造价信息未发布的材料，其单价参考市场价格估算。在没有工程造价信息可以查询的时候，需要自行询价。

（2）工程设备暂估价的确定方法。各种设备的性质不同，其单价的确定方法也不同。其中，国产标准设备有完善的交易市场，因此其定价方法完全可以用材料暂估价的确定方法；国产非标准设备由于单件生产、无定型标准，所以无法获取市场交易价格，只能按其成本构成或相关技术参数估算其价格；进口设备的暂估费用可以按其是否为标准生产，按其费用构成，参照国内标准与非标准设备的确定方法进行计算。

2. 填写材料（工程设备）暂估价及调整表

在明确材料和工程设备暂估价的确定方法之后，填写材料（工程设备）暂估价及调整表，见表 2-20。

表 2-20 材料（工程设备）暂估单价及调整表

工程名称：① 标段：② 第③页，共 页

序号	材料名称、规格、型号	计量单位	数量		单价/元		合价/元		差价±/元		备注
			暂估	确认	暂估	确认	暂估	确认	单价	合价	
④	⑤	⑥	⑦		⑧		⑨		⑩		⑫
合计							⑪				

填写说明：

①②③④⑥填写见表 2-19。

⑤填写材料名称、规格、型号，如钢筋、低压开关柜。

⑦填写暂估数量。

⑧填写暂估单价。

⑨暂估合价 = 暂估数量×暂估单价。

⑩填写价差。

⑪合价 = Σ暂估合价。

⑫备注栏说明暂估价的材料、工程设备拟用在哪些清单项目上。

（三）专业工程暂估价的确定

1. 专业工程暂估价的确定方法

招标人需另行发包的专业工程暂估价应分不同专业按项列支，价格中包含除规费、税金以外的所有费用，按有关计价规定进行估算。选定符合设计要求的施工组织设计或模拟施工方案，结合专业分包直接成本加上合理利润的方式，估算其专业工程暂估价格。

2. 专业工程暂估价及结算价表填写

专业工程暂估价项目及其表中列明的专业工程暂估价，是指分包人实施专业工程的含税金后的完整价，除了合同约定的发包人应承担的总包管理、协调、配合和服务责任所对应的总承包服务费以外，承包人为履行其总包管理、配合、协调和服务等所发生的费用应该包括在投标报价中。专业工程暂估价及结算价表见表2-21。

表2-21　专业工程暂估价及结算价表

工程名称：①　　　　　　　　　　标段：②　　　　　　　　　　第③页，共　页

序号	工程名称	工程内容	暂估金额/元	结算金额/元	差额/元	备注
④	⑤	⑥	⑦			
合计			⑧			

填写说明：
①②③④填写见表2-19。
⑤填写工程名称，如消防工程。
⑥填写工程内容，如合同图纸中标明的以及消防工程规范和技术说明中规定的各系统中的设备、管道、阀门、线缆等的供应、安装和调试工作。
⑦由招标人填写暂估金额。
⑧合计=Σ暂估金额。

（四）计日工的编制

计日工的编制主要包括计日工的人工、材料、机械台班暂定数量与综合单价的填写。计日工的编制步骤如下：

1. 勘查施工现场

GB 50500—2013《建设工程工程量清单计价规范》中规定计日工要根据工程特点进行编制，除此之外还应根据施工现场的实际情况，合理地进行列项。需要勘查的内容如下：

（1）施工现场的地形、地貌、地物、标高及地上、地下障碍物情况。

（2）施工现场周边的道路，材料运输、大型机械机具进出场条件、有无特殊交通限制。

（3）施工现场的临时设施，大型施工机具、材料堆放场的安排。

（4）施工现场与邻近建筑建筑物的间距、结构形式、高度等。

（5）市政消防、给水及污水、雨水排放管线位置、管径、标高、压力及废水与污水的处理方式。

（6）施工现场的供电方式、方位、距离、电压等。

2. 计日工暂定数量的确定

（1）经验法。即通过委托专业咨询机构，凭借其专业技术能力与相关数据资料预估计日工的劳务、材料、施工机械等使用数量。

（2）百分比法。首先对分部分项工程的人工、材料、施工机械进行分析，得出其相应的消耗量；其次，以人工、材料、施工机械消耗量为基准按一定百分比确定计日工人工、材料与施工机械的暂定数量。如一般工程的计日工劳务暂定数量可取分部分项人工消耗总量的1%。最后，按照招标工程的实际情况，对上述百分比取值进行一定的调整。

根据上述两种办法确定出计日工的暂定数量，填入到计日工表中。

3. 计日工综合单价的确定

根据GB 50500—2013《建设工程工程量清单计价规范》，计日工综合单价的确定如下：

（1）人工单价和机械台班单价。计日工中的人工单价和施工机械台班单价应按省级、行业建设主管部门或其授权的工程造价管理机构公布的单价计算。

（2）材料单价。材料单价应按照工程造价管理机构发布的工程造价信息中的材料单价计算，工程造价机构未发布材料单价的材料，其价格应按市场调查确定的单价计算。

在计算计日工综合单价时，不计取企业管理费和利润，而在人工、材料、施工机械的合计计取之后，以此为基数计算企业管理费和利润。

4. 计算计日工合价及汇总价

根据上述步骤确定出计日工单价，分别计算出计日工人工、材料、施工机械使用的合价，填写计日工表，并将计日工人工、材料、施工机械使用的合价填入到计日工表中。

5. 填写计日工表

编制招标控制价时，人工、材料、机械台班单价由招标人按照有关计价规定填写并计算合计。表 2-22 为招标控制价中计日工表，此表项目名称、暂定数量由招标人填写，编制招标控制价时，单价由招标人按照有关计价规范确定。

表 2-22　计日工表

编号	项目名称	单位	暂定数量	实际数量	综合单价/元	合价/元	
						暂定	实际
一	人工						
①	②	③	④		⑤	⑥	
人工小计							
二	材料						
材料小计							
三	施工机械						
施工机械小计							
四、企业管理费和利润							
总计						⑦	

填写说明：

①填写自 1 开始向后排序的阿拉伯数字。

②填写人工的工种，如普工、技工。

③填写单位，如工日、t、台班等。

④填写暂定数量。

⑤填写综合单价。

⑥暂定=暂定数量×综合单价。

⑦总计=人工小计+材料小计+施工机械小计+企业管理费和利润。

（五）总承包服务费的确定

总承包服务费是指总承包人为配合协调发包人进行的专业工程发包，对发包人自行采购的材料、工程设备等进行保管以及施工现场管理、竣工资料汇总整理等服务所需的费用。其编制程序主要包括：了解工程所在地总承包服务费的规定；确定总承包服务费的分类和内容；填写总承包服务费表格。具体步骤如下：

1. 了解工程所在地总承包服务费的规定

了解工程所在地总承包服务费文件的相关规定，这主要包括以下三个方面的内容：一是熟悉 GB 50500—2013《建设工程工程量清单计价规范》中关于总承包服务费的规定；二是了解该地区关于总承包服务费的计取办法；三是分析该工程施工特点以及关于工程总承包服务方式的相关内容。

2. 总承包服务内容的确定

根据 GB 50500—2013《建设工程工程量清单计价规范》中关于总承包服务费的规定，其内容的确定主要包括以下三方面内容：

（1）招标人要求承包人对分包的专业工程进行总承包管理和协调。总承包人对分包人进行管理而发生的费用一般包括管理人员工资和为管理发生的临时设施、办公费等。招标人仅要求对分包的专业工程进行总承包管理和协调时，按分包的专业工程估算造价的 1.5%计算。

（2）招标人要求总承包人对分包的专业工程提供配合服务。配合费主要包括：施工脚手架费用、垂直运输机械费用、施工用水用电及其管线费用、仓储及临时设施费等。招标人要求对分包的专业工程进行总承包管理和协调并同时要求提供配合服务时，根据招标文件中列出的配合服务内容和提出的要求按分包的专业工程估算造价的 3%~5%计算。

（3）招标人自行提供材料，总承包人提供保管所需费用。保管费是指总承包人接收发包人指定供货所发生的保管、占用场地、检验、报验等费用。招标人自行供应材料的，按招标人供应材料价值的 1%计算。

3. 填写总承包服务费表格

表 2-23 为招标控制价文件中总承包服务费计价表，此表中项目名称、服务内容由招标人填写，费率及金额由招标人按照有关规定确定。

表 2-23　总承包服务费计价表

工程名称：①　　　　　　　　标段：②　　　　　　　　第③页，共　页

序号	项目名称	项目价值/元	服务内容	计算基础	费率(%)	金额/元
④	⑤	⑥	⑦	⑧	⑨	⑩
	合计				—	⑪

填写说明：

①填写工程项目全称。

②填写施工承包的标段。

③填写当前页码和总页码。

④填写自 1 开始向后排序的阿拉伯数字。

⑤填写项目名称，如发包人供应材料、发包人发包专业工程。

⑥填写项目价值。

⑦填写服务内容，如对发包人供应的材料进行验收及保管和使用发放。

⑧填写计算基础，如项目价值。

⑨填写费率。

⑩金额＝计算基础×费率。

⑪金额＝∑（计算基础×费率）。

（六）其他项目清单与计价汇总表填写

编制招标控制价时，应按有关计价规定估算“计日工”和“总承包服务费”。若招标工程量清单中未列“暂列金额”，应按有关规定编制。其他项目清单与计价汇总表，见表2-24。

表 2-24 其他项目清单与计价汇总表

工程名称：① 标段：② 第③页，共 页

序号	项目名称	金额/元	结算金额/元	备注
1	暂列金额	④		
2	暂估价	⑤		
2.1	材料(工程设备)			
2.2	专业工程暂估价			
3	计日工	⑥		
4	总承包服务费	⑦		
5	……			
合计		⑧		

备注:材料(工程设备)暂估单价进入清单项目综合单价,此处不汇总。

填写说明：
①②③填写见表 2-23。
④填写见表 2-19。
⑤填写见表 2-20 和表 2-21。
⑥填写见表 2-22。
⑦填写见表 2-23。
⑧合计=暂列金额+暂估价+计日工+总承包服务费。

任务五 规费、税金项目计价表的编制与招标控制价汇总

一、任务要求

结合案例中某住宅楼项目，确定规费和税金。此外，规费与税金的计算完成之后，就基本完成了招标控制价的确定，但还有一项重要工作就是将所得到的各项费用进行汇总，逐步得到单位工程费用汇总表、单项工程费用汇总表与建设项目招标控制价汇总表。因此，本任务在计算完成规费与税金之后，还需进行招标控制价的汇总。

（1）掌握项目所在地（可自选）某住宅楼项目规费的内容和确定方法。

（2）掌握项目所在地（可自选）某住宅楼项目税金确定方法。

提交成果文件：某住宅楼项目规费及税金清单与计价汇总表、单位工程招标控制价汇总表、单项工程招标控制价汇总表与建设项目招标控制价汇总表。

二、任务中的过关问题

结合案例中某住宅楼项目概况和任务要求，组织讨论以下问题：

过关问题 1：由于各省市地区规费、税金的计算方式不同，请查阅相关资料，说明你所在地的规费和税金应如何计取。

过关问题 2：“营改增”是指以前缴纳营业税的应税劳务（交通运输业、建筑业、房地产业、金融保险业、邮电通信业、文化体育业、娱乐业、服务业等）、转让无形资产或销售不动产改成缴纳增值税。试查阅有关资料，简要说明营业税与增值税的区别。

过关问题 3：某建筑工程的造价组成见表 2-25，请计算该工程的含税造价。

表 2-25　某建筑工程造价组成表

名称	人工费/万元	材料费/万元	施工机具使用费/万元	管理费、规费、利润/万元	增值税
金额及费率	800	3450	1600	750	11%
说明	不含税	含税，可抵扣综合进项税率为 15%	不含税	—	—

三、任务实施依据

（1）GB 50500—2013《建设工程工程量清单计价规范》及当地相关规定。

（2）CECA/GC 6—2011《建设工程招标控制价编审规程》。

（3）《建筑安装工程费用项目组成》（建标〔2013〕44 号）。

（4）项目所在地区（自选）的建筑、安装、装饰装修等工程定额。

（5）经过批准和会审的全部建设工程设计文件及相关资料，包括施工图等。

四、任务实施方法

1. 规费的计算方法

规费是指按国家法律、法规规定，由政府和有关部门规定必须缴纳或计取的费用，应采用费率法编制，不得作为竞争性费用。其内容包括：

（1）社会保险费和住房公积金。社会保险费和住房公积金应以定额人工费为计算基础，根据工程所在地省、自治区、直辖市或行业建设主管部门规定费率计算。

（2）工程排污费等其他应列而未列入的规费应按工程所在地环境保护等部门规定的标准缴纳，按实计取列入。

2. 税金的计算方法

（1）税金计价规则的演变。《建筑安装工程费用组成》（建标〔2013〕44 号）中的税金是指国家税法规定的应计入建筑安装工程造价内的营业税、城市维护建设税、教育费附加以及地方教育附加。其中，营业税是价内税，即工程造价的人工费、材料费、施工机具使用费、企业管理费、规费均为含税价格，如图 2-3 所示。

依据住建部建办标〔2016〕4 号文《住房和城乡建设部办公厅关于做好建筑业营改增建设工程计价依据调整准备工作的通知》，建筑业实施营业税改增值税，工程造价按“价税分离”计价规则计算。

应纳税额=销项税额-进项税额

其中，销项税额是指纳税人因发生应税行为而按照销售额和增值税税率计算并收取的增

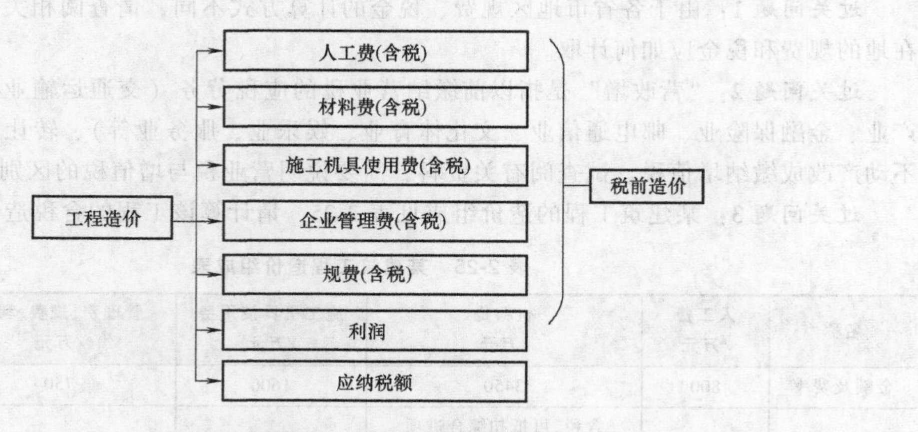

图 2-3 建筑安装工程费用项目组成

值税额。进项税额是指纳税人购进货物、加工修理修配劳务、服务、无形资产或者不动产，支付或者负担的增值税额。基于此，建安工程造价的构成如图 2-4 所示。

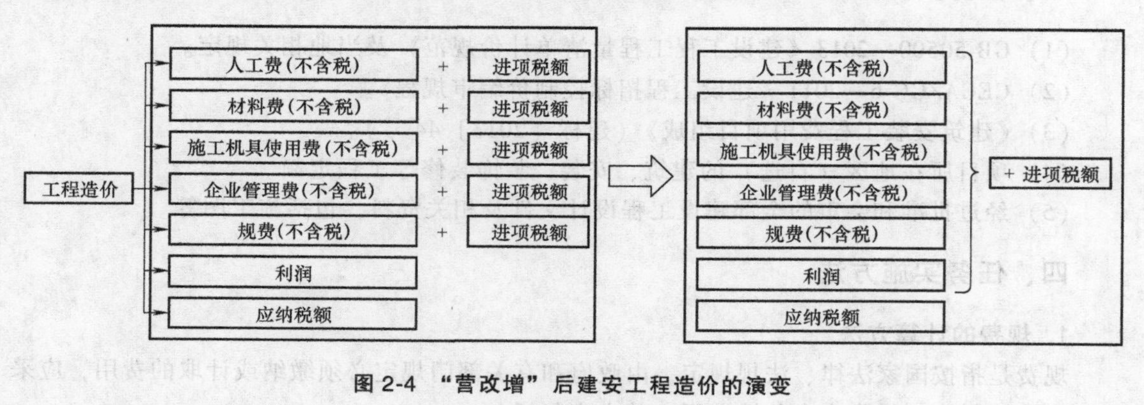

图 2-4 “营改增”后建安工程造价的演变

然而，应纳税额+进项税额=销项税额。因此，建安工程造价的税金是指国家税法规定的应计入工程造价内的增值税销项税额，此时建安工程造价构成如图 2-5 所示。

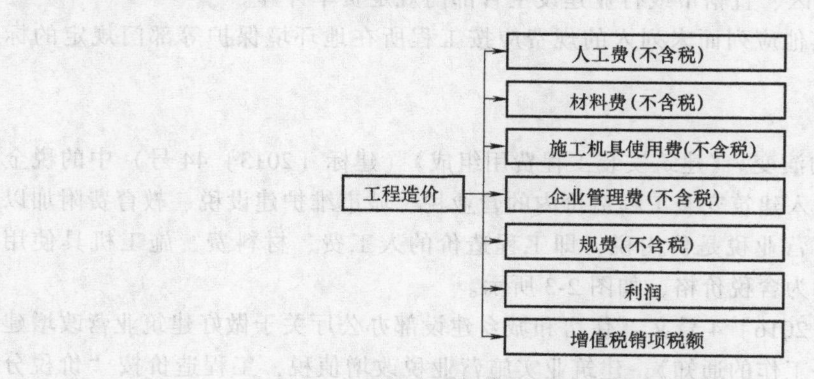

图 2-5 “营改增”后建安工程造价

（2）建安工程增值税计算。“营改增”之后，建安工程的税金为增值税销项税额，增值税税率为 11%。计算公式为

增值税销项税额=税前工程造价×10%

税前工程造价为人工费、材料费、施工机具使用费、企业管理费、利润和规费之和，各费用项目均以不包含增值税可抵扣进项税额的价格计算。

五、任务实施内容

结合案例中的某住宅楼项目，按照当地文件取费规定，完成规费与税金内容的编制并汇总招标控制价。编制过程中的关键节点如下：

(一) 规费及税金的确定

1. 项目所在地规费和税金的计算方法

规费和税金应按照国家或省级、行业建设主管部门的规定，结合工程所在地情况确定的取费标准计取，不得作为竞争性费用。规费的取费基数和费率不同地区一般有不同的规定，因此，规费的计算应按照各地建设工程计价办法的要求确定取费基数和费率，做出相应的调整。而税金的取费基数为不含税总价，即人工费、材料费、施工机具使用费、企业管理费、利润和规费，税率为建安工程增值税率。

规费=取费基数×费率

税金=(人工费+材料费+施工机具使用费+企业管理费+利润+规费)×税率

值得注意的是，税金的计算基数为不含税总价。自财政部于2016年发布《关于全面推开营业税改征增值税试点的通知》以来，各地方定额站以针对“营改增”的各项内容对当地定额进行了修订。有些地方将定额中的价格已经改为除税价格，将各项费用汇总后即为不含税总价。而有些地区则未调整定额中的价格，仍然是含税价格，而是在定额的附录中提供了增值税计算的调整方法，需要自行计算除税价格，进而计算不含税总价。例如，DBD 29—101—2016《天津市建筑工程预算基价》中的部分价格即为含税价格，在“增值税一般计税方法费用要素的调整”中规定了价格调整的系数，如不含税机械台班单价=含税机械台班单价×0.8955。

2. 规费、税金项目计价表填写

规费和税金应按国家或省级、行业建设主管部门的规定计算，不得作为竞争性费用。在工程实践中，例如工程排污费，并非在每个工程项目所在地都要征收，实际中可作为按实计算的费用处理。规费、税金项目计价表，见表2-26。

表2-26 规费、税金项目计价表

工程名称：①　　　　标段：②　　　　第③页，共　　页

序号	项目名称	计算基础	计算基数	计算费率(%)	金额/元
1	规费	定额人工费			④
1.1	社会保险费	定额人工费	(1)+…+(5)		
(1)	养老保险费	定额人工费			
(2)	失业保险费	定额人工费			
(3)	医疗保险费	定额人工费			
(4)	工伤保险费	定额人工费			
(5)	生育保险费	定额人工费			

（续）

序号	项目名称	计算基础	计算基数	计算费率(%)	金额/元
1.2	住房公积金	定额人工费			
1.3	工程排污费	按工程所在地环境保护部门收取标准,按实计入			⑤
2	增值税税金	不含税总价			⑥
		合计			⑦

编制人(造价人员):⑧ 复核人(造价工程师):⑨

填写说明:
①②③填写见表 2-23。
④填写规费金额,规费=社会保险费+住房公积金+工程排污费。
⑤⑥分别填写工程排污费和税金。
⑦填写合计,合计=规费+税金。
⑧⑨分别填写编制人和复核人,并盖章。

(二) 招标控制价汇总

结合案例中的某住宅项目，参照下文中给出的标准格式，编制完成某住宅项目招标控制价汇总成果文件。

1. 明确招标控制价汇总程序

首先，将前述任务编制完成的分部分项工程量费、措施项目费、其他项目费、规费、税金汇总得到单位工程费汇总表。

其次，再层层汇总，得出单项工程费汇总表、工程项目费用汇总表和招标控制价汇总表。

最后，提交可交付的成果文件。招标控制价汇总的程序如图 2-6 所示。

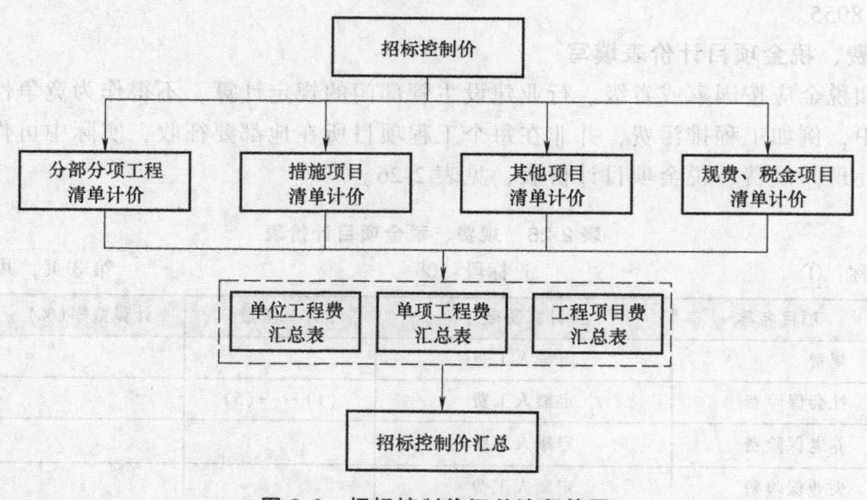

图 2-6 招标控制价汇总流程简图

2. 单位工程招标控制价汇总

单位工程招标控制价汇总表适用于单位工程招标控制价的汇总，如无单位工程划分，单项工程也使用表 2-27 汇总。

表 2-27 单位工程招标控制价汇总表

工程名称：__ 标段：__ 第__页，共 页

序号	汇总内容	金额/元	其中：暂估价/元
1	分部分项工程		
……	……		
2	措施项目		
……	……		
3	其他项目		
3.1	其中：暂列金额		
3.2	其中：专业工程暂估价		
3.3	其中：计日工		
3.4	其中：总承包服务费		
4	规费		
5	税金		
	招标控制价合计=1+2+3+4+5		

3. 单项工程招标控制价汇总

单项工程招标控制价汇总表适用于单项工程招标控制价汇总，暂估价包括分部分项工程中的暂估价和专业工程暂估价。单项工程招标控制价汇总见表 2-28。

表 2-28 单项工程招标控制价汇总表

工程名称：①　　　　第②页，共 页

序号	单位工程名称	金额/元	其中：/元		
			暂估价	安全文明施工费	规费
③	④	⑤			
合计		⑥			

填写说明：

①填写工程项目名称。

②填写当前页码和总页码。

③填写自 1 开始向后排序的阿拉伯数字。

④填写单位工程名称，如教学楼工程。

⑤填写单位工程金额，单位工程金额=暂估价+安全文明施工费+规费。

⑥∑单位工程合计金额=∑(暂估价+安全文明施工费+规费)。

4. 建设项目招标控制价汇总

在完成单项工程招标控制价汇总之后，可将各单项工程招标控制价进一步汇总，形成整个建设项目的招标控制价，其汇总见表 2-29。

表 2-29 建设项目招标控制价汇总表

工程名称：①　　　　　　　　　　　　　　　　　　　　　　　　第②页，共　　页

序号	单位工程名称	金额/元	其中:/元		
			暂估价	安全文明施工费	规费
③	④	⑤			
合计		⑥			

注:本表适用于建设项目招标控制价或投标报价的汇总。
说明:本工程仅为一栋住宅楼,故单项工程即为建设工程。

填写说明:
①填写工程项目名称。
②填写当前页码和总页码。
③填写自1开始向后排序的阿拉伯数字。
④填写单位工程名称,如住宅楼工程。
⑤填写单项工程金额。
⑥合计=∑单项工程金额。

任务六　招标控制价成果审核

一、任务要求

招标控制价成果审核的核心任务是审核最终的招标控制价是否在批准的设计概算以内、是否符合当前的价格水平。针对前述任务中完成的某住宅楼项目招标控制价文件进行成果审核，审核内容主要是：

（1）招标控制价文件组成及编制依据审核。

（2）招标控制价内容审核。

对送审的招标控制价做出审核意见和修改建议，并提交成果文件——招标控制价审核报告。

二、任务中的过关问题

结合上述任务中完成的某住宅楼项目招标控制价文件和审核任务要求，组织讨论以下问题：

过关问题1：招标控制价的准确与否关系到工程投标报价的高低和工程的实际造价，因此必须对招标控制价进行审核。试查找相关资料，说明招标控制价的审核应具体审核哪些内容。

过关问题2：试说明招标控制价审查报告的组成部分。

过关问题3：招标控制价编制过程中的重点项目虽然金额大，但计算难度并不是很大，出问题的原因主要在于工程师责任心不强、粗心大意，复核人员不认真等。请谈谈为保证重点项目的审查质量，审查人员应该遵循怎样的原则。

过关问题4：在编制招标控制价时，有些项目的工程量计算困难，有些材料的价格难以确定，有些特殊措施的计价十分困难，这也正是招标控制价审核时需要解决的难点问题。请

分析招标控制价的审核难点及相应的处理办法。

三、任务实施依据

根据中国建设工程造价管理协会组织有关单位编制的 CECA/GC 6—2011《建设工程招标控制价编审规程》，招标控制价的审核依据主要有以下两个方面：

(1) 招标控制价编制的依据。

(2) 招标人发布的招标控制价。

四、任务实施方法

1. 全面审核法

全面审核法是按施工图要求及工程量清单的先后顺序，结合现行定额、施工组织设计、委托代理合同以及招投标文件的规定等，全面地审核工程数量、单价以及费用计算等。其具体计算方法和审查过程与编制招标控制价基本相同。在投资规模较大、审核进度要求较紧的情况下，这种方法不是最佳选择，但为保证审查质量，仍常常采用这种方法。

2. 对比审核法

对比审核法是用已建成同类工程的招标控制价或虽未建成但已审查修正的工程的各项技术经济指标，如商品混凝土、钢材、预拌砂浆、木材，人工等消耗量指标，与拟建的工程各项指标进行对比审核的一种方法。这种审核方法简单，速度快，适用于规模小，结构简单的一般工程。

五、任务实施内容

（一）招标控制价文件组成审核

招标控制价文件组成审核主要包括两方面内容：一是招标控制价编制成果文件的完整性；二是招标控制价编制成果文件的规范性。

1. 招标控制价成果文件的完整性审核

完整的招标控制价编制成果文件包括：招标控制价封面；总说明；工程项目招标控制价汇总表；单项工程招标控制价汇总表；单位工程招标控制价汇总表；分部分项工程与单价措施项目清单与计价表；综合单价分析表；总价措施项目清单与计价表；其他项目清单与计价汇总表；暂列金额明细表；材料暂估单价表；专业工程暂估价表；计日工表；总承包服务费计价表；规费、税金项目清单与计价表。

2. 招标控制价成果文件的规范性审核

主要审核各种表格是否按照 GB 50500—2013《建设工程工程量清单计价规范》中要求的格式进行编制。

（二）招标控制价编制依据审核

招标控制价编制依据审核是招标控制价审查实施环节的基础性工作，招标控制价编制依据的合法、合理性，直接影响到招标控制价编制的合理性与准确性。编制依据的审核分三个步骤进行。

1. 招标控制价编制依据合法性审核

是否经过国家和行业主管部门批准，符合国家的编制规定，未经批准的不能采用。

2. 招标控制价编制依据时效性审核

各种编制依据均应该严格遵守国家及行业主管部门的现行规定，注意有无调整和新的规定，审核招标控制价编制依据是否仍具有法律效力。

3. 招标控制价编制依据适用范围审核

对各种编制依据的范围进行适用性审核，如投资规模、工程性质、专业工程所具有的相应依据、工程所在地的特殊规定、材料基价信息等。

（三）招标控制价内容审核

1. 分部分项清单费用的审核

CECA/GC 6—2011《建设工程招标控制价编审规程》中规定，招标控制价中分部分项项目应重点审查综合单价的组成是否符合现行国家标准 GB 50500—2013《建设工程工程量清单计价规范》和其他工程造价计价依据的要求。

（1）审核其项目特征描述是否与综合单价的计取相符。GB 50500—2013《建设工程工程量清单计价规范》规定分部分项工程和措施项目的单价项目，应根据拟定的招标文件和招标工程量清单中项目特征描述及有关要求计算确定综合单价。

（2）审核综合单价。审核综合单价是否参照现行消耗定额进行组价，计费是否完整，取费费率是否按国家或省级、行业建设主管部门对工程造价计价中费用或费用标准执行。综合单价中是否考虑了投标人承担的风险费用。

（3）审核工程量。审核定额工程量计算是否准确，人工、材料、施工机具消耗量与定额不一致，是否按定额规定进行了调整。

（4）审核人工、材料、设备单价及暂估价。审核人工、材料、设备单价是否按工程造价管理机构发布的工程造价信息及市场信息价格计入综合单价，对于造价信息价格严重偏离市场价格的材料、设备，是否进行了价格处理；招标文件中提供暂估单价的材料，是否按暂估的单价计入综合单价，暂估价是否在工程量清单与计价表中单列，并计算了总额。

（5）综合单价分析。综合单价分析应按 GB 50500—2013《建设工程工程量清单计价规范》中规定的表格形式编写，充分满足以后调价的需要。

2. 措施项目的审核

CECA/GC 6—2011《建设工程招标控制价编审规程》中规定，措施项目施工方案是否正确、可行，费用的计取是否符合现行国家标准 GB 50500—2013《建设工程工程量清单计价规范》和其他工程造价计价依据的要求。安全文明施工费是否执行了国家或省级、行业建设主管部门的规定。

（1）审核总价措施项目清单费用。总价措施项目清单费用应根据相关计价规范、工程具体情况及企业实力进行计算，如有总价措施项目清单未列的但实际会发生的措施项目应进行补充；总价措施项目清单中相关措施项目应齐全，计算基础、费率应清晰。

（2）审核单价措施项目清单费用。单价措施项目清单费用应根据单价措施项目清单数量进行计价，具体综合单价的组价应按照分部分项工程量清单费用的组价原则进行，并提供工程量清单综合单价分析表，综合单价分析表格格式、内容与分部分项工程量清单一致。

3. 其他项目清单费用的审核

（1）审核暂列金额是否按工程量清单给定的金额进行计价，根据招标文件及工程量清单的要求，应注意此部分费用是否应计算规费和税金。

(2) 专业暂估价格是否按招标工程量清单给定的价格进行计价，是否应计取规费和税金。

(3) 计日工是否按工程量清单给予的数量进行计价，计日工单价是否为综合单价。

(4) 总承包服务费是否按招标文件及工程量清单的要求，结合自身实力对发包人发包的专业工程和发包人供应的材料计取总包服务费，计取的基数是否准确，费率有无突破相关规定。

4. 规费、税金的审核

规费是否符合现行国家标准 GB 50500—2013《建设工程工程量清单计价规范》的要求，是否执行了国家或省级、行业建设主管部门的规定。

税金是否只含销项税额，定额中的价格是否含税，税金计算的基数是否为除税价格。

项目三

投标文件中施工组织设计的编制

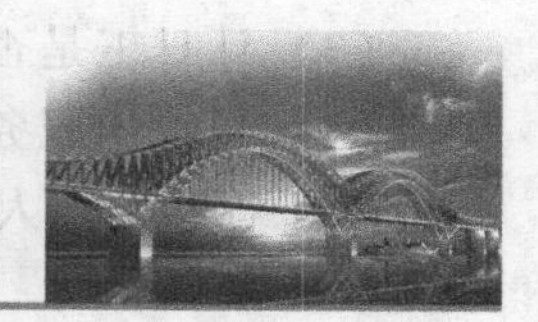

能力标准

施工组织设计是指以施工项目为对象编制的，用以指导施工的技术、经济和管理的综合性文件。施工组织设计是投标文件的重要组成部分，对报价的编制也有重要的影响。而业主对工程“质量”目标尤为关心，因此，合理的施工组织设计是决定能否中标的关键，也是投标人在组织整个投标过程中比较重要和关键的工作之一。

通过本项目，让学生能够熟练地掌握相关规范及标准；并且培养学生在施工组织设计方面的实际编制能力，具体包括：

（1）对施工组织设计编制依据的分析能力。

（2）对项目进行施工总部署的能力。

（3）对项目进度及资源计划的编制能力。

（4）结合具体技术的关键点完成对应的施工方案编制的能力。

项目分解

本项目仅包括施工组织设计中的一部分。参照《标准施工招标文件》（国家九部委令〔2007〕第56号令）和GB/T 50502—2009《建筑施工组织设计规范》的内容，以能力导向分解的施工组织设计文件的编制项目，可以划分为四个任务，任务具体要求以及需要提交的成果文件，见表3-1。

表3-1 施工组织设计编制工作的具体描述

项目	任务划分	任务要求	项目成果文件
施工组织设计文件编制	任务一 工程概况及施工部署的编制	编制依据的收集，根据收集到的资料，如招标清单、图纸等资料进行施工总部署。	结合具体项目提交一份施工组织设计文件，包括： ①工程概况 ②施工部署 ③施工进度计划 ④施工准备及资源配置计划 ⑤主要施工方案 ⑥施工现场平面图 ⑦专项施工方案
	任务二 施工进度计划及资源配置计划的编制	根据清单列项及相应的工程量，套用定额计算得出资源的需要量，列出资源计划矩阵；然后，结合进度计划进行编制，列出不同阶段的资源需求计划表；根据需要绘制资源横道图、资源负荷图和资源累计需求曲线等。	
	任务三 施工平面布置图的编制	根据项目的具体要求和施工现场的实际环境，运用软件绘制项目的施工平面图。	
	任务四 主要施工方案及专项施工方案的编制	详细说明施工顺序，重点专项施工方案施工方法、施工机械等，如土方工程、钢筋工程等工程的材料需求和施工步骤。	

案　例

【项目背景】

一、项目概述

（1）招标单位：某建设工程有限责任公司。

（2）招标项目名称：某住宅楼项目。项目编号：HBCZ-1405147-140223

（3）建设地点：Y 市某某路南侧。

（4）建设规模：项目总建筑面积为 23834.37m^2；建筑高度为 59.1m；建筑层数为 21 层；结构类型为框架剪力墙结构；使用性质为居住建筑；设计使用年限为 50 年；抗震设防烈度为 6 度；耐火等级为一级。并配套建设给水排水、供配电、道路、消防、燃气和园林绿化等公用工程。施工图由某建筑设计有限公司设计。

（5）承包方式：施工总承包。

（6）工程质量目标：工程质量要求达到国家施工验收规范合格标准。

（7）招标范围：本工程施工设计图范围内的建安工程（详见施工图及工程量清单所有内容）。

（8）工期要求：施工总工期为 330 日历天。

（9）资金来源：自筹。

（10）踏勘现场：招标人不组织，投标人自行对现场踏勘。

（11）安全生产管理目标：安全合格施工现场。

（12）文明施工管理目标：文明施工合格工地。

二、施工条件

本工程地处市区，可提供自来水管网，施工临时用电从现场变压器（200kV·A）引出；有一定空间可布置办公室、职工食堂、职工宿舍和库房等临建设施及施工道路、材料堆场。

材料一：本项目标准层的装饰装修工程依次可以划分为强弱电管布设工程、天花吊顶龙骨工程、墙面及天花装饰工程、五金工程、精修工程。施工段以每 5 个标准层进行划分（共 20 层），依据计算出的工程量，参考相应施工定额后，确定强弱电管布设工程、天花吊顶龙骨工程、墙面及天花装饰工程、五金工程和精修工程的总工期分别为 36 天、24 天、56 天、4 天和 16 天。且为等节拍流水施工。

材料二：本案例的前期工程计划工期为 14 天，各项工作的其持续时间、最短持续时间和赶工费，见表 3-2。每天日常运营费用 0.8 万元。

表 3-2　某住宅楼项目前期工程计划

工作名称	料具进场设搅拌站	安起重机	挖土	基础施工	管线铺设	安装罐体	管线试压
工作代号	A	B	C	D	E	F	G
紧后工作	B、D	F	D	F	G	—	—
持续时间	1	2	5	4	5	5	3

（续）

工作名称	料具进场设搅拌站	安起重机	挖土	基础施工	管线铺设	安装罐体	管线试压
最短持续时间	1	2	3	3	3	3	3
赶工费/(万/天)	—	—	0.5万元	0.2万元	0.4万元	0.3万元	—

任务一　工程概况及施工部署的编制

一、任务要求

工程概况是对拟建工程的主要情况和主要施工条件进行描述，在描述时也可加入拟建工程的平面图、剖面图及表格进行补充。通过本任务，学生应明确工程概况所要描述的内容以及施工所具备的条件。施工部署属于施工组织设计中的纲领性内容，施工部署是否合理，将直接影响到工程施工质量、进度、造价及企业的经济效益，是编制施工组织设计的关键。

结合案例中的项目，按照招标文件要求格式，提交的成果文件为：

（1）本项目的工程概况文件。

（2）本项目的施工部署文件。

（3）过关问题讨论的会议纪要。

二、任务中的过关问题

过关问题1：实践中，施工组织设计文件通常分为三部分——施工组织总设计、单位工程施工组织设计和专项施工方案。其中单位工程施工组织设计是整个施工组织设计文件的核心部分，其编制质量对于工程按时完工和控制造价至关重要，请详述编制单位工程施工组织设计时需收集的资料及编制时需包含的内容。

过关问题2：一份优质合理的施工组织设计的编制需遵循满足施工组织总设计的要求、尽可能选用先进施工技术、尽可能组织各个专业工种的合理搭接、确保工程质量、施工安全和文明施工等原则。请根据搜集到的资料，梳理编制施工组织设计的思路，讨论编制单位工程施工组织设计时各项工作的逻辑关系。

过关问题3：施工部署是施工组织设计中的重要内容，是对施工全过程做出的统筹规划和全面安排，包括的内容一般有：施工目标，项目组织机构设置，施工任务划分，确定施工顺序及施工流向，施工流水段划分，选择合理的施工机械和施工方案等。其中施工段划分与工作顺序会直接影响施工流水作业的安排，进而影响工期。请讨论：施工段划分时应遵循的原则有哪些？在确定施工顺序时的应考虑哪些因素？并以本案例的装饰装修工程为例具体分析。

过关问题4：对于单位工程施工的重难点应进行简要分析，一般重点分析土石方与基坑支护工程、基础工程、钢筋混凝土工程、结构安装工程、屋面工程、装饰工程、路面工程这几个分部工程。例如土石方与支护工程的重难点通常是支护方案、地下水处理方案以及土方开挖方案。请同学任选分部工程中的其中一项，针对不同分部工程的重点选择施工方案及施工机械。

三、任务实施依据

（1）设计文件。包括已批准的初步设计文件和扩大初步设计文件（设计说明书、建设地区区域平面图、建筑总平面图、总概算或修正概算及建筑竖向设计图）。

（2）计划文件及相关合同。包括：国家批准的基本建设计划文件；概、预算指标和投资计划；工程项目一览表；分期、分批投产交付使用的工程项目期限计划文件；工程所需材料和设备的订货计划；工程项目所在地区主管部门的批件；施工单位上级主管部门下达的施工任务计划；招投标文件及工程承包合同或协议；引进设备和材料的供货合同等。

（3）工程勘察和调查资料。包括：建设地区地形、地貌、工程地质、水文、气象等自然条件；能源、交通运输、建筑材料、预制件、商品混凝土及构件、设备等技术经济条件；当地政治、经济、文化、卫生等社会生活条件资料。

（4）工程涉及的国家或行业规范、标准、规程。包括现行的施工及验收规范、操作规程、定额、技术规定和其他技术标准等。

四、任务实施方法

案例归纳法：投标人根据以往的项目经验对项目的专业设计、自然条件和施工环境等进行分析，对工程的重点和难点进行判断；通过对以往工程项目的经验借鉴，根据项目的实际情况编制施工部署。

五、任务实施内容

（一）工程概况的编制

结合案例某住宅楼项目，完成项目的工程建设概况、建筑设计概况、架构设计概况和专业设计概况。

1. 工程建设概况

工程建设概况表主要介绍建设项目各参与单位的名称及项目的投资、工期和质量等总目标，见表3-3。

表3-3　工程建设概况表

工程名称		工程地址	
建设单位		勘察单位	
设计单位		监理单位	
质量监督部门		总包单位	
主要分包单位		建设工期	
合同工期		总投资额	
合同工程投资额		质量目标	
工程功能或用途		建设期	

注：可附施工现场条件图、五通一平及水电供应情况说明（根据工程实际情况而定）。

2. 建筑设计概况

建筑设计概况主要应编写：拟建工程的建筑面积、平面形状、平面组合情况、层数、层高；总高度、总宽度和总长度等尺寸；工程的平面、立面和剖面图；室内外装饰的材料要求、构造做法；楼地面材料种类、构造做法；门窗类型和油漆；顶棚构造做法和设计要求；屋面保温隔热和防水层的构造做法和设计要求。可根据实际情况列表说明，常用的表格形式见表 3-4。

表 3-4 建筑设计概况一览表

占地面积		m^2	首层建筑面积		m^2	总建筑面积	m^2
层数	地上		层高	地上	m	地上面积	m^2
	地下			首层	m	地下面积	m^2
				标准层	m		
装饰	外墙						
	楼地面						
	墙面						
	顶棚						
	楼梯						
	电梯厅						
防水	地下						
	屋面						
	卫生间						
	阳台						
	雨棚						
保温节能							
绿化							
环境保护							

3. 结构设计概况

结构设计概况主要应编写：基础的类型、构造特点、埋置深度等；桩基础的设置深度、桩径、间距；主体结构的类型，墙、桩、梁、板等结构构件的材料要求及截面尺寸；预制构件的类型、单件重量、安装位置；楼梯的构造形式和结构要求等。也可以根据实际情况列表说明，常用的表格形式见表 3-5。

表 3-5 结构设计概况一览表

地基	结构类型	桩	桩长 m,桩径 mm	
基础	结构形式	整板	板厚	
主体	结构形式			
	主要结构尺寸	柱子;梁:		
抗震设防等级		级	人防等级	级
混凝土强度等级及抗渗要求	桩基		整体基础	
	墙体		梁	
	板		柱	
	楼梯		构造柱	
钢筋种类级别				
特殊结构				

4. 专业设计概况

专业设计概况主要应编写：建筑给水（上下）、排水（上下）、供暖、通风、电气、空调、燃气、智能建筑等设备安装工程的设计（可根据实际情况决定是否需要顺延）。

5. 自然条件和施工环境

自然条件和施工环境包括气象条件、周边道路及交通条件、场区及周边地面与地下管线等。

(1) 简要介绍项目建设地点的气温，雨、雪、风和雷电等气象变化情况，以及冬、雨季的期限和冬季土的冻结深度等情况。

(2) 简要介绍项目施工区域地形变化和绝对标高，地质构造，土的性质和类别，地基土的承载力，河流流量和水质，最高洪水和枯水期的水位，地下水位的高低变化，含水层的厚度、流向、流量和水质等情况。

(3) 简要介绍建设项目的主要材料、特殊材料、生产工艺设备供应条件及交通运输条件。

(4) 根据当地供电、供水、供热和通信情况，按照施工需求，描述相关资源提供能力及解决方案。

6. 工程特点与工程难点分析

概要说明本工程建筑、结构的特点、施工难点及须采取的相应措施。

(二) 施工部署的编制

(1) 结合案例某住宅楼项目，完成项目施工部署，可包括以下内容：

1) 确定项目施工总目标，包括进度、质量、安全、环境和成本等目标。

2) 根据项目施工总目标的要求，确定项目分阶段（期）交付的计划。

3) 确定项目分阶段（期）施工的合理顺序及空间组织。

4) 对于项目施工的重点和难点可进行简要分析。

5) 对于项目施工中开发和使用的新技术、新工艺应做出部署。

6) 对拟分包的主要项目施工单位的资质和能力应提出明确要求。

(2) 施工部署中的进度安排和空间组织应符合下列条件：

1) 施工部署应对本单位工程的主要分部（分项）工程和专项工程的施工做出统筹安排，对施工过程的里程碑节点进行说明。

2) 施工流水段划分应根据工程特点及工程量进行合理划分，并应说明划分依据及流水方向，确保均衡流水施工。

3) 工程的重点和难点对于不同工程和不同企业具有一定的相对性，某些重点、难点工程的施工方法可能已通过有关专家论证成为企业工法或企业施工工艺标准，此时企业可直接引用。重点、难点工程的施工方法选择应着重考虑影响整个单位工程的分部（分项）工程，如工程量大、施工技术复杂或对工程质量起关键作用的分部（分项）工程。

任务二　施工进度计划及资源配置计划的编制

一、任务要求

施工进度及资源配置计划主要是为完成施工项目的目标，对各项施工过程的施工顺序、起止时间和相互衔接关系以及所需要的人力、物资等生产要素所做的统筹策划和安排。它是施工组织设计的重要内容之一，也是决定项目能否实现的关键环节。

结合案例中项目的具体情况，按照招标文件要求格式，完成施工进度及资源配置计划表的编制，需提交的成果文件有：

（1）项目的施工进度计划表。

（2）项目的施工资源配置表。

（3）过关问题讨论的会议纪要。

二、任务中的过关问题

过关问题1：单位工程进度计划是施工组织设计的重要内容，也是资源配置计划编制的重要依据。讨论在编制单位工程进度计划时，应先搜集哪些资料作为编制的依据；在此基础上，为了高效地完成进度计划的编制应遵循怎样的程序与步骤。

过关问题2：对于一个单位工程来说，施工进度计划在形式上可以采用横道图，也可以采用网络图或时标网络图，其中甘特图（横道图）是最常用的表达方式。若采用流水施工的组织方式，在绘制甘特图之前，首先需要计算出流水步距、流水节拍等相关时间参数，请结合本案例当中的装饰装修工程来计算流水施工的时间参数。

过关问题3：依据过关问题2中计算出的时间参数，分别采用甘特图和双代号网络计划图的方式绘制装饰装修工程进度图，计算流水施工的工期，并比较两种方式计算出的工期是否相同，解释分析其原因。

过关问题4：资源配置计划是做好劳动力及物资的供应、平衡、调配、落实的依据，在完成施工总进度编制后，方可进行资源配置计划的编制，请从劳动力、材料和施工机具三方面讨论资源配置计划的主要内容。

过关问题5：工程成本是指在确保安全施工的前提下，必须消耗或使用的人工、材料、工程设备、施工机械台班及其管理费用和按规定缴纳的规费和税金。工期的变化会对工程成本产生影响。工期优化的目的是求出与最低总费用相对应的最佳工期，请结合表3-2中的内容，计算案例中最低总费用相对应的最佳工期。

三、任务实施依据

（1）经过审批的建筑总平面图及单位工程全套施工图，以及地质、地形图，工艺设计图、设备及其基础图，所采用的各种标准图等图纸及技术资料。

（2）施工工期要求及开、竣工日期。

（3）施工条件，劳动力、材料、构件及机械的供应条件，分包单位的情况。

（4）确定的重要分部分项工程的施工方案，包括施工顺序、施工段划分、施工起点流向、施工方法、质量及安全措施等。

（5）劳动定额及机械台班定额。

四、任务实施方法

1. 横道图法

横道图法是指将在项目实施中检查实际进度收集的信息，经整理后直接用横道线并列标于原计划的横道线处，用横道图编制施工进度计划，指导施工的实施的一种方法。横道图法是人们常用的、很熟悉的方法，它形象、直观、编制方法简单、使用方便。资源配置计划也可通过横道图来直观地表现不同阶段所需资源的类别和数量。

2. 网络计划图法

网络计划图法又称网络计划技术，它是安排和编制最佳日程计划，有效地实施进度管理的一种科学的管理方法。它利用统筹法，通过网络图的形式，反映和表达计划的安排，据以选择最优方案，组织、协调和控制生产的进度和费用。

3. MS-project 软件

通过 MS-project 软件，实现资源计划的编制与管理。将完成一定工作所需的资源分配到设定的项目中，这些资源可能包含：参与这次项目的人员、项目中所需使用的设备等。

五、任务实施内容

（一）施工进度计划的编制

结合案例某住宅楼项目的施工进度计划，控制工程的施工进度。

1. 划分流水施工段

应尽量组织建筑工程流水施工，因此就要划分流水施工段，即将施工对象划分为工程量大致相等的若干个工作面。划分施工段的目的在于使各个施工队能在不同的工作面平行或交叉进行作业，为各个施工队依次进入同一工作面进行流水作业创造条件。因此，划分施工段是组织流水施工的基础。

2. 计算工程量

对划分的各分部分项工程施工项目，依据施工图分别计算各施工段上的施工工程量。若已有施工预算或施工图预算，也可直接采用施工图预算的数据，但应注意其工程量应该按施工层和施工段分别列出。

3. 计算劳动量和施工机械台班数量

有了上述确定的施工项目、工程量和施工方法，即可套用施工定额，以计算该施工项目的劳动量或施工机械台班数量。

4. 确定各施工项目的持续作业时间

经上述计算出单位工程各分部分项工程施工项目的劳动量和机械台班数量后，就可以确定各分部分项工程施工项目的施工天数（持续作业时间），其计算公式为

$$t=\frac{P}{RC}$$

式中　t——分部分项工程持续时间（施工天数）；

P——劳动量（工日）或机械台班数量（台班）；

R——拟配备人力（人数）或机械（台数）的数量；

C——工作班制。

分部分项工程持续作业时间的计算，要与整个单位工程的规定工期及本单位工程中各施工阶段或分部工程的控制工期相配合和相协调，还要与相邻分项工程的工期及流水作业的搭接一致。如果计算的持续作业时间不符合上述要求，可通过增减工人数、机械数量及每天工作班数来调整。

5. 流水施工参数的确定

流水施工参数是指在组织流水施工时，为了表达流水施工在工艺流程、空间布置和时间排列等方面相互依存的关系，而引入的一些描述施工进度计划特征的数据。按其性质和作用不同，一般可分为工艺参数、空间参数和时间参数。

（1）工艺参数。

1）施工过程数 n。施工过程数是指一组流水的施工过程个数，以符号“n”表示。一栋房屋或一座桥梁的建造过程，通常由许多施工过程组成。施工过程可以是一道工序，如绑扎钢筋，也可以是一个分项或分部工程。施工过程划分的数目多少、粗细程度与施工方案、施工进度计划及劳动量大小等因素有关。当编制投标过程中的控制性施工进度计划时，施工过程划分可粗一些，一般只列出分部工程名称，如房屋工程可分为基础工程、主体结构工程、装饰工程、屋面工程等；桥梁工程可分为基础及下部构造、上部构造、防护工程等。

2）流水强度 V。流水强度指是每一个施工过程在单位时间内所完成的工程量。

（2）空间参数。

1）施工段数 m。施工段是指组织流水施工时将施工对象在平面上划分成的若干个劳动量大致相等的施工区段，它的数目以 m 表示。每个施工段在某一段时间内只供一个施工过程的工作队使用。

2）工作面 a。工作面是指施工对象上可能安置操作工人的数量或布置施工机械场所的大小。对于某些施工过程，在施工一开始时就已经同时在整个长度或广度上形成了工作面，这种工作面称为完整的工作面（如挖土）。而有些施工过程的工作面是随着施工过程的进展逐步形成的，这种工作面称为部分的工作面（如砌墙）。不论是哪一种工作面，不仅要考虑前一施工过程为后一个施工过程所可能提供的工作面的大小，也要遵守安全技术规范和施工技术规范的规定。

（3）时间参数。

1）流水节拍 t。流水节拍是指一个施工过程在一个施工段上的作业时间，用符号 t_i 表示（$i=1, 2, \cdots, n$）。流水节拍的计算方法有三种：定额计算法，工期计算法，经验估算法。

2）流水间歇时间 t_{j}。流水间歇时间是指在组织流水施工中，由于施工过程之间的工艺或组织上的需要，必须要留的时间间隔。用符号 t_{j} 表示。它包括技术间歇时间和组织间歇时间。

3）流水步距 $K_{i,i+1}$。流水步距是指两个相邻的施工过程先后进入同一施工段开始施工的时间间隔，用符号 $K_{i,i+1}$ 表示（i 表示前一个施工过程，$i+1$ 表示后一个施工过程）。在施工段不变的情况下，流水步距越大，工期越长；流水步距越小，则工期越短。

流水步距的数目等于 $n-1$，其中 n 为参加流水施工的施工过程数。

4）流水工期 T_{L}。流水工期是指完成一个流水施工所需的时间，一般可采用下式计算

$$T_{\mathrm{L}}=\Sigma K_{i,i+1}+T_n$$

式中 $\Sigma K_{i,i+1}$——流水施工中各流水步距之和；

T_n——流水施工中最后一个施工过程的持续时间，$T_n=\sum t_n$。其中 t_n 是指最后一个施工过程的流水节拍。

6. 编制、检查与调整施工进度计划

在确定各分部分项工程持续作业时间以后，即可以初步编制施工进度计划。此时，必须

考虑各分部分项工程的合理施工顺序，尽可能组织流水施工和立体交叉施工，力求主要施工项目或施工工种连续作业。

绘制进度计划图可以有两种形式：一种是绘制横道图；另一种是绘制网络计划图。本项目仅提供横道图施工进度计划样表，见表3-6。

表3-6　施工进度计划表

序号	分部分项工程名称	工程量		时间定额	劳动量		需要机械		每天工作班次	每天工人数	工作天数	施工进度									
		单位	数量		工种	数量/(工日)	机械名称	台版数				月					月				
												5	10	15	20	25	5	10	15	20	25

（二）施工资源计划的编制

根据GB/T 50502—2009《建筑施工组织设计规范》对资源配置计划的要求，编制施工资源计划。编写时应包括以下内容：

1. 劳动力资源配置计划

按项目主要工种工程量，套用概（预）算定额或者有关资料，结合施工进度计划的安排，配置项目主要工种的劳动力。劳动力资源配置计划，见表3-7。

表3-7　劳动力资源计划表

序号	专业工种	劳动量/工日	需要量计划/工日												责任人
			年						年						
			1	2	3	4	…		1	2	3	4	…		

2. 原材料需求量计划

原材料需求量计划主要是指工程用水泥、钢筋、砂、石子、砖、石灰、防水材料等主要材料的需要量计划，具体见表3-8。

表3-8　原材料需求计划表

序号	材料名称	规格	需要量		需要时间									责任人
			单位	数量	×月			×月			×月			
					1	2	3	1	2	3	1	2	3	

3. 成品、半成品需求量计划

成品、半成品需求量计划主要是指混凝土预制构件、钢结构、门窗构件等成品、半成品，以及安装、装饰工程成品、半成品的需要量计划，具体见表3-9。

表 3-9 成品、半成品需求计划表

序号	材料名称	规格	需求量		需要时间									责任人
			单位	数量	×月			×月			×月			
					1	2	3	1	2	3	1	2	3	

4. 生产设备工艺需求量计划

生产设备工艺需求量计划主要是指构成工程实体的生产设备、工艺设备等的需要量计划具体见表 3-10。

表 3-10 生产设备工艺需求计划表

序号	生产设备名称	型号	规格	电功率/kV·A	需要量/台	进场时间	责任人

5. 施工工具需求量计划

施工工具需求量计划主要是指模板、脚手架用钢管、扣件、脚手板等辅助施工用工具的需要量计划，具体见表 3-11。

表 3-11 施工工具需求计划表

序号	施工工具名称	需用量	进场日期	出场日期	责任人

6. 施工机械、设备需求量计划

施工机械、设备需求量计划主要是指施工用大型机械设备、中小型施工工具等的需要量计划，具体见表 3-12。

表 3-12 施工工具需求计划表

序号	施工机具名称	型号	规格	电功率/kV·A	需要量/台	使用时间	责任人

7. 测量设备需求量计划

测量设备需求量计划主要是指本工程用于定位测量放线用的计量设备、现场试验用计量设备、质量检测设备、安全检测设备、进场材料计量用设备等的需要量计划，具体见表 3-13。

表 3-13　测量设备需求计划表

序号	测量设备名称	分类	数量	使用特征	确认间距	保管人

任务三　施工平面布置图的编制

一、任务要求

施工平面布置是指在施工用地范围内，对各项生产、生活设施及其他辅助设施等进行规划和布置。它是施工组织设计中的重要组成之一，合理的施工平面布置不但可以使施工顺利进行，同时也能起到合理地使用场地，减少临时设施费用，达到文明施工的目的。

结合案例中项目的具体情况，按照招标文件要求，参考施工图，对现场进行统筹安排，需提交的成果文件如下：

（1）项目施工平面布置图。

（2）过关问题讨论的会议纪要。

二、任务中的过关问题

过关问题 1：施工现场占地面积大，功能分区复杂，容纳的人员众多，因此必须对施工现场用的进行科学的组织和规划，否则会造成施工过程的混乱，影响工程进度并增加造价，甚至发生重大安全事故。施工平面布置图是施工过程空间组织的图解形式。请讨论：绘制施工平面布置图时，应先搜集哪些资料？

过关问题 2：施工平面布置图中布设的内容主要有拟建建筑物、临时道路、临时设施、临时水电、木工加工场地、钢筋加工场地、办公室、库房垂直运输工具等，那么以上内容布设时的先后顺序是什么？

过关问题 3：施工过程中，材料的垂直运输是影响施工效率的重要因素，垂直运输机械位置的设计将会直接影响垂直运输的效率，常见的固定式垂直运输设备有固定式塔式起重机、钢井架、龙门架、桅杆式起重机等，请结合本案例确定塔式起重机的位置。

过关问题 4：搅拌站的布设应尽量靠近使用地点并在起重设备的服务范围内，请根据过关问题 3 中塔式起重机的位置确定本案例搅拌站的位置。

过关问题 5：临时加工区域和仓库的布设原则主要有减少二次搬运、远离火源、在垂直运输工具服务范围等，依据这些原则完成本案例的钢筋加工棚、模版加工棚的布设。

过关问题 6：现场运输道路可分为单行道和双行道，为满足消防的要求，单行道和双行道的宽度应为多少？为便于调车，按材料和构件运输的要求，应沿着仓库和堆场设计成环形线路，请结合本案例，完成施工运输道路的绘制。

三、任务实施依据

（1）建筑总平面图，图中应表明一切拟建的和已有的房屋及构筑物，表明地形的变化。

（2）一切已有的和拟建的地下管道位置。

（3）整个建筑工程的施工进度计划和拟定的主要工种、工程的施工方案。

（4）各种建筑材料、半成品、零部件的供应计划及运输方式。

（5）全部仓库和临时建筑物一览表及其性质、形式、面积和尺寸。

（6）各加工厂规模、现场施工机械和运输工具的数量。

（7）水源、电源及建筑区域的竖向设计资料。

（8）制定单个建筑物施工总平面图所需房屋的设计资料（如平面图、立面图）。

四、任务实施方法

1. 垂直运输机械位置的确定

（1）固定式垂直运输设备的平面布置。

（2）轨道式起重机的平面布置。

（3）自行式超重机开行路线的确定。

2. 混凝土泵车或搅拌机（站）的布置

在泵送混凝土施工过程中，混凝土泵或混凝土泵车的停放位置，不仅要考虑其输送管的配置，将其布置在起重机的有效服务范围，也要考虑到运输与装卸时的方便。

（1）混凝土泵车的位置确定。

（2）搅拌机（站）位置的布置。

3. 临时加工厂（所）及材料、构件的堆场与仓库的位置

（1）临时加工厂位置的布置。

（2）仓库位置与材料构件堆场的布置。

4. 施工现场运输道路与管网位置的确定

（1）现场运输道路的布置。

（2）水、电管网布置。

5. 临时生产、生活设施的布置

五、任务实施内容

结合案例某住宅楼项目，根据项目的具体要求和施工现场的实际环境，运用软件绘制项目的施工平面图（或动画演示）。

1. 施工平面图的设计

施工平面图的设计主要包括对场外交通、仓库与材料堆场的布置、加工厂布置、内部运输道路布置、行政管理与生活临时设施布置、临时水电管网和其他动力设施布置的情况进行设计。

2. 施工平面图的绘制

上述分别确定了施工现场平面布置的相关内容，在此基础上，依据布置方案，将其绘制成施工平面布置图。绘制施工平面布置图的基本要求是：表达内容完整，比例准确，图例规范，线条粗细分明、准确，字迹端正，图面整洁、美观。绘制施工平面布置图的一般步骤如下：

（1）确定图幅的大小和绘制比例。图幅大小和绘制比例应根据工地大小及布置的内容多少来确定。图幅一般可选用A1图纸或A2图纸，比例一般采用1：200~1：500。

(2) 合理规划和设计图面。绘制施工平面图时，应以拟建单位工程为中心，突出其位置，其他各项设施围绕拟建工程设置。同时，应表达现场周边的环境与现状（如原有的道路、建筑物、构筑物等），并要留出一定的图面绘制指北针、图例和标注文字说明等。

(3) 绘制建筑总平面图中的有关内容。依据拟建工程的施工总平面图，将现场测量的水准点、可用地范围（边线）、施工临时围墙、经批准的临时占道范围，现场内外原有的和拟建的建筑物、构筑物和运输道路等其他设施按比例准确地绘制在图面上。拟建的建筑物用粗实线绘制，原有的建筑物、构筑物和运输道路等其他设施用细实线绘制。

(4) 绘制施工现场各种拟建临时设施。根据施工平面布置要求和面积计算的结果，将所确定的施工道路、仓库、堆场、加工厂、施工机械、搅拌站等的位置、尺寸和水电管线的布置按比例准确地绘制在施工平面图上。

(5) 审查整理、完善图面内容。按规范规定的线型、线条、图例等对草图进行整理，标上图例、比例、指北针、风玫瑰图和文明施工工地所设置的花坛、花盆、旗杆、宣传栏等，并做必要的文字说明，使之最终成为正式的施工总平面图。

任务四 主要施工方案及专项施工方案的编制

一、任务要求

施工方案是单位工程施工组织设计的核心内容之一。一类是按照分部分项工程的划分原则，对主要分部分项工程制定的施工方案；另一类是在施工组织设计编制的基础上，针对一些对施工质量和安全影响较大或专业性较强的分部（分项）工程单独编制的专项施工方案。施工方案是对施工组织设计相关内容的深化、细化、补充和完善，必须具有很强的操作性。

结合案例中的项目按照招标文件要求格式，提交以下的文件：

(1) 分部分项工程施工方案。搜集编制主要施工方案的参考资料，掌握主要分部分项过程的施工方法和工艺流程，提交案例中的某一分部分项工程的施工方案。

(2) 专项施工方案。掌握需要编制专项施工方案的范围及内容，根据项目实际情况编制专项施工方案。

(3) 过关问题讨论的会议纪要。

二、任务中的过关问题

过关问题1：单位工程施工组织设计应按照GB 50300—2013《建筑工程施工质量验收统一标准》对分部分项工程的划分原则，对主要分部分项工程制定施工方案，请讨论在编制各主要分部分项工程施工方案时需要参考哪些资料，并以案例中的混凝土工程为例说明其施工方案的主要内容。

过关问题2：根据《建设工程安全生产管理条例》（国务院第393号令）的规定：对达到一定规模的危险性较大的分部（分项）工程编制专项施工方案，并附具安全验算结果，经施工单位技术负责人、总监理工程师签字后实施。请讨论哪些分部分项工程需要编制专项施工方案，对列出的专项方案中哪些部分需要施工单位组织专家进行论证、审查。

过关问题3：在专项施工方案的内容中，施工顺序和施工方法是其核心内容，请结合本案例中“基坑开挖及护坡工程施工方案”，讨论如何确定分部分项工程的施工顺序和施工方法。

三、任务实施依据

(1) 标前会议，招标文件及答疑纪要。

(2) 业主提供的设计图、洽商变更等文件。

(3) 工程现场的具体施工条件、类似工程的施工经验和现有的施工能力。

(4) 企业标准、国家及地方现行建筑施工规范、工艺标准、图集。

四、任务实施方法

(1) 熟悉工程文件和资料。

(2) 划分施工过程。

(3) 计算工程量。

(4) 确定施工顺序和流向。

(5) 选择施工方法和施工机械。

(6) 确定关键技术路线。

五、任务实施内容

(一) 主要施工方案的编制

结合案例某住宅楼项目，根据项目的具体要求和实际需求情况，完成对项目主要施工方案的编制。

1. 确定单位工程的施工顺序

单位工程施工顺序是指工程开工前后及各个施工阶段先后顺序的客观规律以及它们相互之间的制约关系。

(1) 先地下后地上。先地下后地上主要是指首先完成管道、管线等地下设施、土方工程和基础工程的施工，然后开始地上工程的施工；对于地下工程也应按先深后浅的程序进行，以免造成施工返工或对上部工程的干扰，使施工不便，影响质量造成浪费。

(2) 先主体后围护。先主体后围护主要是指先进行框架主体结构的施工，再进行围护结构的施工。

(3) 先结构后装饰。一般先结构后装饰是指先进行主体结构施工，后进行装修工程的施工。但是，随着新建筑体系的不断涌现和建筑工业化水平的提高，尤其是装配式建筑的不断发展，某些装饰与结构构件均在工厂内完成，因此结构和装饰一起施工。

(4) 先土建后设备。先土建后设备主要是指一般的土建工程与水暖电卫等工程的总体施工程序，至于设备安装的某一工序要穿插在土建的某一工序之前。

2. 确定施工起点流向

确定施工起点流向就是确定单位工程在平面或竖向上施工开始的部位和开展的方向。对单位建筑物，如厂房按其车间、工段或跨间，除了分区分段地确定出平面上的施工流向外，还须确定其层或单元在竖向上的施工流向。例如多层房屋的现场装饰工程是自下而上，还是自上而下地进行。确定施工起点流向牵涉到一系列施工活动的开展和进程，是组织施工活动的重要环节。

确定单位工程施工起点流向时，一般应考虑如下因素：

(1) 施工的工艺流程。它往往是确定施工流向的关键因素。

(2) 建设单位对生产和使用的需要。

(3) 施工的繁简程度。一般技术复杂、施工进度较慢、工期较长的区段或部位应先施工。

(4) 房屋高低层或高低跨。

(5) 工程现场条件和施工方案。

(6) 分部分项工程的特点及其相互关系。

应当指出，在流水施工中，施工起点流向决定了各施工段的施工顺序。因此确定施工起点流向的同时，应当将施工段的划分和编号也确定下来。

3. 确定分部分项工程的施工顺序

施工顺序是指拟建单位工程从开工到竣工的过程中，对其各个分部工程及每个分部工程中各个分项工程（施工过程、工序）在平面、竖向空间做出合理的安排并确定其先后施工顺序。

施工顺序因不同建筑、不同结构、不同施工方案、不同的施工条件而有所不同。虽然工业厂房与民用建筑的性质和结构各不相同，每个工程的使用功能和特点也各有所异，但是在确定单位工程施工的各分部分项工程的施工顺序时，应按照施工的工艺要求、施工组织的要求、施工质量的要求、当地的气候条件和安全施工的要求进行。

4. 施工方法和施工机械的选择

(1) 选择施工方法。选择施工方法时，应重点考虑影响整个单位工程施工的分部（分项）工程的施工方法。主要是选择以下分部（分项）工程的施工方法：工程量大且在单位工程中占有重要地位的分部（分项）工程，施工技术复杂或采用新技术、新工艺及对工程质量起关键作用的分部（分项）工程，不熟悉的特殊结构工程或由专业施工单位施工的特殊专业工程。

(2) 选择施工机械。选择施工方法必然涉及施工机械的选择问题。机械化施工是改变建筑工业生产落后面貌、实现建筑工业化的基础。因此，施工机械的选择是施工方案的重要环节。选择施工机械时应着重考虑以下几方面：

1) 选择施工机械时，应首先根据工程特点，选择适宜主导工程的施工机械。如在选择装配式单层工业厂房结构安装用的起重机类型时，当工程量较大且集中时，可以采用生产效率较高的塔式起重机；但当工程量较小或工程量虽大却相当分散时，则采用无轨自行式起重机较为经济。在选择起重机型号时，应使起重机在起重臂外伸长度一定的条件下，能适应起重量及安装高度的要求。

2) 各种辅助机械或运输工具应与主导机械的生产能力协调配套，以充分发挥主导机械的效率。如土方工程施工中采用汽车运土时，汽车的载重量应为挖土机斗容量的整数倍，汽车的数量应能保证挖土机连续工作。

3) 在同一工地上，应力求建筑机械的种类和型号尽可能少一些，以利于机械管理。为此，工程量大且分散时，宜采用多用途机械施工，如挖土机既可用于挖土，又能用于装卸、起重和打桩。

4）施工机械的选择还应考虑充分发挥施工单位现有机械的能力。当本单位的机械能力不能满足工程需要时，则应购置或租赁所需的新型机械或多用途机械。

（二）专项施工方案的编制

专项施工方案是以组织分部（分项）工程或专项工程实施为目的，以施工图、单位工程施工组织设计及其他相关资料为依据，指导分部（分项）工程或专项工程施工全过程的各项施工活动的技术经济管理文件。它的编制内容比单位工程施工组织设计更为详细具体。按照 GB/T 50502—2009《建筑施工组织设计规范》规定，专项（分部）施工方案应包括以下内容：

1. 编制说明（必要时写）

编制说明包括编制范围、原则、依据等内容。

2. 工程概况

工程概况部分的内容包括：分部（分项）工程或专项工程名称；自然条件（地形地貌、地质、水文、气象等）；工程参建单位的相关情况；工程的施工范围；主要工程数量；施工合同、招标文件或总承包单位对工程施工的重点要求；工程施工条件（应重点说明与专项工程相关的内容）。

3. 项目管理目标、指标（必要时写）

这部分包括：质量目标，工期管理目标（进度目标），安全生产、文明施工、环境保护目标。

4. 施工总体部署

这部分包括：施工组织机构；临建设施（栈桥、施工便道、施工用水用电、搅拌站、预制场、钢筋加工场、塔吊与电梯布置、跨墩龙门吊布置等）。

5. 主要临时结构设计（相关附件可附在最后）

这部分包括：设计概述（设计思路、设计概况等）；主要临时结构设计。

6. 主要施工方法和施工工艺（含关键技术参数和技术措施）

这部分包括：施工概述、施工测量、工艺流程、临时工程施工、工程主体施工方法等。

7. 施工进度计划

（1）施工进度计划安排。简单的文字说明，如分项工程的施工工效、主要节点工期等。

（2）施工进度计划网络图（横道图或网络计划图）。

8. 资源配置计划

列出设备使用起始和结束时间，主要周转物资需求时间。

（1）劳动力配置。包括管理及劳务人员（分工种）配置计划。

（2）施工机械及设备配置。包括机械及设备的名称、规格、功率及容量、数量、进场时间等。

（3）材料供应。这部分包括材料的计划供应表。

9. 施工方法及工艺要求

明确专项工程施工方法并进行必要的技术核算，明确施工工艺要求。应对易发生质量通病、易出现安全问题、施工难度大、技术含量高的分项工程（工序）做出重点说明；应对开发和使用的新技术、新工艺以及采用的新材料、新设备应进行必要的试验或论证并制订计划。

10. 进度、质量、安全环保保证措施

这部分包括工程质量管理措施（含质量通病防治措施等）、安全生产保证措施（含应急救援等）。

11. 特殊季节施工保证措施（冬雨季和热期施工，需要时写）

这部分应突出大体积混凝土、主塔高强度等级泵送混凝土等的特殊季节施工措施。

12. 预案措施

这部分包括设计方案和施工方案的预案措施。

13. 提请专家决策的问题（如有）

14. 附图、附表

这部分包括施工平面布置图；临时工程设计图与计算书等。

项目四

投标文件的编制

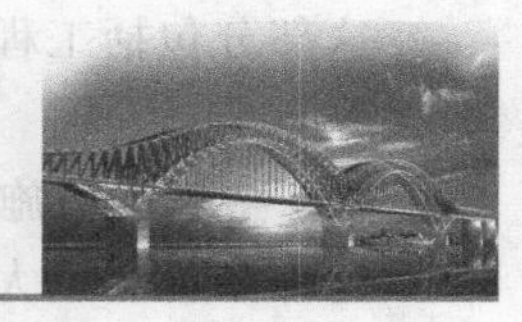

能力标准

投标文件是指具备承担招标项目的能力的投标人，按照招标文件的要求编制的文件。投标文件需要对招标项目的价格、招标项目的计划、招标项目的技术规范方面的要求和条件，以及合同的主要条款（包括一般条款和特殊条款）等方面做出回答。响应的方式是投标人按照招标文件进行填报，不得遗漏或回避招标文件中的问题。投标文件编制的内容很多，核心与关键之一是进行投标报价。

通过本项目，培养学生编制施工项目投标文件的实际能力，尤其是商务标编制的能力。具体能力要求如下：

（1）收集项目的招标信息、对招标信息进行分析和处理的能力。

（2）通过各种渠道获得施工项目询价信息的能力。

（3）完成施工项目成本估算的能力。

（4）通过具体项目资料分析，拟定投标报价策略的能力。

项目分解

本项目划分为五个子任务，每一个任务又分解为若干个工作环节以及需要提交的成果文件，见表 4-1。

表 4-1 投标文件编制工作的具体描述

项目	任务划分	任务要求	项目成果文件
投标文件的编制	任务一　投标报价文件编制的准备工作	投标前应认真阅读招标文件，参加现场踏勘，并完成： 1. 招标文件分析报告 2. 现场踏勘情况表	结合具体项目提交一份项目投标文件，包括： 1. 封面 2. 投标函及投标函附录 3. 法定代表人资格证明书或授权委托书 4. 联合体协议书(如有) 5. 投标保证金 6. 已标价工程量清单 ①工程量清单总价表 ②分部分项工程量清单与计价表 ③综合单价分析表 ④措施项目清单与计价表 ⑤其他项目清单与计价汇总表 ⑥规费、税金项目计价表 7. 施工组织设计(在项目三中完成) 8. 拟分包项目情况表 9. 资格后审证明文件或资格预审更新资料
	任务二　投标报价询价单的编制	收集、整理所需人、材、机等要素的询价信息，编制一份询价分析表	
	任务三　施工项目分部分项工程综合单价的确定	根据询价、企业定额等价格信息，计算施工项目分部分项工程的综合单价	
	任务四　投标报价策略的选择	根据项目实际情况，对项目可采用的投标报价策略进行分析、选择，确定项目的投标报价	
	任务五　投标文件的递交	1. 投标文件的编制 2. 投标文件的递交	

案　例

【项目背景】

(1) 招标单位：Y 市房地产开发有限公司。

(2) 招标项目名称：某住宅楼项目。项目编号：HBCZ-140×××-140××××。

(3) 建设地点：Y 市 Y 路南侧。

(4) 建设规模：项目总建筑面积为 23834.37m²；建筑高度为 59.1m；建筑层数为 21 层；结构类型为框架剪力墙结构；使用性质为居住建筑；设计使用年限为 50 年；抗震设防烈度为 6 度；耐火等级为一级。配套建设给水排水、供配电、道路、消防、燃气和园林绿化等公用工程。施工图由某建筑设计有限公司设计。

(5) 承包方式：施工总承包。

(6) 工程质量目标：工程质量要求达到国家施工验收规范合格标准。

(7) 招标范围：本工程施工设计图范围内的建安工程（详见工程量清单所有内容）。

(8) 工期要求：201×年×月计划开工，施工总工期为 330 日历天。

(9) 资金来源：自筹。

(10) 资质等级要求：房屋建筑工程施工总承包一级及以上资质。

(11) 项目经理资格要求：房屋建筑专业二级注册建造师。

(12) 资格审查方式：资格预审。

(13) 合同计价模式：采用工程量清单计价（综合单价）。

(14) 投标有效期：为 50 日历天（从投标截止之日算起）。

(15) 投标保证金（招标编号：SG201×××××××××）。

1) 投标保证金的金额：人民币伍拾万元整。

2) 投标保证金的形式：现金、支票转账。

3) 投标保证金的递交方式：采用电汇、大额支付等转账方式从投标人的基本账户汇至招标人指定的账户（不接受银行保函、第三方担保、现钞交纳等方式递交的投标保证金，同城不得采用电子支付的方式递交投标保证金）。

4) 投标保证金的递交截止时间（到账时间）：同投标截止时间。

5) 招标人指定的收取投标保证金账户信息：

账户名称：Y 省公共资源交易中心

开户银行：中国××银行 Y 支行

账号：051001421×××××××。

(16) 退还投标保证金及利息：

计息标准：人民银行同期活期存款利率。

计息时间：投标保证金到账之日至退还的前一日。

退还办法：投标保证金及利息将按招标文件的约定，由招标人确定是否退还。退还投标保证金及利息的，将按来款渠道以电汇的方式退还（扣除手续费），利息不足以支付退款手续费的，不退还相应利息。

(17) 踏勘现场：招标人不组织，投标人自行对现场踏勘。

(18) 安全生产管理目标：安全合格施工现场。

(19) 文明施工管理目标：文明施工合格工地。

(20) 投标文件份数：商务标五份，一份正本，四份副本；技术标五份，不分正副本。

(21) 投标文件提交地点及截止时间

投标截止时间：201×年×月××日10时00分前。

收件人：Y省××招标代理有限公司。

地点：Y市Y区Y路×号××商务中心A座9楼Y省公共资源交易中心1号开标厅

(22) 开标：

时间：201×年×月××日10时00分。

地点：Y市Y区Y路×号××商务中心A座9楼Y省公共资源交易中心1号开标厅

(23) 评标方法及标准：综合评估法。

(24) 投标人：××工程建设有限公司。

(25) 招标文件中的部分通用合同条款：

1) 不利物质条件。

不利物质条件，除专用合同条款另有约定外，是指承包人在施工场地遇到的不可预见的自然物质条件、非自然的物质障碍和污染物，包括地下和水文条件，但不包括气候条件。

承包人遇到不利物质条件时，应采取适应不利物质条件的合理措施继续施工，并及时通知监理人。监理人应当及时发出指示，指示构成变更的，按合同相应条款约定办理。监理人没有发出指示的，承包人因采取合理措施而增加的费用和（或）工期延误，由发包人承担。

2) 超大件和超重件的运输。

由承包人负责运输的超大件或超重件，应由承包人负责向交通管理部门办理申请手续，发包人给予协助。运输超大件或超重件所需的道路和桥梁临时加固改造费用和其他有关费用，由承包人承担，但专用合同条款另有约定除外。

3) 道路和桥梁的损坏责任。

因承包人运输造成施工场地内外公共道路和桥梁损坏的，由承包人承担修复损坏的全部费用和可能引起的赔偿。

4) 基准资料错误的责任。

发包人应对其提供的测量基准点、基准线和水准点及其书面资料的真实性、准确性和完整性负责。发包人提供上述基准资料错误导致承包人测量放线工作的返工或造成工程损失的，发包人应当承担由此增加的费用和（或）工期延误，并向承包人支付合理利润。承包人发现发包人提供的上述基准资料存在明显错误或疏忽的，应及时通知监理人。

5) 承包人的工期延误。

由于承包人原因，未能按合同进度计划完成工作，或监理人认为承包人施工进度不能满足合同工期要求的，承包人应采取措施加快进度，并承担加快进度所增加的费用。由于承包人原因造成工期延误，承包人应支付逾期竣工违约金。逾期竣工违约金的计算方法在专用合同条款中约定。承包人支付逾期竣工违约金，不免除承包人完成工程及修补缺陷的义务。

6) 工期提前。

发包人要求承包人提前竣工，或承包人提出提前竣工的建议能够给发包人带来效益的，应由监理人与承包人共同协商采取加快工程进度的措施和修订合同进度计划。发包人应承担承包人由此增加的费用，并向承包人支付专用合同条款约定的相应奖金。

7）不可抗力的确认。

不可抗力是指承包人和发包人在订立合同时不可预见，在工程施工过程中不可避免发生并不能克服的自然灾害和社会性突发事件，如地震、海啸、瘟疫、水灾、骚乱、暴动、战争和专用合同条款约定的其他情形。

不可抗力发生后，发包人和承包人应及时认真统计所造成的损失，收集不可抗力造成损失的证据。合同双方对是否属于不可抗力或其损失的意见不一致的，由监理人按合同相应条款商定或确定。发生争议时，按合同相应条款的约定办理。

8）不可抗力造成损害的责任。

除专用合同条款另有约定外，不可抗力导致的人员伤亡、财产损失、费用增加和（或）工期延误等后果，由合同双方按以下原则承担：

① 永久工程，包括已运至施工场地的材料和工程设备的损害，以及因工程损害造成的第三者人员伤亡和财产损失由发包人承担。

② 承包人设备的损坏由承包人承担。

③ 发包人和承包人各自承担其人员伤亡和其他财产损失及其相关费用。

④ 承包人的停工损失由承包人承担，但停工期间应监理人要求照管工程和清理、修复工程的费用由发包人承担。

⑤ 不能按期竣工的，应合理延长工期，承包人不需支付逾期竣工违约金。发包人要求赶工的，承包人应采取赶工措施，赶工费用由发包人承担。

任务一　投标报价文件编制的准备工作

一、任务要求

本任务是进行投标文件编制的前期准备工作，通过对招标文件的研究，现场的实地勘察等一系列活动，完成对施工项目信息的全面掌握，进而编制投标文件。

结合案例中某住宅楼项目，完成投标文件编制的前期准备工作过程，主要包括以下两个任务：

（1）编写招标文件分析报告。

（2）编写现场踏勘情况表。

二、任务中的过关问题

结合某住宅楼项目信息和任务要求，组织讨论以下问题：

过关问题1： 招标信息是招标公告、招标预告、中标公示、招标变更等公开招投标行为的总称，施工单位通过阅读招标信息了解拟招标的工程情况、服务范围、标段划分、资质要求等。请讨论：投标人可以通过哪些渠道获得招标信息？

过关问题2： 投标准备阶段，施工单位对招标文件的研读对后期投标报价工作有着重要的影响。如果在研读中，发现设计施工图与清单项目特征描述不符，作为投标人，应该怎么办？如果发现工程量清单漏项，应该怎么办？

过关问题3：根据招标项目的具体情况，招标人可以组织投标申请人踏勘项目现场，为什么现场踏勘要由招标人统一组织？如果投标人无法参加现场踏勘应如何处理？

过关问题4：施工单位在现场踏勘时，应重点关注哪些方面的信息收集？

过关问题5：对于潜在投标人在阅读招标文件和现场踏勘中提出的疑问，招标人可以举行投标答疑活动。投标答疑活动应如何组织？假设你是施工单位的投标人，在答疑会上，你会问什么问题？应如何规避答疑活动中可能出现的各种风险？

三、任务实施依据

（1）《中华人民共和国招标投标法》（2017年修）（主席令〔2017〕第八十六号）。

（2）《中华人民共和国招标投标法实施条例》（国务院令〔2011〕第613号）。

（3）GB 50500—2013《建设工程工程量清单计价规范》。

（4）招标文件、图纸、答疑及其他视为招标文件组成部分的文件、资料、联系函等。

（5）与项目建设有关的主要工程地质、技术经济指标信息，包括投资、用地、规模、设计方案等相关技术经济资料文件等。

四、任务实施方法

（1）归纳法。归纳法是指通过对实践活动中的具体情况进行归纳与分析，使之系统化、理论化，并上升为经验的一种方法。投标人根据其以往项目的投标经验，总结归纳出招标文件的研读重点，为投标文件的编制奠定基础；根据以往项目的施工经验，明确现场踏勘的重点信息，如主要观察施工现场的地理、地貌、地形等。

（2）文本分析法。文本分析法是指投标人利用经验总结法找到招标文件的主要条款规定后，结合法律法规和标准规范的规定，对其具体内容进行分析，为报价策略的选择提供依据的一种方法。

（3）实地考察法。实地考察法是指通过参加招标人组织的项目踏勘，对施工项目的现场实际情况进行考察。为投标文件的编制奠定基础的一种方法。

五、任务实施内容

投标文件编制前的准备工作做得好坏，质量高低，对能否中标影响极大。结合案例某住宅楼项目，完成以下任务：

（一）编写项目招标文件分析报告

投标人在获取招标文件后，应认真熟悉、研读，通过以下几方面的阅读分析，编写一份项目招标文件分析报告。

1. 投标人须知

投标人须知反映了招标人对投标的要求，特别要注意项目的资金来源、投标书的编制和递交、投标保证金、更改或备选方案、评标方法等，重点在于防止废标。

2. 合同分析

（1）合同背景分析。投标人有必要了解与自己承包的工程内容有关的合同背景，了解监理方式，了解合同的法律依据，为报价和合同实施及索赔提供依据。

（2）合同形式分析。主要分析：承包方式，如分项承包、施工承包、设计与施工总承包和管理承包等；计价方式，如固定合同价格、可调合同价格和成本加酬金确定的合同价格等。

(3) 合同条款分析，主要包括：

1) 承包商的任务、工作范围和责任。

2) 工程变更及相应的合同价款调整。

3) 付款方式、时间。应注意合同条款中关于工程预付款、材料预付款的规定。根据这些规定和预计的施工进度计划，计算出占用资金的数额和时间，从而计算出需要支付的利息数额并计入投标报价。

4) 施工工期。合同条款中关于合同工期、竣工日期、部分工程分期交付工期等规定，这是投标人制定施工进度计划的依据，也是报价的重要依据。要注意合同条款中有无工期奖罚的规定，尽可能做到在工期符合要求的前提下报价有竞争力，或在报价合理的前提下工期有竞争力。

5) 业主责任。投标人所制定的施工进度计划和做出的报价，都是以业主履行责任为前提的。所以应注意合同条款中关于业主责任措辞的严密性，以及关于索赔的有关规定。

结合案例某住宅楼项目招标文件中的合同条款的相关规定（教师也可以指定 GF—2017—0201《建设工程施工合同（示范文本）》中的部分通用合同条款），参照表 4-2，从风险分配的角度对合同条款内容进行分析。

表 4-2　合同分析表

序号	合同条款编号	合同条款内容	合同条款内容分析	建议或对策
1	3.1　工程范围	工程范围包括清单中所列出的工程，及承包人可合理推知需要提供的为本工程服务所需的一切辅助工程	工程范围不清楚，发包人可以随便扩大工程范围，增加新的项目	1. 限定工程范围仅为工程量清单中所列出的工程 2. 增加对新增工程可重新约定价格的条款
…	……	……	……	……

3. 技术标准和要求分析

工程技术标准是按工程类型来描述工程技术和工艺内容特点，对设备、材料、施工和安装方法等所规定的技术要求，有的是对工程质量进行检验、试验和验收所规定的方法和要求。它们与工程量清单中各子项工作密不可分，报价人员应在准确理解招标人要求的基础上对有关工程内容进行报价。任何忽视技术标准的报价都是不完整、不可靠的，有时可能导致工程承包重大失误和亏损。

4. 图纸分析

图纸是确定工程范围、内容和技术要求的重要文件，也是投标者确定施工方法等施工计划的主要依据。

图纸的详细程度取决于招标人提供的施工图设计所达到的深度和所采用的合同形式。详细的设计图可使投标人比较准确地估价，而不够详细的设计图则需要估价人员采用综合估价方法，其结果一般不够精确。

5. 评标办法

应当注意项目采用的是综合评分法还是经评审的最低价法。对于经评审的最低价法要注意量化因素的折算标准；对于综合评估法要注意商务标（投标报价文件）和技术标（施工组织设计）各因素的分值比例。

通过研究上述招标文件，可以发现其中表达不清、相互矛盾之处以及明显错误，在踏勘现场时进行调查，对仍存在的疑问，可以在标前会议上或投标前规定的时间内以书面形式向招标人提出质疑。

（二）编写现场踏勘情况表

假设案例某住宅楼项目的建设地点在你所在地（教师可指定所在地的某一具体区域），请依据当地的实际情况，编制现场踏勘情况表，表格格式可参照表 4-3。

表 4-3 现场踏勘情况表

<table>
<tr><td>项目名称</td><td colspan="4"></td></tr>
<tr><td>项目类型</td><td colspan="2"></td><td>规划期限</td><td></td></tr>
<tr><td>权属情况</td><td colspan="2"></td><td>用地性质</td><td></td></tr>
<tr><td>项目地理位置</td><td colspan="4"></td></tr>
<tr><td>踏勘人员</td><td colspan="4"></td></tr>
<tr><td>踏勘时间</td><td colspan="4"></td></tr>
<tr><td rowspan="14">项目现场现状</td><td rowspan="4">地面条件</td><td>地质情况</td><td colspan="2"></td></tr>
<tr><td>地面情况</td><td colspan="2"></td></tr>
<tr><td>地下状况</td><td colspan="2"></td></tr>
<tr><td>土地完整性</td><td colspan="2"></td></tr>
<tr><td rowspan="5">周边环境</td><td>交通</td><td colspan="2"></td></tr>
<tr><td>周边景观</td><td colspan="2"></td></tr>
<tr><td>空气</td><td colspan="2"></td></tr>
<tr><td>污染状况</td><td colspan="2"></td></tr>
<tr><td>危险源</td><td colspan="2"></td></tr>
<tr><td rowspan="5">市政配套</td><td>供水供气</td><td colspan="2"></td></tr>
<tr><td>热力</td><td colspan="2"></td></tr>
<tr><td>电力</td><td colspan="2"></td></tr>
<tr><td>通信</td><td colspan="2"></td></tr>
<tr><td>排污</td><td colspan="2"></td></tr>
<tr><td>现场勘查意见汇总</td><td colspan="4"></td></tr>
</table>

投标人应选派拟参加本项目投标的工程技术人员和报价人员进行现场踏勘，并预先详细阅读图纸，拟订好现场考察的提纲和疑点，设计好现场调查表格，做到有准备、有计划地进行现场考察。记录有关地貌、气象、工程施工条件、经济条件及工程所在地有关健康、安全、环保和治安的情况，主要包括以下几方面：

1. 自然地理条件

自然地理条件是指：工程所在地的地理位置、地形、地貌、用地范围等；气象、水文情况，包括气温、湿度、降雨量等；地质情况，包括地质构造及特征、承载能力等；地震、洪水及其他自然灾害情况。

2. 施工条件

施工条件是指：工程现场周围的道路、进出场条件、交通限制情况；工程现场施工临时设施、大型施工机具、材料堆放场地安排情况；工程现场邻近建筑物与招标工程的间距、结构形式、基础埋深、新旧程度、高度；市政给水排水管线位置、管径、压力，废水、污水处理方式，市政、消防供水管道管径、压力、位置等；现场供电方式、方位、距离、电压等；工程现场通信线路的连接和铺设；当地政府有关部门对施工现场管理的一般要求、特殊要求及规定等。

3. 其他条件

其他条件主要包括各种构件、半成品及商品混凝土的供应能力和价格，以及现场附近的生活设施、治安情况等。

(三) 复核工程量

根据 GB 50500—2013《建设工程工程量清单计价规范》，结合招标文件、设计文件、图纸等资料，对某住宅楼项目的工程量清单进行复核。

复核工程量的准确程度，将影响承包商的经营行为：一是根据复核后的工程量与招标文件提供的工程量之间的差距，而考虑相应的投标策略，决定报价尺度；二是根据工程量的大小采取合适的施工方法，选择适用、经济的施工机具设备、投入使用的劳动力数量等，从而影响到投标人的询价过程。复核工程量，主要从以下方面进行：

(1) 认真根据招标文件、设计文件、图纸等资料，认真复核工程量清单，要避免漏算或重算。

(2) 在复核工程量的过程中，针对工程量清单中工程量的遗漏或错误，不可以擅自修改工程量清单，而应向招标人提出，由招标人审查后统一修改，并把修改情况通知所有投标人；或运用一些报价的策略提高报价质量，以增加项目收益。

(3) 在核算完全部工程量清单中的细目后，投标人应按大项分类汇总主要工程总量，以便获得对整个工程施工规模的整体概念，并据此研究采用合适的施工方法、适当的施工设备，并准确地确定订货及采购物资的数量，防止由于超量或少购等带来的浪费、积压或停工待料。

任务二　投标报价询价单的编制

一、任务要求

本任务是完成投标报价询价资料汇总表的编制工作。为获得准确的价格信息，以便在报价过程中对工程材料、设备等要素及时、正确地报价，保证准确控制投资额、节省投资、降低成本，在估价前必须通过各种渠道，采用各种方式对所需的人工、材料、施工机械等要素进行系统调查，掌握各要素的价格、质量、供应时间、供应数量等数据，这个过程称为询价。

要求学生结合案例中某住宅楼项目（或学生自行搜寻或教师提供其他施工项目），针对施工项目的主要材料、设备、分包（劳务分包）工程进行询价，并将询价结果汇总整理，提交一份主要材料、设备、分包（劳务分包）工程的询价分析表。

二、任务中的过关问题

过关问题1：询价是投标报价的基础，它为投标报价提供了可靠的依据。投标报价之前，投标人必须通过各种渠道对工程所需的各种材料、设备、劳务等的价格、质量、供应时间、供应数量、纳税情况等进行系统全面的调查。请讨论：投标人在进行询价时可采用的渠道有哪些？

过关问题2：材料价格对综合单价的形成有重要影响。在材料询价时，有些材料数量不多且能判定不是主材，为提高效率可直接估价，而有些材料则必须通过市场询价。试说明：材料询价应主要针对哪些材料？各项材料的询价应遵循什么顺序？材料询价时，应重点询问哪些信息？

过关问题3：为确定综合单价，投标人需要对施工机械设备进行询价。试说明：设备询价时需要确认哪些信息？对于一些无须自行购买的机械设备，可采用租赁的方式，设备租赁分为哪几种形式？不同租赁形式分别适用于哪些情况？在进行租赁询价时，应注意哪些信息？

过关问题4：在招标人允许的情况下，施工单位可将其所承包的施工项目的一部分劳务作业依法发包给具有相应资质的劳务分包单位完成，因此，为确定综合单价，投标人需要对劳务分包进行询价。试说明：劳务分包询价应询问哪些内容？

过关问题5：施工企业可通过对增值税专用发票的管理，尽可能多地获取满足税法要求的抵扣凭证来减少税负，因此，询价时应了解纳税人的类型。对于不同纳税身份的材料及设备供应商，应如何进行选择？

三、任务实施依据

（1）招标文件、招标工程量清单及其补充通知、答疑纪要。

（2）施工现场情况、工程特点及投标时拟定的施工组织设计或施工方案。

（3）与建设项目相关的标准、规范等技术资料。

（4）企业定额。缺少企业定额时，可参考国家或省级、行业建设主管部门颁发的计价定额。

（5）市场价格信息或工程造价管理机构发布的工程造价信息。

（6）其他相关的资料。

四、任务实施方法

1. 政府定期或不定期发布的信息价

对于材料价格，虽然政府不再做任何参与，但因建筑业在国民经济中占的比例特别大，政府造价管理部门还是会定期或不定期地发布信息价，用于指导企业快速计价。因此，投标人可以在这些价格信息上查阅所需的材料价格。但造价部门提供的信息价格一般为经过市场调查综合取定的综合价格，在使用时应充分注意价格的特征。

2. 已施工工程材料的购买价

在工程量清单计价的招投标中，招标人不指定价格来源的途径，但招标文件中指定一个或若干个材料的厂家或品牌，如某厂家或品牌的材料在已施工的工程中使用过，查阅相应的价格，并结合市场材料价格指数，可计算出当期的材料价格，用于投标报价。

3. 到厂家或供应商处上门询价

到厂家或供应商处上门询价是最直接的询价方式，使投标人能直接了解到厂家或供应商的材料报价和一次的供应量。在询价过程中可以与厂家或供应商面议，双方达成一致的材料报价，适用于数量较大或价格较高的材料，以及专项的建筑装饰材料，如钢筋、水泥、防护密闭门等。

4. 各种信息网站上发布的信息价

为了扩大销售渠道，大多数的厂家或供应商都会将材料的价格在自己的网站或建材网上发布，可通过网站查询的价格。由厂家提供的一般为出厂价，供货商或经销商提供的一般为销售价格（批发价），因此，在使用时要考虑，该价格是否包含运输到工地的运输费、材料采购保管费等费用。

5. 自行进行市场调查

自行进行市场调查适用于在政府指导价信息或信息网站查不到的材料厂家、品牌，厂商的产品由代理商代理的情况，这要求我们去材料市场了解各种材料的单价，进行资料积累。

五、任务实施内容

结合案例中某住宅楼项目（或学生自行搜寻或教师提供其他施工项目），完成以下工作，最终提交一份主要材料、设备、分包（劳务分包）工程的询价分析表。

（一）询价单的编制

在进行询价活动前通过以下工作，确定询价对象并编制询价单。

（1）熟悉设计图。熟悉图纸后能安排整个询价工作的先后顺序，弄清材料及设备参数。但看图纸并不需要和技术人员一样一张张地看，而是主要看以下内容：①设计及施工说明；②主要材料及设备表；③图纸上设备的详细参数；④配电箱的系统图；⑤相关部位的系统图。

（2）熟悉招标文件。招标文件中有许多信息对询价人员是非常重要的，如：①项目名称、规模及相关信息；②相关部门如业主、管理公司、设计单位、咨询公司的联系人和联系电话；③答疑及开标时间，知道这些时间，能使询价人员合理安排询价顺序，保证及时性；④在投标工程中材料设备方面需要提供的资料；⑤设备、材料的技术要求及品牌表。

（3）参加公司的招投标会议。在投标之前，公司一般会把相关人员组织起来，开招投标会议，营销人员会把项目的相关情况介绍给投标人员。在会上，询价人员必须注意以下信息：①投标安排；②预算人员分工；③本次报价品牌要求；④投标范围。

（二）组织询价

承包人为了使自己的投标报价计算比较合理，一般会对材料和设备的价格进行多次调查和询价。可以通过直接或间接的方式获取所需询价对象的已报价的询价单。例如：

（1）查阅当地的商情杂志和报刊。这种资料是公开发行的，有些可以从当地的政府专门机构（定额站）或者商会获得。

（2）向当地的同行或代理商调查了解。这种调查要特别注意同行们在竞争意识作用下的误导，因此，最好是通过当地的代理商询价。

（3）向材料、设备的制造商或其当地代理商直接询价。

（三）询价单的审核

承包商收到所有回复的询价单后，必须对其进行详细的审查以证实其符合询价单的要求。虽然承包商给予供应商和分包商精确的信息，但还是经常发现提交的报价单不符合要求。无论如何，承包商必须确保所有报价各项分计、合计与总计的正确性，杜绝标价错误。

（四）询价分析表的编制

将审核之后的询价单整理汇总，参照表4-4～表4-6完成主要材料、设备、分包（劳务分包）工程的询价分析表的编制，以供报价阶段使用。

表4-4 材料询价分析表

××建筑有限公司　　工程：×××

分类码	类别	品种	近似量	单位	供应商1报价/元	供应商2报价/元	供应商3报价/元	供应商4报价/元	单价/元	备注
M01	骨料	碎石垫层	12000	t	7.00	7.15	7.00		7.00	
M02	骨料	1类底基层	16000	t	6.75	9.05	8.90		6.75	
	比较总额				192000	230600	226400			
M03	混凝土	C20	250	m^3	45.25	48.50	47.25		45.25	更换水泥
M04	混凝土	C30	300	m^3	52.60	55.20	55.35		52.60	更换水泥
	比较总额				27092	28685	28417			

表4-5 设备询价分析表

××建筑有限公司　　工程：×××

分类码	设备项目	单位	基本租赁单价/元	操作工费/元	燃料费/元	维修费/元	运输和汇集/元	总计/元	单价/元	备注
	××公司									
	JCB3CX挖掘装载机	h	5.00	8.00	1.50	1.50		16.00	16.00	
	20t反铲挖土机	h	7.50	8.00	3.00	2.00		20.50	20.50	
	叉车	周	180.00	—	30.00	15.00		225.00	225.00	
	××公司									
	JCB3CX挖掘装载机	h	11.50	—	1.50	1.50		14.5	14.5	不包括燃料费
	20t反铲挖土机	h	16.50	—	3.00	2.00		21.5	21.5	不包括燃料费
	叉车	周								无法计算

表 4-6　分包询价分析表（劳务分包）

××建筑有限公司　　　　　　　　　　　　　　　　　　　　　　　　　　　　工程：×××

序号	类别	工作内容	计量单位	分包商 1 报价/元	分包商 2 报价/元	分包商 3 报价/元	平均单价/元	备注
1	钢筋工	仅工	吨	600	730			
2	木工	仅工	m^2	58	55			
3	架子工	仅工	m^2	8	20			
4	砌筑工	仅工	m^2	180	200			

任务三　施工项目分部分项工程综合单价的确定

一、任务要求

已标价工程量清单是投标报价文件的重要组成部分，一般包括：工程量清单总价表；分部分项工程量清单与计价表；综合单价分析表；措施项目清单与计价表；其他项目清单与计价汇总表；规费、税金项目计价表。其中，措施项目中总价措施项目按相关规定费率计取；其他项目中的暂估价及暂列金额由招标人提供，计日工和总承包服务费由投标人自行报价；规费和税金按相关规定计取。总价措施项目、其他项目、规费及税金的费用计算方法及过程与招标控制相同，本任务不再赘述，详细计算参考项目二自行完成。

本任务是完成案例中某住宅楼项目分部分项工程综合单价的确定（措施项目中单价措施项目的综合单价的组价与分部分项工程的相同，本任务以分部分项工程综合单价的确定为例）。结合案例中某住宅楼项目招标文件中的工程量清单、设计说明及施工图等工程资料（案例也可以由教师指定），根据任务二中所获取的询价结果以及收集到的相关造价信息，确定施工项目分部分项工程的综合单价（不考虑报价策略）。最终提交成果文件如下：

（1）分部分项工程综合单价分析表。

（2）分部分项工程量清单与计价表。

（3）措施项目清单与计价表。

（4）其他项目清单与计价汇总表。

（5）规费、税金项目计价表。

（6）工程量清单总价表。

二、任务中的过关问题

过关问题 1：由项目二可知，招标控制价的编制依据采用行业和地区的计价定额，反映价格的社会平均水平，而投标报价中的工程成本估算则体现企业的竞争能力，需要依据企业定额和市场询价来确定。试简要说明企业定额的主要组成部分及其各组成部分之间的关系，并结合已有知识，讨论企业定额与国家现行定额的区别。

过关问题2：与其他定额相比，企业定额更能体现自己企业施工管理的特点，提高企业竞争力。然而，并非所有企业都有企业定额。试说明施工企业在估算工程成本时，若没有企业定额应如何处理。

过关问题3：某公司决定参加某住宅楼中羽毛球馆项目的投标。该楼建筑面积为26900m²；主体建筑地上3层，看台2层，局部设备用房4层，地下2层；层高平均为5m；施工工期724日历天。结构工程采用满堂基础，主体为框架剪力墙，钢屋架，陶粒混凝土砌块及加气混凝土砌块填充墙，外墙装修采用烧毛花岗岩板、仿石涂料、玻璃幕墙及铝塑板，内装修为乳胶漆涂料、吸音铝板及釉面砖，铝合金门窗、木质防火门。

以独立基础为例，计算分部分项工程费。其中分部分项工程量清单基价表、某地区建设工程预算定额及资源价格表见表4-7~表4-9。分部分项工程费应按招标文件中分部分项工程量清单项目的特征描述确定的综合单价来计算，分部分项工程费=清单工程量×综合单价。因此确定综合单价是分部分项工程工程量清单与计价表编制过程中最主要的内容。分部分项工程量清单综合单价，包括完成单位分部分项工程所需的人工费、材料费、机械使用费、管理费、利润，并考虑风险费用的分摊（根据某地区建设工程预算定额对混凝土基础计算的规定，算得独立基础垫层定额工程量为57.58m³。现场经费费率为4.11%，企业管理费费率为4.77%，风险费用按3%确定）。

表4-7 分部分项工程量清单计价表

工程名称：某住宅楼中的羽毛球馆建筑工程（部分） 第1页，共1页

序号	项目编码	项目名称	项目特征描述	计量单位	工程数量	金额/元		
						综合单价	合价	其中：暂估价
1	010101003001	挖基础土方	1. 土壤类别：二类土 2. 垫层底宽：1.50m 3. 挖土深度：2.3m 4. 弃土运距4km	m³	50123.200			
2	010501003001	独立基础	1. 垫层：C15混凝土100mm厚 2. 混凝土强度等级：C25	m³	184.700			
3	010103001001	土方回填	1. 土壤类别：二类土 2. 密实度：95% 3. 人工夯填	m³	304.200			
4	010503002001	二层矩形梁	混凝土强度等级：C30	m³	496.300			

表4-8 某地区建设工程预算定额（部分） （单位：m³）

定额编号			5-2	5-8
项目		单位	基础垫层	独立基础
人工	综合工日	工日	1.307	0.537
材料	C15普通混凝土	m³	1.015	1.015
	C25普通混凝土	m³	1.015	1.015
机械	机械费	元	1.957	0.536

表 4-9　某地区资源价格表

序号	资源名称	单位	价格/元
1	综合工日(独立基础)	工日	50
2	C15 普通混凝土	m^3	320
3	C25 普通混凝土	m^3	370
4	综合工日(模板)	工日	55
5	机械费(基础)	m^3	0.43

过关问题 4：某宿舍楼工程总建筑面积 6056.31m^2，建筑檐高为 20m。地下 0 层，地上 5 层，共有宿舍 144 间。首层层高为 3.8m，标准层层高为 3.6m。设计使用年限为 50 年，建筑结构安全等级为二级，抗震设防烈度为 8 度，属于三类工程。该工程为钢筋混凝土剪力墙结构。

该工程采用钻孔灌注桩，桩径 D=600mm，有效桩长 25m，总桩长 25.15m。混凝土强度及类型：垫层采用预拌混凝土 C20；桩承台采用预拌混凝土 C35；柱、墙、梁、板、楼梯采用预拌混凝土 C30；构造柱及混凝土带采用预拌混凝土 C20（与土壤直接接触，±0.000 以下与土壤接触构件抗渗等级 P8）。

该工程墙体采用钢筋混凝土剪力墙与非承重墙相结合的结构和构造形式。地上非承重墙采用 200mm 厚与 300mm 厚轻骨料混凝土空心砌块、100mm 厚矿渣空心混凝土砌块（砌块强度等级为 MU2.5）。外墙外保温采用 70mm 厚聚苯保温板。外窗采用塑钢平开窗，透明中空玻璃；宿舍门采用成品木门；公共房间及办公室门为高成品木门；部分门采用甲、乙、丙级防火门。

该工程总造价为 13651799 元，单方造价是 2254.14 元/m^2，其中建筑工程的单方造价是 1547.77 元/m^2。请根据以上案例信息，自行查找类似工程项目，填写表格 4-10，并对所查找工程与案例工程项目的建筑工程造价指标进行比较分析。

表 4-10　某宿舍楼工程与类似工程单方造价对比表

名称	单方造价/(元/m^2)				
	土石方工程	桩基工程	砌筑工程	混凝土及钢筋混凝土工程	门窗工程
类似工程					
某住宅楼	965866.8	1688815.18	560171.1	3850573.95	963108.59
差价					

三、任务实施依据

(1) GB 50500—2013《建设工程工程量清单计价规范》。

(2) 企业定额。在没有企业定额情况下参考国家或省级、行业建设主管部门颁发的计价定额和计价办法。

(3) 投标文件、招标工程量清单及其补充通知、答疑纪要。

(4) 拟投标项目的项目信息（比如建设工程设计文件及相关资料、施工现场情况、工程特点等）。

(5) 投标单位拟定的施工组织设计或施工方案。

（6）投标单位自身的经济条件、询价信息、市场价格信息或工程造价管理机构发布的工程造价信息。

（7）招标控制价。

四、任务实施方法

工程量清单计价一般采用综合单价，在一定风险范围内综合单价往往是不允许调整的。综合单价的组价过程如下：

定额单价中的人工费＝人工消耗量×人工的市场价

定额单价中的材料费＝各种材料消耗量×材料的市场价

定额单价中的机械费＝各种机械消耗量×机械的市场价

管理费费率和利润率，由投标人根据自身的技术、财务、管理与设备能力自主确定。

$$清单项目综合单价=\frac{\sum(该清单项目所包含的定额子目工程量\times定额综合单价)}{该清单项目工程量}$$

五、任务实施内容

结合案例中某住宅楼项目，完成分部分项工程综合单价分析表及分部分项工程量清单与计价表的填写。

（一）填写分部分项工程综合单价分析表

根据 GB 50500—2013《建设工程工程量清单计价规范》的术语解释，综合单价指完成一个规定清单项目所需的人工费、材料和工程设备费、施工机具使用费和企业管理费、利润，以及一定范围内的风险的费用。依据招标文件中的工程量清单，以及询价、企业定额等造价信息，完成分部分项工程综合单价分析表，表格格式参照表 4-11。

表 4-11　分部分项工程综合单价分析表

序号	编号	项目名称	单位	数量	综合单价/元					
					人工费	材料费	机械费	管理费	利润	小计

1. 人、材、机价格的确定

人、材、机的市场价格可从多渠道获取，但是最直接、最快捷、最准确的还是本企业材料供应部门所掌握的信息。由于建筑材料市场价格变化快，而且即使是同一种建筑材料，在同一供货时期，如果是不同的进货渠道、不同的供应方式、不同的付款方式其价格也不会相同。因此人、材、机的价格，应根据本项目中任务二所编制的主要材料、设备、分包（劳务分包）工程询价分析表和市场行情综合分析和调整后确定。

2. 管理费的计取

管理费是指承包人为组织和管理施工生产及正常运营所发生的各项费用，管理费是工程成本的重要组成部分。在工程量清单计价模式下，管理费应包括在清单的综合单价中，管理费的计价一般以基数乘以费率的形式摊入分部分项单价和措施项目费中。

不同地区对管理费的取费基数和比率有不同要求，实际操作中要根据地方规定进行计算。通常是按清单项目的人工费或人工费+机械费或人工费+材料费+机械费乘以规定的比率得出，比率应结合企业的具体情况参考当地的费用定额标准合理确定。

3. 风险和利润的计算

对于风险费，通常的做法是按照商定下来的一个直接成本的百分数，计算出一笔总金额，作为风险补偿费用。然后把这笔补偿费加入到利润中去，或者作为一项单独费用计算。

招标文件中的合同条款涉及一部分招投标双方的风险责任分配，通过对招标文件中合同条款的研读、分析，识别出的要求投标人承担的风险费用，投标人应考虑计入综合单价。在施工过程中，当出现的风险内容及其范围（幅度）在招标文件规定的范围（幅度）内时，综合单价不得变动，合同价款不做调整。

投标报价时，承包人应根据市场竞争情况确定在该工程上的利润率。在工程人工费、材料费、施工机具使用费与施工管理费一定的情况下，报价的高低主要决定于所确定的利润的高低。利润高，报价高，中标的可能性低；利润低，报价低，中标的可能性高。企业经营的目标是获取利润，因此，在报价中不能盲目地压低报价，应当确定一个利润率的最低限额。然后根据竞争情况、招标人的类型及承包人对工程项目的期望程度，确定一个不低于最低限额的合适的利润率。

（二）填写分部分项工程量清单与计价表

根据编制完成的分部分项工程综合单价分析表，编制分部分项工程量清单与计价表，表格格式参照表4-12。

表4-12 分部分项工程量清单与计价表

编号	项目名称	项目特征	计量单位	工程数量	金额/元	
					综合单价	合价

（三）分部分项工程造价指标对比分析

工程技术经济指标是建筑企业对各种设备、物资、资源利用状况及其结果的度量标准，反映了生产经营活动的技术水平、管理水平和经济成果。请自行寻找一个类似项目，与案例中某住宅楼项目计算所得的分部分项工程造价指标进行对比分析，并完成表4-13。

表4-13 分部分项工程造价指标对比分析表

名称		总造价/元		占总造价比例(%)		单方造价/(元/m^2)		
		本项目	类似项目	本项目	类似项目	本项目	类似项目	差价
分部分项工程	土石方工程							
	桩基工程							
	砌筑工程							
	混凝土工程							
	门窗工程							
	屋面及防水工程							
	保温、隔热、防腐工程							

（四）基于工程量清单的投标报价汇总

投标报价清单包括：分部分项工程量清单与计价表、综合单价分析表、措施项目清单与计价表、其他项目清单与计价汇总表和规费、税金项目清单与计价表。工程项目投标报价汇总流程如图 4-1 所示。

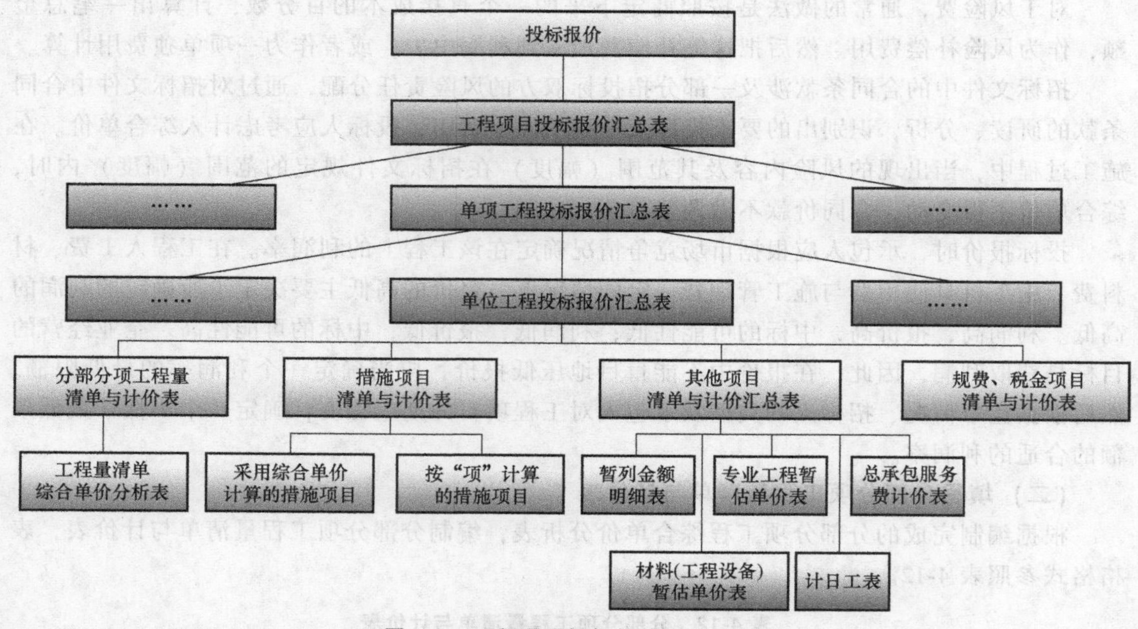

图 4-1 工程项目投标报价汇总流程

请参考项目二的相关计价内容，完成措施项目清单与计价表，其他项目清单与计价汇总表，规费、税金项目计价表。在此基础上，根据投标报价汇总流程编制工程项目总价汇总表，表格格式可参照表 4-14。

表 4-14 工程项目总价汇总表

序号	项目名称	金额/元	其中：材料设备暂估价/元
1	分部分项工程费		
1.1	……		
…	……		
2	措施项目费		
	其中：安全文明施工费		
3	其他项目费		
3.1	暂列金额		
3.2	计日工		
3.3	总承包服务费		
4	规费		
5	不含税建安工程造价		
6	税金(增值税)		
7	含税建安工程造价		

任务四 投标报价策略的选择

一、任务要求

在投标报价过程中投标人除了靠企业自身实力外，还应采用正确的投标报价策略以增强竞争力和提高中标率，达到合理（最优）低价中标的目的。但是依据招标项目的不同特点，采用不同的投标报价策略可能会使得最终报价不同，并且对合同价款的支付产生重要的影响。

依据所收集的项目资料及过关问题的讨论结果，结合具体案例进行投标报价策略的分析与选择，最终提交一份投标报价策略分析报告。

二、任务中的过关问题

过关问题1：投标报价策略是承包人在投标竞争中的系统工作部署及其参与投标竞争的方式和手段。常用的投标报价策略主要有：不平衡报价、根据招标项目的不同特点采用不同报价、多方案报价、增加建议方案报价、突然降价报价、开标升级报价、许诺优惠条件、无利润投标法等。请查阅有关资料，讨论各投标报价策略的适用条件。

过关问题2：不平衡报价策略就是在报价时，在总标价不变的前提下，将工程量清单中的某些综合单价调整得略高于正常水平，另一些综合单价调得略低于正常水平，争取在施工结算时做到“早收钱，多收钱”，尽量创造最佳经济效益。承包商对综合单价进行不平衡报价时，应合理分析，并遵循一定原则，试讨论综合单价在何种情况下可以报低、何种情况下可以报高。

过关问题3：2012年7月2日，某工程建设公司承包建设某煤气化公司位于××省某化工园区的原料结构调整项目的气化、渣水装置主体土建工程，双方签订工程施工合同，并约定采用固定总价方式确定工程价款，投标人在施工图范围内总价包干，除招标人已定的暂估价材料价差、调整工程量（设计变更、包括正式施工图与招标图的差异、技术核定、现场签证）可调整之外，其他不再调整。后煤气化公司在主合同约定的工程范围内又增加了一些零星施工项目，对于该部分工程的工程款双方发生了争议。该公司要求就增加的零星项目按照施工合同的投标报价进行计价，煤气化公司抗辩主张若将零星施工项目任务委托视为施工合同的一部分，零星施工的防腐工程按照投标报价计价的话，主合同中的投标报价存在显失公平情形，应当予以撤销或者防腐工程单价按2015年《××省建设工程工程量清单计价定额》计算费用。某工程建设公司与煤气化公司因建设工程施工合同纠纷告上法庭。试讨论被告煤气化公司的抗辩是否应予以支持，并简述原因。

过关问题4：某承包商通过资格预审后，对招标文件进行分析，发现业主所提出的工期要求较为苛刻，且合同条款中规定每拖延1天工期罚合同价的1%，若要保证实现该工期要求，必须采取特殊措施，从而增加成本；还发现原设计结构方案采用框架剪力墙体系过于保守。因此，该承包商在投标文件中说明业主的工期难以实现，在工期方面按自己认为的合理工期（增加8个月）编制施工进度计划并据此报价；还建议将框架剪力墙体系改为框架体系，并对这两种体系进行技术经济分析和比较，证明框架体系不仅能保证工程结构的可靠性和安全性、增加使用面积、提高空间利用灵活性，而且可以降低造价约3%。该承包商将技术标和商务标分别封装，在封口处加盖本单位公章和法定代表人签字后，在投标截止日前1天上午将投标文件报送业主。次日（即投标截止日当天）下午，在规定的开标时间前1小时，该承包商又递交一份补充文件，其中声明将原报价降低4%。试分析该承包商运用了哪几种报价技巧，并讨论各报价策略运用是否得当。

三、任务实施依据

（1）GB 50500—2013《建设工程工程量清单计价规范》。

（2）GF—2017—0201《建设工程施工合同（示范文本）》。

（3）招标文件提供的工程量清单、招标控制价、招标文件中关于报价的相关要求等。

（4）招标文件中规定的评标办法。

（5）投标单位自身的经济和技术条件，企业定额、行业定额。

（6）投标单位的施工组织设计。

四、任务实施方法

投标报价策略是投标人经过慎重研究，就计算的标价结果和标价的静态、动态风险进行分析讨论、做出调整计算标价，即提出更有竞争力的投标报价的最后决定。其决策的正确与否将对投标企业能否中标及中标后实施工程的盈亏起着决定性作用。常用的投标策略主要有：不平衡报价法、多方案报价法、突然降价法、许诺优惠条件、无利润投标法等。

1. 不平衡报价法

不平衡报价法是指一个工程项目的投标报价，在总价基本确定后，调整内部各个项目的报价，以期既不提高总价，不影响中标，又能在结算时得到更理想的经济效益。

SEDA（Seek-Evaluate-Design-Analyze，SEDA）模型：SEDA模型是使承包商能够进行不平衡报价的一种合乎逻辑的工作方法。第1步机会点识别（Seek），寻求承包商可以利用的点，即承包商依据什么实现不平衡报价；第2步机会点评价（Evaluate），即判断机会点的风险应由谁承担，仅发包人承担的风险才是承包人可利用的机会点；第3步不平衡报价方案设计（Design），即利用机会点预先埋伏高单价或/和低单价；第4步实现机理分析（Analyze），即对整个报价过程、报价方案的风险以及预期的收益情况进行分析。该模型的关键在于识别施工过程中可能发生的状态变化。

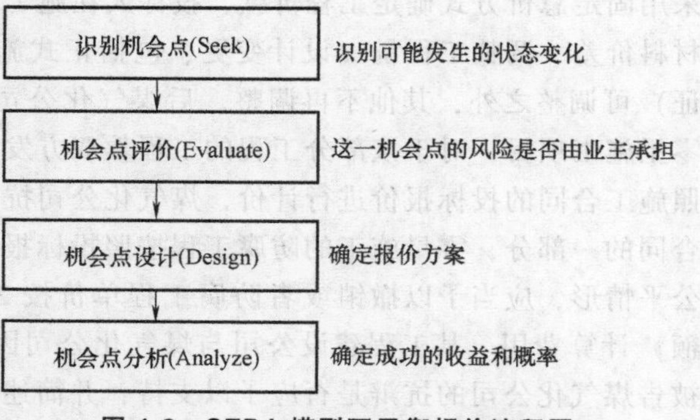

图4-2 SEDA模型不平衡报价流程图

承包人运用SEDA模型进行不平衡报价的路径、程序，如图4-2所示。

2. 多方案报价法

有时招标文件中规定，可以提一个建议方案。如果发现有些招标文件工程范围不很明确，条款不清楚或很不公正，技术规范要求过于苛刻时，则要在充分估计风险的基础上，按多方案报价法处理。即是按原招标文件报一个价，然后再提出如果某条款做某些变动，报价可降低的额度。这样可以降低总造价，吸引招标人。

投标人这时应组织一批有经验的设计和施工工程师，对原招标文件的设计方案仔细研究，提出更合理的方案以吸引招标人，促成自己的方案中标。这种新的建议可以降低总造价或提前竣工。但要注意的是对原招标方案一定也要报价，以供招标人比较。

增加建议方案时，不要将方案写得太具体，保留方案的技术关键，防止招标人将此方案交给其他投标人，同时要强调的是，建议方案一定要比较成熟，或过去有这方面的实践经验。因为投标时间往往较短，如果仅为中标而匆忙提出一些没有把握的建议方案，可能引起很大的不良后果。

3. 突然降价法

报价是一件保密的工作，但是对手往往会通过各种渠道、手段来刺探情报，因此，用此法可以在报价时迷惑竞争对手。即先按一般情况报价或表现出自己对该工程兴趣不大，到快要投标截至时才突然降价。采用这种方法时，一定要在准备投标报价的过程中考虑好降价的幅度，在临近投标截止日期前，根据信息情况分析判断，再做最后决策。采用突然降价法往往降低的是总价，而要把降低的部分分摊到各清单项内，可采用不平衡报价法进行，以期取得更高的效益。

4. 许诺优惠条件

投标报价附带优惠条件是行之有效的一种手段。招标人评标时，除了主要考虑报价和技术方案外，还要分析其他条件，如工期、支付条件等。所以在投标时主动提出提前竣工、低息贷款、赠给施工设备、免费转让新技术或某种技术专利、免费技术协作、代为培训人员等，均是吸引招标人、利于中标的辅助手段。

5. 无利润投标法

无利润投标法有以下几种适用情况：

(1) 对于分期建设的项目，先以低价获得首期项目，而后赢得机会创造第二期工程中的竞争优势，并在以后的实施中赚得利润。

(2) 某些施工企业其投标的目的不在于从当前的工程上获利，而是着眼于长远的发展。如为了开辟市场、掌握某种有发展前途的工程施工技术等。韩国 LG 电梯为了进入大连市场，在大连广电中心的电梯投标报价中，赠送建设单位四部电梯，可以说是“零报价”。

(3) 在一定的时期内，施工单位没有在建的工程，如果再不得标，就难以维护生存。所以，在报价中可能只要一定的管理费用，以维持公司的日常运转，渡过暂时的难关后，再图发展。

五、任务实施内容

【事件一】

某施工项目的招标文件中规定：当招标时的工程量与实际发生的工程量不一致时，工程量以实际发生的并经审计部门审定后的数量结算，工程量变化不影响综合单价的执行。合同约定的对单价变更的处理原则：新增项目的单价可采用投标文件的清单中的相同或类似的项目单价，并在合同中约定招标文件为合同组成文件。承包人在投标阶段预测到施工过程中需要借用临近道路的绿化带进行通行，需要对绿化带用 40cm 厚的 C30 商品混凝土进行基层补强的情况出现，由此可能会增加大约3950m^2 的40cm厚C30商品混凝土基层。该新增项目的项目特征与工程内容与投标文件某项清单项目一致。

【事件二】

投标人通过分析招标文件发现合同中明确规定玻璃幕墙应选用线镀膜双钢夹胶玻璃，并约定当线镀膜双钢夹胶玻璃单价变化幅度超过5%时（以当地造价主管部门公布的市场信息价为准），按实调整。在进行投标报价时线镀膜双钢夹胶玻璃市场价为420元/m^2，承包人凭借多年经验预计该材料未来1个月之内价格应会上涨到435元/m^2。

【事件三】

投标人在复核工程量时发现带形基础的工程量出现错误，带形基础的实际工程量比清单工程量大，表4-15为带形基础工程量清单与计价表，表4-16为带形基础综合单价分析表。

表4-15 带形基础工程量清单与计价表

<table>
<tr><th rowspan="2">序号</th><th rowspan="2">项目编码</th><th rowspan="2">项目名称</th><th rowspan="2">项目特征描述</th><th rowspan="2">计量单位</th><th rowspan="2">工程量</th><th colspan="2">金额</th></tr>
<tr><th>综合单价/元</th><th>合价/元</th></tr>
<tr><td>4</td><td>010501002001</td><td>带形基础</td><td>C20</td><td>m²</td><td>307.2</td><td>277.35</td><td>85201.92</td></tr>
</table>

表4-16 带形基础综合单价分析表

<table>
<tr><td colspan="2">项目编码</td><td colspan="2">010501002001</td><td colspan="2">项目名称</td><td colspan="2">带形基础</td><td colspan="2">计量单位</td><td colspan="2">m²</td></tr>
<tr><td rowspan="2">定额编号</td><td rowspan="2">定额名称</td><td rowspan="2">定额单位</td><td rowspan="2">数量</td><td colspan="4">单价/元</td><td colspan="4">合价/元</td></tr>
<tr><td>人工费</td><td>材料费</td><td>机械费</td><td>管理费和利润</td><td>人工费</td><td>材料费</td><td>机械费</td><td>管理费和利润</td></tr>
<tr><td>5-394</td><td>带形基础</td><td>m²</td><td>1.00</td><td>33.46</td><td>192.41</td><td>11.10</td><td>40.38</td><td>33.46</td><td>192.41</td><td>11.10</td><td>40.38</td></tr>
<tr><td colspan="2">人工单价</td><td colspan="6">小计</td><td>33.46</td><td>192.41</td><td>11.10</td><td>40.38</td></tr>
<tr><td colspan="2">35元/工日</td><td colspan="6">未计价材料/元</td><td colspan="4"></td></tr>
<tr><td colspan="8">清单项目综合单价</td><td colspan="4">277.35</td></tr>
</table>

若投标报价时出现以上三个事件（教师可更换其他项目事件），投标人该如何选择报价策略才能在结算时实现创收？请参照表4-17中的内容，分别对以上三个事件进行分析，并提交一份投标报价策略分析报告。

表4-17 投标报价策略分析表

序号	重点方面	具体分析内容
1	项目简介	1. 项目名称 2. 项目承包范围 3. 投标初步报价 4. 预计施工成本 5. 合同及结算方式
2	图纸分析	1. 图纸不完善部位及程度分析 2. 可能进行设计变更的区域(部分)分析 3. 可能进行材料更换的区域(部分)分析 4. 布局可能进行调整，增加或取消(减少)工程量的区域(部分)分析

（续）

序号	重点方面	具体分析内容
3	工程量分析	1. 投标工程量错误项目 2. 互通（互换）材料项目工程量分析 3. 互通（互换）工艺项目工程量分析
4	合同分析	1. 支付条款分析 2. 结算条款分析 3. 增项、变更、签证条款分析
5	投标策略方案	依据上述项目分析，选择合适的投标报价策略，并详细描述其方案内容
6	风险分析	对所选的投标报价策略可能会引起的风险进行分析
7	未定项分析	

任务五　投标文件的递交

一、任务要求

本任务主要是完成投标文件中除技术标和已标价工程量以外的其他招标文件要求响应的文件、资料，进而完成投标文件的编制，并按照要求检查、递交投标文件，以防逾期送达、地点有误、缺少相关资料造成投标文件无效。

要求学生结合某住宅项目的案例（也可以自行搜寻其他案例），根据《中华人民共和国招标投标法》（2017年修）（主席令〔2017〕第八十六号）中对投标文件标准格式的要求编制一份完整的投标文件，其中投标文件一般包括下列内容：

（1）投标函及投标函附录。

（2）法定代表人资格证明书或授权委托书。

（3）联合体协议书（如有）。

（4）投标保证金。

（5）已标价工程量清单。

（6）施工组织设计。

（7）拟分包项目情况表。

（8）资格后审证明文件或资格预审更新资料。

二、任务中的过关问题

过关问题1：投标函及其附录是投标人按照招标文件的条件和要求，向招标人提交的有关投标报价、工期、质量目标等要约主要内容的函件，是投标人为响应招标文件相关要求所做的概括性核心函件，一般位于投标文件的首要部分。工程投标函及其附录包含哪些要素？应如何填写？

过关问题2：大型复杂项目中对资金和技术要求比较高，单靠一个投标人的力量不能顺利完成的，可以联合几家企业集中各自的优势以一个投标人的身份参加投标。如有联合体参与投标，应符合哪些要求？作为投标人，你所提交的联合体协议书应该包括哪些内容？

过关问题3：投标保函是投标人向银行申请开立的保证函，保证投标人在开标之前不得撤标、在中标后按照招标文件和投标文件与招标人签订合同。投标保函的金额及有效期如何规定？开标后投标保证金如何退还？

过关问题4：假如你是投标人，请你谈一谈投标文件递交时需注意的问题。哪些情形通常会被认为是废标？

三、任务实施依据

招标文件除了要响应投标文件的要求外，还应遵循国家法律法规及行业文件的相关规定，涉及的主要条款见表4-18。

表4-18 法律法规及行业文件的相关规定

层次	名称	文号	条款号	相关内容
法律	《中华人民共和国招标投标法》（2017年修）	主席令〔2017〕第八十六号	第二十七、二十八、二十九、三十三条	投标文件的内容要求与递交
行政法规	《中华人民共和国招标投标法实施条例》	国务院令〔2011〕第613号	第三十六条~第四十一条	投标文件的有效性及投标文件的递交
部门规章	《房屋建筑和市政基础设施工程施工招标投标管理办法》	原建设部令〔2001〕第89号	第三章投标	投标文件的内容与递交要求
	《工程建设项目施工招标投标办法》	国家七部委令〔2003〕第30号，国家九部委令〔2013〕第23号修改	第三十六~四十条、	投标文件的内容与递交要求
			第四十二~四十五条	联合体投标相关规定
地方性法规	项目所在地的相关招标投标管理办法			

四、任务实施方法

（1）查检表法：采用点检用表，其主要功用是为了确认作业的实施情形，以防止因遗漏或疏忽而造成缺失。它把重点工作或项目，按点列出，逐一检查并记录。

（2）资料整理法：对收集到资料及文件进行审查、检验，分类、汇总等初步加工，使之系统化和条理化。任务实施时将获得的企业关于某个建设项目的人力、物力、资源等的配置信息、报价信息等按照投标文件的格式和要求进行整理和装订。

五、任务实施内容

（一）投标文件的编制

结合某住宅楼项目的案例，按照招标文件中规定的格式要求，完成投标文件的编制。招标文件中规定的格式要求如下：

1. 投标函及其附录

投标函及其附录是指投标人按照招标文件的条件和要求，向招标人提交的以投标报价、工期、质量目标等要约为主要内容的函件，是投标人为响应招标文件相关要求所做的概括性核心函件，一般位于投标文件的首要部分，其内容、格式必须符合招标文件的规定。

投标函内容、格式需严格按照招标文件提供的统一格式编写，不得随意增减内容（图4-3）。

（一）投标函

(投标人名称)

1. 我方已仔细研究了__________（项目名称）标段施工招标文件的全部内容，愿意以人民币（大写）______元（¥______）的投标总价，工期______日历天，按合同约定实施和完成承包工程，修补工程中的任何缺陷，工程质量达到__________。

2. 我方同意在自规定的开标日起______天的投标有效期内严格遵守本投标文件的各项承诺。在此期限届满之前，本投标文件对我方具有约束力，且随时接受中标。我方在承诺的投标有效期内不修改、撤销投标文件。

3. 随同本投标函递交投标保证金一份，金额为人民币（大写）______元（¥______）。

4. 如我方中标：

（1）我方承诺在收到中标通知书后，在中标通知书规定的期限内与你方签订合同。

（2）随同本投标函递交的投标函附录属于合同文件的组成部分。

（3）我方承诺按照招标文件规定向你方递交履约担保。

（4）我方承诺在合同约定的期限内完成并移交全部合同工程。

5. 我方在此声明，所递交的投标文件及有关资料内容完整、真实和准确。且不存在法律法规限制投标的任何情形。

6. __________(其他补充说明)。

投标人：__________（盖单位章）

法人代表或委托代理人：__________（签字）

地址：__________

网址：__________

电话：__________

传真：__________

邮政编码：__________

____年____月____日

图4-3　投标函

投标函附录（表4-19）所约定的合同重点条款应包括工程缺陷责任期，承包人履约担保金额，发出开工通知期限，逾期竣工违约金，逾期竣工违约金最高限额，提前竣工的奖金，提前竣工的奖金限额，价格调整的差额计算，开工预付款，材料、设备预付款等对于合同执行中需投标人响应和引起重视的关键数据。

表 4-19 投标函附录

工程名称：（项目名称）标段

序号	条款内容	合同条款号	约定内容	备注
1	项目经理		姓名：____	
2	工期		____日历天	
3	工程缺陷责任期			
4	承包人履约担保金额			
5	分包		见分包项目情况表	
6	逾期竣工违约金		____元/天	
7	逾期竣工违约金最高限额			
8	提前竣工的奖金			
9	提前竣工的奖金限额			
10	价格调整的差额计算		见价格指数权重表	
11	开工预付款			
12	材料、设备预付款			
13	进度付款证书最低限额			
14	进度付款支付期限			
15	逾期付款违约金			
16	质量保证金百分比			
17	最终付款支付期限			
18	保修期			

投标文件签署人签名： 投标人：（盖章）

2. 法定代表人身份证明或其授权委托书

（1）法定代表人身份证明。投标文件中的法定代表人身份证明（图 4-4）一般应包括：投标人名称、单位性质、地址、成立时间、经营期限等投标人的一般资料，除此之外还应有法定代表人的姓名、性别、年龄、职务等有关法定代表人的相关信息和资料。法定代表人身份证明应加盖投标人的法人印章。

法定代表人身份证明

投标人名称：____________

单位性质：____________

地　　址：____________

成立时间：　　年　　月　　日

经营期限：____________

姓名：______ 性别：______ 年龄：______ 职务：______

系____________（投标人名称）的法定代表人。

特此证明。

图 4-4 法定代表人身份证明

(2) 授权委托书。授权委托书中应写明投标人名称、法定代表人姓名、代理人姓名、授权权限和期限等（图 4-5），授权委托书一般规定代理人不能再次委托，即代理人无转委托权。法定代表人应在授权委托书上亲笔签名。根据招标项目的特点和需要，也可以要求投标人对授权委托书进行公证。

授权委托书

本人________（姓名）系________（投标人名称）的法定代表人，现委托________（姓名）为我方代理人。代理人根据授权，以我方名义签署、澄清、说明、补正、递交、撤回、修改________（项目名称）________标段施工投标文件、签订合同和处理有关事宜，其法律后果由我方承担。

委托期限：________________

代理人无转委托权。

附：法定代表人身份证明

投　标　人：____________（盖单位章）
法定代表人：____________（签字或盖章）
身份证号码：____________
委托代理人：____________（签字或盖章）
身份证号码：____________
____年____月____日

图 4-5　授权委托书

3. 联合体协议书

凡联合体参与投标的，均应签署并提交联合体协议书。联合体协议书格式如图 4-6 所示。

投标文件需要提交联合体协议书时，须着重考虑：

(1) 采用资格预审，且接受联合体投标的招标项目，投标人应在资格预审申请文件中提交联合体协议书正本。

(2) 项目招标采用资格后审时，如接受联合体投标，则投标文件中应提交联合体协议书正本。

4. 投标保证金

以银行保函形式提交投标保证金时，银行保函应符合招标文件规定的格式，如图 4-7 所示。

5. 已标价工程量清单

投标人应该按照招标文件中提供工程量清单及其投标报价表格要求编制投标报价文件。

6. 施工组织设计

施工组织设计相关内容及成果详见项目三。

7. 其他投标文件

(1) 项目管理机构。工程招标项目还要求提供项目管理机构情况，包括投标企业为本项目设立的专门机构的形式、人员组成、职责分工，项目经理、项目负责人、技术负责人等主要人员的职务、职称、养老保险关系，以上人员所持职业（执业）资格证书名称、级别、专业、证号等（表 4-20）。

联合体协议书

______（所有成员单位名称）自愿组成______（联合体名称）联合体，共同参加______（项目名称）______标段施工投标。现就联合体投标事宜订立如下协议。

1. ______（某成员单位名称）为______（联合体名称）牵头人。

2. 联合体牵头人合法代表联合体各成员负责本招标项目投标文件编制和合同谈判活动，并代表联合体提交和接收相关的资料、信息及指示，并处理与之有关的一切事务，负责合同实施阶段的主办、组织和协调工作。

3. 联合体将严格按照招标文件的各项要求，递交投标文件，履行合同，并对外承担连带责任。

4. 联合体各成员单位内部的职责分工如下：______。

5. 本协议书自签署之日起生效，合同履行完毕后自动失效。

6. 本协议书一式____份，联合体成员和招标人各执一份。

注：本协议书由委托代理人签字的，应附法定代表人签字的授权委托书。

牵头人名称：______（盖单位章）
法定代表人或其委托代理人：______（签字）

成员一名称：______（盖单位章）
法定代表人或其委托代理人：______（签字）

成员二名称：______（盖单位章）
法定代表人或其委托代理人：______（签字）

______年____月____日

图 4-6 联合体协议书

投标保证金保函

______（招标人名称）：

鉴于______（投标人名称）（以下简称“投标人”）于______年______月______日参加______（项目名称）______标段施工的投标，（出具保函的银行名称，以下简称我方）无条件地、不可撤销地保证：投标人在规定的投标文件有效期内撤销或修改其投标文件的，或者投标人在收到中标通知书后无正当理由拒签合同或拒交规定履约担保的，我方承担保证责任。收到你方书面通知后，在7日内无条件向你方支付人民币（大写）______元。

本保函在投标有效期内保持有效。要求我方承担保证责任的通知应在投标有效期内送达我方。

保函银行名称：______（盖单位章）
法定代表人或其委托代理人：______（签字）

地　　址：______

邮政编码：______

电　　话：______

传　　真：______

______年____月____日

图 4-7 银行保函

表 4-20　项目管理机构组成表

职务	姓名	职称	执业或职业资格证明					备注
			证书名称	级别	证号	专业	养老保险	

投标人还应将主要人员的简历按照格式填写（表 4-21）。项目经理应附项目经理证、身份证、职称证、学历证、养老保险复印件，管理过的项目业绩须附合同协议书复印件；技术负责人应附身份证、职称证、学历证、养老保险复印件，管理过的项目业绩须附证明其所任技术职务的企业文件或用户证明；其他主要人员应附职称证（执业证或上岗证书）、养老保险复印件。

表 4-21　主要人员简历表

姓名		年龄		学历	
职称		职务		拟在本工程任职	
注册建造师执业资格等级				建造师专业	
安全生产考核合格证书					
毕业学校		年毕业于学校专业			
主要工作经历					
时间	参加过的类似项目名称			工程概况说明	发包人及联系电话

（2）拟分包项目情况。如有分包工程，工程招标项目还要求提供分包项目情况（表 4-22）。投标人应说明分包工程的内容、分包人的资质以及类似工程业绩。

表 4-22　拟分包工程情况表

分包人名称		地址	
法定代表人		电话	
营业执照号码		资质等级	
拟分包的工程项目	主要内容	预计造价/万元	已经做过的类似工程

（3）资格审查资料。如果招标采用资格预审，投标时一般不需要提供资格审查资料。但是如果投标人资格情况发生变化或资格审查资料是评标因素时，需要提供资格变化的证明材料或评标需要的有关证明材料。如果招标采用资格后审，投标时需要提供完整的资格审查资料。

资格审查资料包括投标人资质、财务情况、业绩情况、涉及的诉讼情况等（表 4-23～表 4-25）。

表 4-23 投标人基本情况表

<table>
<tr><td>投标人名称</td><td colspan="6"></td></tr>
<tr><td>注册地址</td><td colspan="3"></td><td>邮政编码</td><td colspan="2"></td></tr>
<tr><td rowspan="2">联系方式</td><td>联系人</td><td colspan="2"></td><td>电话</td><td colspan="2"></td></tr>
<tr><td>传真</td><td colspan="2"></td><td>网址</td><td colspan="2"></td></tr>
<tr><td>组织结构</td><td colspan="6"></td></tr>
<tr><td>法定代表人</td><td>姓名</td><td></td><td>技术职称</td><td></td><td>电话</td><td></td></tr>
<tr><td>技术负责人</td><td>姓名</td><td></td><td>技术职称</td><td></td><td>电话</td><td></td></tr>
<tr><td>成立时间</td><td colspan="2"></td><td colspan="4">员工总人数：</td></tr>
<tr><td>企业资质等级</td><td colspan="2"></td><td rowspan="5">其中</td><td>项目经理</td><td colspan="2"></td></tr>
<tr><td>营业执照号码</td><td colspan="2"></td><td>高级职称人员</td><td colspan="2"></td></tr>
<tr><td>注册资金</td><td colspan="2"></td><td>中级职称人员</td><td colspan="2"></td></tr>
<tr><td>开户银行</td><td colspan="2"></td><td>初级职称人员</td><td colspan="2"></td></tr>
<tr><td>账号</td><td colspan="2"></td><td>技工</td><td colspan="2"></td></tr>
<tr><td>经营范围</td><td colspan="6"></td></tr>
</table>

表 4-24 近年完成的类似工程情况表

项目名称	
项目所在地	
发包人名称	
发包人地址	
发包人电话	
合同价格	
开工日期	
竣工日期	
承担的工作	
工程质量	
项目经理	
技术负责人	
总监理工程师及电话	
项目描述	
备注	

表 4-25　正在施工的和新承接的工程情况表

项目名称	
项目所在地	
发包人名称	
发包人地址	
发包人电话	
签约合同价	
开工日期	
计划竣工日期	
承担的工作	
工程质量	
项目经理	
技术负责人	
总监理工程师及电话	
项目描述	
备注	

（二）投标文件的递交

将完成的某住宅项目投标文件按照下述步骤和要求，按时递交到招标文件中规定的地点。递交前检查是否符合要求。

1. 投标文件的编写、签署、装订、密封

（1）投标文件编写。

1）投标文件应按招标文件规定的格式编写，如有必要，可增加附页，作为投标文件组成部分。

2）投标文件应对招标文件有关工期、投标有效期、质量要求、技术标准和要求、招标范围等实质性内容做出全面具体的响应。

3）投标文件正本应用不褪色墨水书写或打印。

（2）投标文件签署。投标函及投标函附录、已标价工程量清单（或投标报价表、投标报价文件）、调价函及调价后报价明细目录等内容，应由投标人的法定代表人或其委托代理人逐页签署姓名，并按招标文件签署规定加盖投标人单位印章。以联合体形式参与投标的，投标文件应按联合体投标协议，由联合体牵头人的法定代表人或其委托代理人按上述规定签署并加盖联合体牵头人单位印章。

（3）投标文件装订。

1）投标文件正本与副本应分别装订成册，并编制目录，封面上应标记“正本”或“副本”，正本和副本份数应符合招标文件规定。

2）投标文件正本与副本都不得采用活页夹，并要求逐页标注连续页码，否则，招标人对由于投标文件装订松散而造成的丢失或其他后果不承担任何责任。

（4）投标文件的密封、包装。投标文件应该按照招标文件规定密封、包装。对投标文件密封的规范要求有：

1）投标文件正本与副本应分别包装在内层封套里，投标文件电子文件（如需要）应放置于正本的同一内层封套里，然后统一密封在一个外层封套中，加密封条和盖投标人密封印章。国内招标的投标文件一般采用一层封套。

2）投标文件内层封套上应清楚标记“正本”或“副本”字样。投标文件内层封套应写明投标人邮政编码、投标人地址、投标人名称、所投项目名称和标段。投标文件外层封套应写明招标人地址及名称、所投项目名称和标段、开启时间等。也有些项目对外层封套的标识有特殊要求，如规定外层封套上不应有任何识别标志。当采用一层封套时，内外层的标记均合并在一层封套上。

投标文件密封标识除允许微小偏差外，未按招标文件规定要求密封和标记的，招标人将拒绝接收。

(5) 投标文件的检查。在投标文件递交之前，应对所编制的投标文件的进行检查，以避免因为细节上的疏忽和投标文件技术上的缺陷使得投标文件无效，成为废标。可参照表4-26对所编制的投标文件进行检查。

表 4-26　投标文件审查表

序号	审核要点	审核内容与方法	审核结果
1	投标文件的签章	是否存在投标函无投标人公章和法定代表人或者法定代表人授权的代理人的印章和签字的	
2	投标文件的内容及格式	投标文件是否按照招标文件规定的格式填写，填写的内容是否齐全，是否存在辨认不清产生歧义的情况，或者涂改处未加盖投标人公章及法定代表人印章的情况	
3	联合体协议书	以联合体方式投标的是否有共同投标协议	
4	投标保证金	投标人是否按照招标文件要求提供投标保证金或者投标保函	
5	投标报价	投标报价是否明显低于成本的，且投标人没有合理说明或者不能提供相关证明材料的	
6	投标文件的有效性	投标人是否存在以下行为： 1. 提交两份以上内容不同的投标文件未说明哪一个有效，或者在一份投标文件中对同一招标项目有两个以上报价未说明哪一个有效的 2. 投标人与通过资格预审的单位在名称和组织结构上不一致，不能提供其权利义务转移的合法有效证明的	
7	投标文件的完整性	投标文件是否按照招标文件要求提供完整的相关证件、资料	
8	投标文件的响应性	投标文件是否对招标文件提出的要求和条件做出实质性响应	
9	投标文件的装订	投标文件是否按照招标文件要求的顺序装订的	
10	投标文件的包装与密封	投标文件是否按照招标文件要求包装与密封的	

2. 投标文件递交

《中华人民共和国招标投标法》第 28 条规定：投标人应当在招标文件要求递交投标文件的截止时间前，将投标文件送达招标文件规定的地点。招标人收到投标文件后，应当签收保存，不得开启。

递交投标文件最佳方式是直接或委托代理人送达，以便获得招标代理机构已收到投标文件的回执。如果以邮寄方式送达，投标人必须留出邮寄的时间，保证投标文件能够在截止日之前送达招标人指定地点。

招标文件要求投标人递交投标保证金的，投标人应按照招标文件规定的金额、担保形式和格式等要求提前从其基本账户转出，并在投标截止时间前到达招标人或招标代理机构账户。

下篇

过关问题与成果范例

项目一
招标工程量清单的编制

任务一　招标工程量清单识图与列项

过关问题1：结合住宅楼项目的类型和项目所在地的具体情况，讨论：编制招标工程量清单时，可参考的编制依据有哪些？应该搜集的资料有哪些？可以通过何种方式或方法搜集到所需的资料？

答：在编制招标工程量清单时可参考的编制依据主要有：

（1）GB 50500—2013《建设工程工程量清单计价规范》和相关工程的工程量计算规范。

（2）国家或省级、行业建设主管部门颁发的计价定额和办法。

（3）建设工程设计文件及相关资料。

（4）与建设工程有关的标准、规范、技术资料。

（5）拟定的招标文件。

（6）施工现场情况、地勘水文资料、工程特点及常规施工方案。

（7）其他相关资料。

GB 50500—2013《建设工程工程量清单计价规范》是中华人民共和国住房和城乡建设部编写颁发的文件。预算定额按照编制单位和执行范围的不同可分为全国统一定额、行业统一定额、地区统一定额等。全国统一定额由国家主管部门制定与颁发，行业统一定额由各行各业行政主管部门制定，地区统一定额由各省市、自治区主管部门制定。招标文件、施工现场情况、地勘水文资料等由委托方移交，必要时可通过现场调查法对编制所需资料进行收集，并对设计施工图中存在的问题做出进一步的落实，结合委托方移交的勘察设计资料，给予确认或补充。

过关问题2：建设工程具有分部组合计价的特点，计价时首先要对工程建设项目进行分解，按构成进行分部计算并逐层汇总。依据 GB 50500—2013《建设工程工程量清单计价规范》和住宅楼项目设计图，运用 WBS 技术，对住宅楼分部工程进行分解，构建工程量清单的框架。

答：**1. 工作分解结构介绍**

工作分解结构（Work Breakdown Structure，WBS）的原理是目前项目规划和管理的最主要工具之一。2000 版的 PMBOK Guide 将其定义为：“WBS（Work Breakdown Structure）是一组以可交付项目产品为导向的项目分解元素，它可以用于组织和定义整个项目范围内的所有工作内容，每下降一个层次就能更加细致的表现项目工作的细节。”这一定义体现了 WBS 的以下几个特征：

(1) 代表项目的工作活动，并且这一项目工作活动能产生一个切实的结果。

(2) 分布于一系列有序的层次结构之中。

(3) 能作为一项可交付的项目成果。

项目组成要素既可以是项目可交付的产品，也可以是项目服务活动。在底层的项目元素被称为工作包（Work Packages），一个工作包代表一个 WBS 中最底层的项目可交付成果，工作包可以进一步分解成项目活动（Activities）。WBS 工作分解结构模型如图 1-1 所示。

WBS 工作包模型结构图是 WBS 结构的一种形式，另一种形式就是等级状结构，如概预算项、目、节的结构形式。WBS 结构底层是管理项目所需的最低层次的信息，也是最详细的信息，在这一层次上，能够满足使用者对交流或监督、控制的需要；结构上的第二个层次将比第一层次要窄，而且提供信息给另一层次的使用者，较下一层信息少，以后依此类推。

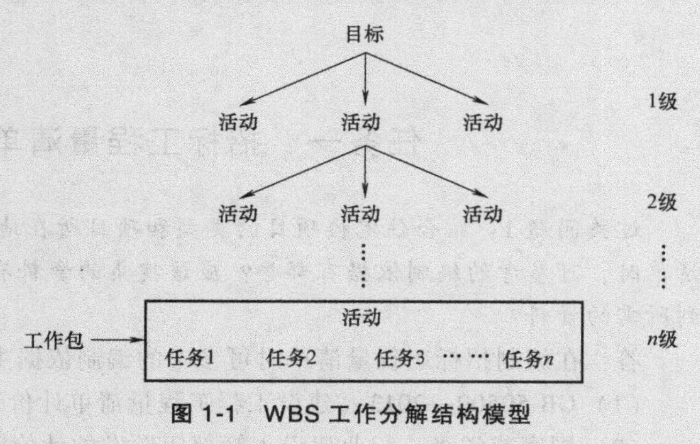

图 1-1 WBS 工作分解结构模型

WBS 已成为项目管理的成功方法，对于建设项目，运用 WBS 进行项目管理是非常适用的。WBS 在建设项目管理中的作用主要表现为控制进度、质量和造价，这三者是投资者最关心的。WBS 这种显著特有的层状结构具有系统性、科学性、层次性、可追溯性和完整性，每上一级是下一级的总和，下一级是上一级的详细划分，每层可以适用不同的使用者，内容所属关系清晰，没有重叠和不全，管理者责任明确。

2. 基于 WBS 原理的清单框架构建

工作分解结构（WBS）是以可交付成果为对象，由项目团队为实现项目目标及创造必要的可交付成果而执行工作分解之后得到的一种层次结构。分解就是把项目可交付成果分成较小的、便于管理的组成部分，直到工作和可交付成果定义到工作细目水平。工作分解结构确保工作元素被定义，并且仅仅与一个具体工作有关，这样，活动就不会被忽略或者重复。

利用 WBS 的思想分解整个项目工作一般需要进行以下活动：①识别可交付成果与有关工作；②确定工作分解结构及其编排；③将工作分解结构的上层分解到下层的组成部分；④为工作分解结构组成部分提出并分配标识编码。

在识别可交付成果的基础上，按照单位工程（子单位工程）、专业工程、分部工程、分项工程和施工图工程划分整个建筑工程，在此基础上进行项目编码，使每一编码有统一的项目特征、计量单位、工程量计算规则和工程内容。

(1) 识别可交付成果。要识别项目主要可交付成果和为此而进行的工作，就必须有详细的项目范围说明书。这项分析需要有某种程度的专家判断，才能识别所有的工作，包括项目管理可交付成果以及合同要求的可交付成果。

(2) 确定工作分解结构的结构与编排。按照建筑工程的组成分为单位工程（子单位工程）、专业工程、分部工程、分项工程和施工图工程五个层次。

(3) 将工作分解结构的上层分解到下层的组成部分。单位工程一般要涉及建筑工程、装饰装修工程、安装工程等。而每个单位工程都是由不同的专业工程所组成，如建筑工程就包括土石方工程、桩与地基基础工程、砌筑工程等八项；而专业工程又是由若干个分部工程所组成的，分部工程又是由若干个分项工程组成，依次类推，就可以把整个住宅楼工程分解成若干个施工图项目，如图 1-2 所示。

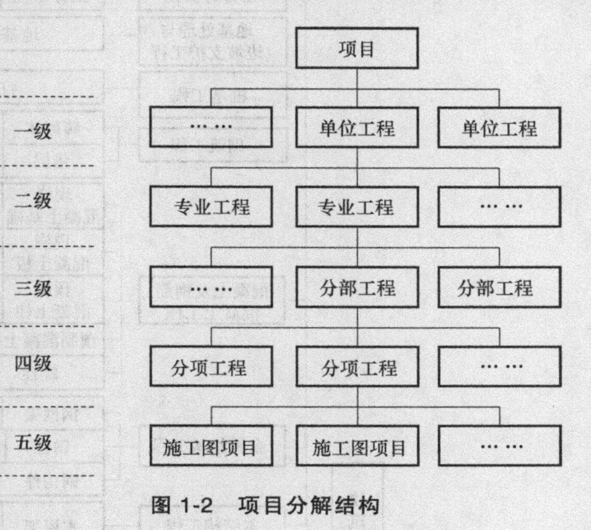

图 1-2　项目分解结构

这一级为该体系构建的核心部分。如果这一级工作做得不好将影响该体系建立的初衷，该级的建立本文采用集合的思想进行分析。首先，详细分解概预算体系中每一节下所包括的所有施工内容，其中各子目包括相应的工作内容。将施工内容作为全集 I，每一个工作内容作为全集的一个子集 I_i（$i=1, 2, 3, \cdots, n$），根据集合思想可知

$$I = I_1 \cup I_2 \cup I_3 \cup \cdots \cup I_n$$

（4）为工作分解结构组成部分提出并分配标识编码。项目编码采用五级编码设置，第一级表示工程分类顺序码（分二位）：土建工程为 01；第二级表示专业工程顺序码（分二位）；第三级表示分部工程顺序码（分二位）；第四级表示分项工程项目名称顺序码（分三位）；第五级表示工程量清单项目名称顺序码（分三位）。项目编码是分部分项工程量清单项目名称的数字标识。分部分项工程量清单项目编码以五级设置，用 12 位数字表示，前 9 位全国统一，不得变动，后 3 位是清单项目名称编码，由清单编制人设置，同一招标工程的项目编码不得有重码。

（5）分解示例。以 GB 50854—2013《房屋建筑与装饰工程工程量计算规范》规定的单位工程及分部工程为例，规范中规定的项目结构如图 1-3 所示。

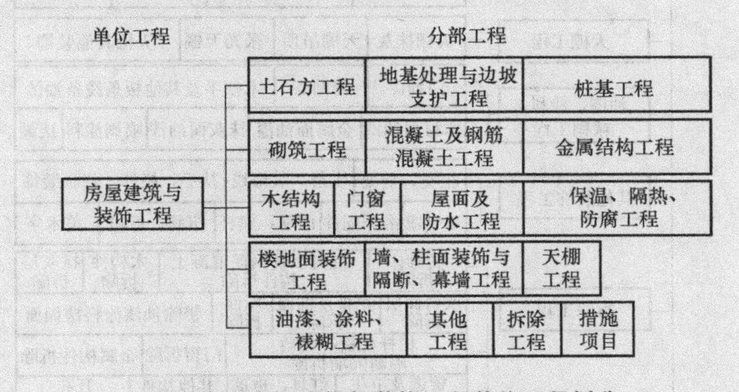

图 1-3　房屋建筑与装饰工程单位工程划分

GB 50854—2013《房屋建筑与装饰工程工程量计算规范》中，附录 A～附录 S 为房屋建筑与装饰工程的 17 个分项工程，其划分如图 1-4 所示。

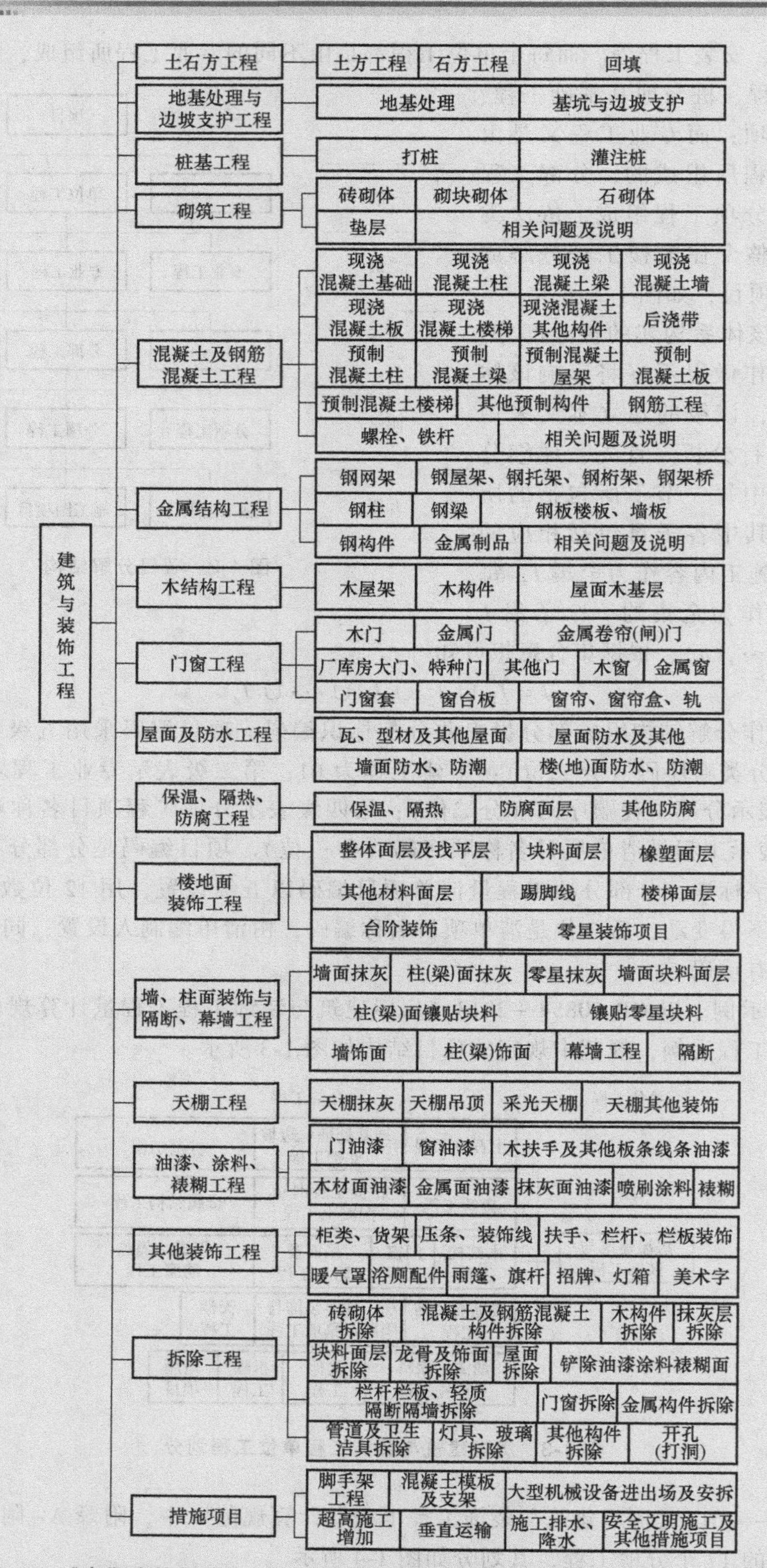

图 1-4 《房屋建筑与装饰工程工程量计算规范》房屋建筑与装饰工程分部工程

过关问题3：在进行项目特征描述时，建筑详图是重要依据之一。建筑详图中主要包含哪些内容？以上篇项目一中图1-1所示的墙体为例，说明墙身剖面详图中哪些内容可以用作项目特征描述。

答：建筑详图是建筑细部的施工图，是建筑平面图、立面图、剖面图的补充。因为立面图、平面图、剖面图的比例尺较小，根据施工需要，必须另外绘制比例尺较大的图样以清楚地表达细部构造和做法。

建筑详图主要包括：①表示局部构造的详图，如外墙身详图、楼梯详图、阳台详图等；②表示房屋设备的详图，如卫生间、厨房、实验室内设备的位置及构造等；③表示房屋特殊装修部位的详图，如吊顶、花饰等。

在墙体剖面图中，可以用作项目特征描述的内容主要有：

（1）檐口节点剖面详图。檐口节点剖面详图主要表达顶层窗过梁、屋顶（根据实际情况画出它的构造与构配件，如屋架或屋面梁、屋面板、室内顶棚、天沟、雨水口、雨水管和水斗、架空隔热层、女儿墙）等的构造和做法。

（2）窗台节点剖面详图。窗台节点剖面详图主要表达窗台的构造以及外墙面的做法。

（3）窗顶节点剖面详图。窗顶节点剖面详图主要表达窗顶过梁处的构造，内、外墙面的做法，以及楼面层的构造情况。

（4）散水节点剖面详图。散水（亦称防水坡）的作用是将墙脚附近的雨水排泄到离墙脚一定距离的室外地坪的自然土壤中去，以保护外墙的墙基免受雨水的侵蚀。散水节点剖面详图主要表达散水在外墙墙脚处的构造和做法，以及室内地面的构造情况。

过关问题4：计价规范附录表的“项目名称”为分项工程项目名称，在编制分部分项工程量清单时可予以适当调整或细化。讨论招标工程量清单中的项目名称设置除了要依据GB 50500—2013《建设工程工程量清单计价规范》和GB 50854—2013《房屋建筑与装饰工程工程量计算规范》之外，还需要考虑哪些因素，并对住宅楼项目墙柱面工程中的分项工程进行细化命名。

答：分部分项工程量清单项目名称的设置应考虑以下三个因素：

（1）附录中的项目名称。GB 50854—2013《房屋建筑与装饰工程工程量计算规范》规定“项目名称”应以工程实体命名。这里所指的工程实体，有些是可用适当的计量单位计算的简单完整的施工过程的分部分项工程，有些项目是分部分项工程的组合。不论是哪一种，项目名称的命名应规范、准确、通俗易懂。

（2）附录中的项目特征。项目特征是指分项工程的主要特征。该栏目是提示工程量清单编制人，应在工程量清单的项目名称栏目中描述的项目特征和包括的分项工程。如：砖基础项目不仅描述基础类型、埋设深度等，还包括基础垫层的厚度、宽度或面积、材料种类等。

（3）拟建工程的实际情况。工程量清单编制时，应以附录中的项目名称为主体，考虑该项目的规格、型号、材质等特征要求，结合拟建工程的实际情况，使其工程量清单项目名称具体化，从而能够反映影响工程造价的主要因素。

住宅楼项目墙柱面工程部分分项工程命名可参见表1-1。

表 1-1 墙柱面工程部分分项工程名称

序号	项目编号	项目名称	单位	工程量
1	011204003001	卫生间内墙块料墙面	m^2	
2	011201001001	墙面一般抹灰(外墙面)	m^2	
3	011201001002	墙面一般抹灰(部位:通风井内)	m^2	
4	011201001003	女儿墙内侧抹灰	m^2	
5	011301001001	天棚抹灰(厕所、阳台、雨篷)	m^2	
6	011203001001	零星项目一般抹灰(阳台砖栏板压顶面及阳台栏支座顶面及内侧)	m^2	

过关问题 5：项目特征是对项目准确和全面的描述，是确定一个清单项目综合单价不可缺少的重要依据。在进行项目特征描述时应遵循的原则是什么？根据 GB 50500—2013《建设工程工程量清单计价规范》和 GB 50854—2013《房屋建筑与装饰工程工程量计算规范》，讨论哪些内容是必须描述的，哪些是可不描述的，哪些是可不详细描述的。

答：在编制工程量清单时，“项目特征”栏应按国家相关工程计量规范的规定并根据拟建工程予以描述，描述时应按以下原则进行：

（1）项目特征应按各专业工程附录中的规定，结合拟建工程实际，满足确定综合单价的需要。

（2）若采用标准图集或施工图能够全部或部分满足项目特征描述的要求时，项目特征描述可直接采用“详见××图集（或××图号）”的方式。对不能满足项目特征描述要求的部分，仍应用文字描述。

项目特征描述具体可以分为必须描述的内容、可不描述的内容、可不详细描述的内容、规定多个计量单位的描述、规范没有要求但又必须描述的内容几类，具体说明见表 1-2。

表 1-2 项目特征描述类型及内容

描述类型	内容	示例
必须描述的内容	涉及正确计量的内容	门窗洞口尺寸或框外围尺寸
	涉及结构要求的内容	混凝土构件的混凝土强度等级
	涉及材质要求的内容	油漆的品种、管材的材质等
	涉及安装方式的内容	管道工程中钢管的连接方式
可不描述的内容	对计量计价没有实质影响的内容	现浇混凝土柱的高度、断面大小等特征
	应由投标人根据施工方案确定的内容	石方的预裂爆破单孔深度及装药量的特征规定
	应由投标人根据当地材料和施工要求确定的内容	混凝土构件中的混凝土拌合料使用的石子种类及粒径大小
	应由施工措施解决的内容	对现浇混凝土板、梁的标高的特征规定
可不详细描述的内容	无法准确描述的内容	土壤类别，可考虑将土壤类别描述为综合
	施工图、标准图集标准明确的内容	这些项目可描述为“见××图集××页××号及节点大样”等
	清单编制人在项目特征描述中注明由投标人自定的内容	土方工程中“取土运距”“弃土运距”等

过关问题 6：措施项目是指为完成工程项目施工，发生于工程施工准备和施工过程中的技术、生活、安全、环境保护等方面的非工程实体项目。讨论措施项目主要包含哪些项目，并以住宅楼项目中现浇混凝土施工为例，依据常规施工方案说明该施工过程涉及的措施项目的列项过程。

答：措施项目清单的编制需考虑多种因素，除工程本身的因素外，还涉及水文、气象、环境、安全等因素。由于影响措施项目设置的因素太多，计量规范不可能将施工中可能出现的措施项目一一列出，可根据工程具体情况对措施项目清单做补充。

GB 50854—2013《房屋建筑与装饰工程工程量计算规范》在每个专业工程附录中给出了相应的措施项目，并把措施项目分为单价措施项目和总价措施项目。以房屋建筑与装饰工程为例，其措施项目及内容如图 1-5 所示。

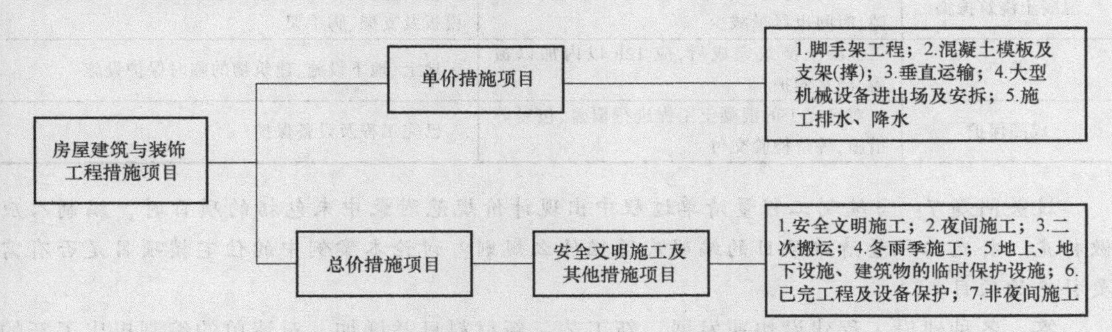

图 1-5　房屋建筑与装饰工程措施项目分类及内容

措施项目列项示例：

以现浇混凝土施工为例。现浇混凝土施工流程包括作业准备、混凝土搅拌、混凝土运输、混凝土浇筑、养护及成品保护等六大环节，其流程及具体内容如图 1-6 所示。

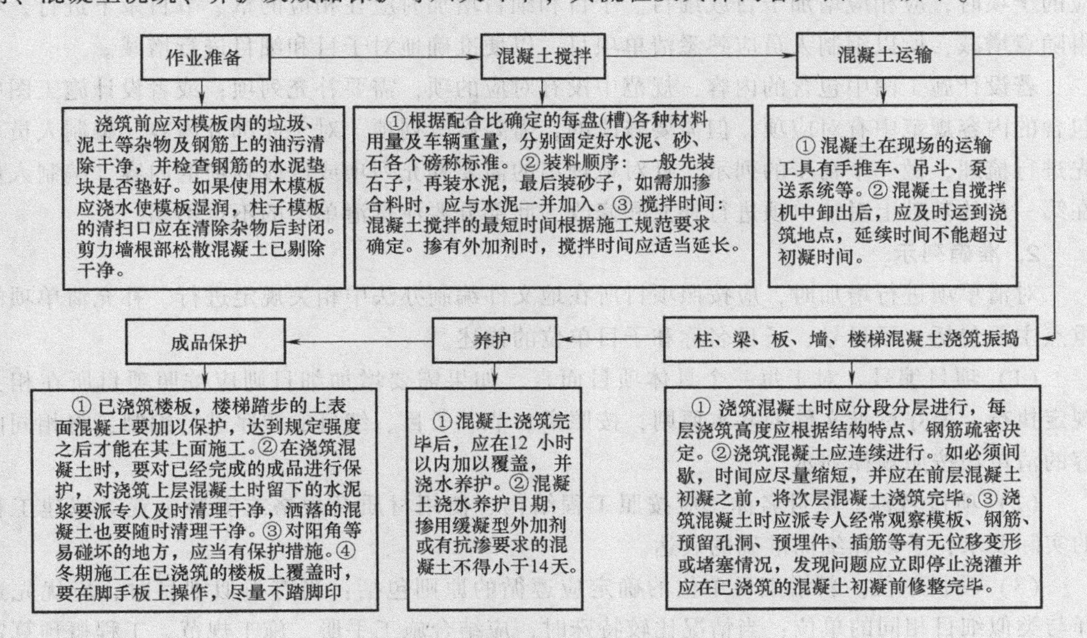

图 1-6　现浇混凝土施工流程

从图 1-6 中可以看出：在混凝土施工过程中需要的措施项目，主要包括大型机械设备进出场、施工降水及排水等。根据给定工程的施工方案对措施项目进行列项，具体的分析过程见表 1-3。

表 1-3 混凝土施工流程与措施项目的对应关系

施工工艺流程	施工过程分析	直接影响的总价措施项目
混凝土搅拌	混凝土搅拌时间长短与温度有关	冬雨季施工
混凝土运输	混凝土从搅拌机中卸出后运到浇筑地点延续时间的长短与温度和混凝土强度成反比	冬雨季施工、垂直运输
混凝土浇筑振捣	混凝土浇筑必须连续进行，若中间需要间隙，时间也尽量减少	夜间施工、冬雨季施工、施工排水降水、混凝土模板及支架、脚手架
养护	混凝土浇筑完成后，应 12h 以内加以覆盖，浇水养护	地上、地下设施、建筑物的临时保护设施
成品保护	对已完工的混凝土工程进行覆盖、包裹等措施，等待检验交付	已完工程及设备保护

过关问题 7：当编制工程量清单过程中出现计价规范附录中未包括的项目时，编制人应做补充。补充工程量清单项目的编码应遵循什么规则？讨论本案例中的住宅楼项目是否有需要补充的项目。

答：各种建设工程建设快速发展，新工艺、新材料日益增加，对清单的编制提出了新的要求。新工艺、新材料出现时，可采取开放式管理的方法，将其补充在指导书中进行完善。

1. 初步列示

招标控制价编制人员将设计施工图与规范进行对照，当规范中没有设计施工图中项目对应的子项时，应相应增加子目或细目。子目和细目增加时应在相应的章、节目录下进行，不得随意增减，所以编制人员应熟悉清单项目，以便准确地对子目和细目进行增减。

若设计施工图中包含的内容，规范中没有对应的项，需要补充列项；或者设计施工图中包含的内容规范中有对应项，但需要修改的，需要修改列项。对于此部分内容，编制人员可先进行梳理，做一个初步的列示。针对梳理出的需要补充列项或修改列项的内容，编制人员在第一步的基础上对清单项进行补充和修改，此部分要注意清单项的不重不漏。

2. 准确列示

对清单项进行增加时，应按照项目所在地文件编制办法中相关规定进行。补充清单项的重点主要包括：子目号、子目名称和子目单位的描述。

（1）项目编号。对于每一个具体项目而言，如果需要增加细目则应按照项目所在相关规定执行，遵守标准文件的基本原则，按照章、节、子目、细目的顺序进行编制，将相同内容的清单项按照规律列示。

（2）项目名称。项目名称，应按照工程结构、使用材质及规格或安装位置等拟建工程的实际要求，予以详细而准确的表达。

（3）项目单位。新增细目单位的确定应遵循的原则包括：当有类似细目时，应优先选择与类似细目相同的单位；当情况比较特殊时，应结合施工手册、施工规范、工程概预算定额（包括维修预算定额）、业主管理的方便程度等方面的影响因素进行确定。

3. 注意事项

（1）工程量清单编制应做到不多算、不少算、不漏项、不留缺口并尽可能减少暂定项目。

（2）工程量清单列项以及技术规范的编制是一个不断完善的过程。当编制人员进行套价时，可能会发现定额的计算规则和定额项所包括的内容不相匹配的情况，此时则需要编制人员重新进行清单列项以及调整相应的技术规范。可能会出现某些清单项太细，而定额项包括内容较多的情况，此时则需要将清单项进行综合，并调整技术规范。也有可能出现某些清单项依据技术规范的要求，没有包括在相应的清单项内，而需要调整到其他清单项中进行计算的情况。

（3）补充项目工程量清单项目均应填写在GB 50854—2013《房屋建筑与装饰工程工程量计算规范》清单项目相应分部分项工程项目之后，并与补充清单项目编码对应列项。需要注意的是，清单编制人应参阅设计文件的项目内容，对照GB 50854—2013《房屋建筑与装饰工程工程量计算规范》项目名称以及相关项目特征描述的范围、工程内容等因素，将具体的分项名称列在相应分部分项工程项目之后。项目名称的设置、特征的描述具有一定的可参照性，同时也利于计价的准确性。

4. 相应规范中关于列项时一般原则

补充项目的编码由对应计量规范的代码×（即01~09）与B和三位阿拉伯数字组成，并应从×B001起顺序编制，同一招标工程的项目不得重码。工程量清单中需附有补充项目的名称、项目特征、计量单位、工程量计算规则、工作内容。

任务二　招标工程量清单工程量计算

过关问题1：工程量是根据设计的要求和设计施工图上标明的尺寸，依据应执行的预算定额规定的工程量计算规则、项目划分要求和计量单位计算出来的。讨论进行工程量计算时可参考的依据有哪些，并说明工程量计算在工程量清单计价中和定额计价中有何不同。

答：工程量的计算工作是确定建筑安装工程直接费用，进而编制准确的单位工程预算书的重要环节，工程量的正确与否直接影响着单位工程的造价。工程量指标对于建筑企业编制施工作业计划、合理安排施工组织劳动力和物资供应等工作都是不可缺少的。因此，正确计算工程量对于正确确定工程造价和加强企业内部管理都具有十分重要的意义。

（1）进行工程量计算时为防止错算、漏算和重复，必须注意以下事项：

1）熟练掌握工程量计算规则，熟悉定额内容及使用方法。掌握工程量的计算规则及定额内容是准确计算工程量的必要条件，目前全国各地所使用的定额不尽相同，了解和掌握所在地区现行的预算定额中工程量计算规则是十分重要的工作。

2）熟悉设计施工图和设计说明。首先要检查设计施工图有无错误，所标尺寸在平、立、剖面和详图中是否吻合；其次，要注意设计施工图中的要求和做法、构件的型号及加工方法、材料的规格及品种等。工程量计算时，应严格按照设计施工图所标注的尺寸进行计算。

3）施工图列出的工程项目要与计量规则中规定的相应工程项目相一致，计量单位要和预算定额中规定的计量单位相一致。

4）要按照一定的计算顺序进行计算。一般遵循的基本原则和施工顺序大致相同：先地下后地上、先结构后建筑、先主体后装饰、先框架后填充等。

5）工程量计算精度要统一。工程量的小数位数要按规定的位数保留。

（2）计算工程量时可参考的依据主要有：

1）施工图及配套的标准图集。经审定的设计施工图是计算工程量的基础资料，因为施工图反映工程的构造和各部位尺寸是计算工程量的基本依据。

2）建筑工程预算定额。定额比较详细地规定了各个分部分项工程量的计算规则和计算方法。

3）经审定的施工组织设计或施工技术措施方案。计算工程量时，要参照施工组织设计或施工技术措施方案进行，必要时还需结合施工现场的实际情况。

4）经确定的其他有关技术经济文件。

（3）工程量清单计价与定额计价中工程量计算的不同主要体现在以下两个方面：

首先，在项目设置方面，现行预算定额的项目一般是按施工工序、工艺进行设置的，定额项目包括的工程内容一般是单一的；工程量清单项目的设置是以一个“综合实体”来考虑的，“综合项目”一般包括多个子目工程内容。

其次，两者所遵循的工程量计算规则不同。定额计价按照定额工程量计算规则进行工程量计算，清单计价按照清单工程量计算规则进行工程量计算。两种计算规则在很多项目中都有所不同，如在平整场地项目中，清单计算规则为底层建筑面积。而定额则为底层建筑面积外扩 2m。又如内墙高度的计算，清单计算规则为算至板顶，定额计算规则为算至板底。

过关问题 2：在工程量计算时，要防止错算、漏算和重复。如何选择正确的计算顺序和方法来保证工程量计算的准确性？

答：对于一般土建工程，应按下列顺序进行计算。

（1）计算建筑面积。建筑面积是工程预算的主要指标，它不仅具有独立的概念和作用，也是核对其他工程量的主要依据。

（2）计算基础工程量。基础工程是工程正式开工后的第一个分部工程。

（3）计算混凝土及钢筋混凝土工程量。混凝土及钢筋混凝土工程同基础工程和墙体砌筑工程密切相关，一般置于墙体砌筑工程之前进行计算。

（4）计算门窗工程量。

（5）计算墙体工程量。

（6）计算屋面工程量。

（7）计算装饰工程量。

（8）计算金属结构工程量。

（9）计算其他工程量。其他工程又分为：其他室内工程，如水槽、水池、炉灶、楼梯扶手和栏杆等；其他室外工程，如阳台、台阶等。

（10）计算零星构件费。如出入口、水池、预制构件运输、钢筋运输等。

此外，计算各项工程部分时，一般应采用由下而上，先混凝土、模板后钢筋，分层计算按层统计，最后汇总的顺序。砌筑工程可从整体上分层，每层的量采取“整算零扣”的方法计算。计算装饰部分时，要先地面、天棚，后墙面。先算地面工程量的好处是可以利用地面的面积，计算出平面天棚，加梁侧面积，从而计算天棚面积。在工程量计算时，在每个工程量算式之前尽可能标明轴线编号、构件编号和楼层等，以便自己查找和他人审核。

过关问题3：根据GB 50500—2013《建设工程工程量清单计价规范》和GB 50854—2013《房屋建筑与装饰工程工程量计算规范》，试述多层建筑物及以上楼层建筑面积的计算规则。

答：(1) 多层建筑物首层应按其外墙勒脚以上结构外围水平面积计算：层高在2.20m及以上者应计算全面积；层高不足2.20m者应计算1/2面积。

(2) 多层建筑物坡屋顶内和场馆看台下，设计加以利用时净高超过2.10m的部位应计算全面积；净高在1.20m至2.10m的部位应计算1/2面积；设计不利用或室内净高不足1.20m的部位不应计算建筑面积。

(3) 建筑物顶部有围护结构的楼梯间、水箱间、电梯机房等，层高在2.20m以上者计算全面积；层高不足2.20m者应计算1/2面积。

(4) 设有围护结构不垂直于水平面而超出底板外沿的建筑物，应按其底板外围水平面积计算。层高在2.20m以上者计算全面积；层高不足2.20m者应计算1/2面积。

过关问题4：根据GB 50500—2013《建设工程工程量清单计价规范》和GB 50854—2013《房屋建筑与装饰工程工程量计算规范》，试述措施项目中脚手架工程的工程量计算规则。

答：(1) 综合脚手架按建筑面积计算，单位为m^2。

(2) 外脚手架、里脚手架、整体提升架、外装饰吊篮，按所服务对象的垂直投影面积计算，单位为m^2。

(3) 悬空脚手架、满堂脚手架，按搭设的水平投影面积计算，单位为m^2。

(4) 挑脚手架，按搭设长度以延长米计算，单位为m。

过关问题5：某工程基础平面布置和基础详图如上篇项目一中图1-4所示。工程土为三类土，基础土方开挖的施工方案：人工开挖，弃土采用铲运机铲运土，弃土运距为500m。根据已知条件编制分部分项工程清单计价表（表1-4）（要求写出过程）。

答：挖基础土方清单工程量

$$L_{外}=(3.6+6.0+3.0+5.4+5.4+6.0)\text{m}\times 2=58.8\text{m}$$

$$L_{内}=(6.0+3.0-1.2-0.1\times 2)\text{m}=7.6\text{m}$$

$$基槽体积=[(58.8+7.6)\times(1.2+0.1\times 2)\times(1.4+0.1-0.3)]\text{m}^3=111.55\text{m}^3$$

表1-4 分部分项工程量清单计价表

序号	项目编码	项目名称	项目特征	计量单位	工程量	金额/元		
						综合单价	合价	其中:暂估价
1	010101003001	挖沟槽土方	土壤类别:三类土 挖土深度:≤2m 弃土运距:500m	m^3	111.55	—	—	—

任务三 招标工程量清单工程量审核

过关问题1：影响招标工程量清单准确性和完整性的因素有哪些？

答：工程图是工程量清单编制的重要依据，因此工程图设计的正确性、完整性直接影响到工程量清单的准确性，但有时存在客观和主观原因，导致工程图设计不合理或不全面，甚至出现设计错误。如业主对项目品质定位与设计单位沟通不到位，导致设计偏离工程概算成本；设计单位人员业务水平参差不齐，导致设计图质量差异大；或者由于建设单位急于工程开工，导致设计深度不够。界定编制清单的范围也是体现工程量清单完整性与准确性非常重要的因素，因为很多时候建设单位提供的施工图等资料反映内容很多，但并不是将所有施工图上反映的东西都编入到清单中，这个时候编制人就应在工程量清单编制说明中，把本次工程量清单的编制范围以及一些特殊处理的做法清楚的列明，并不是所有的情况都能够在清单里反映出来。

过关问题 2：对分部分项工程量清单进行审核时，应重点审核哪些内容？

答：分部分项工程的审核重点主要有：项目清单是否有漏项，项目特征描述是否清楚，工程量计算是否正确，定额套用是否合适。

1. 土石方工程

在平整场地、挖土、土方运输、回填、余土弃置等一系列的施工流程中，应注意以下几方面：

（1）清单工程量与组价工程量的不同。平整场地的清单工程量为首层的建筑面积，但在组价中的面积应包括外墙外扩 2m 的计算；挖土的清单工程量为垫层面积×开挖深度，而组价工程量还应包括工作面和放坡的工程量。

（2）项目特征的说明。特征描述尽可能完整和明确。余土必须是现场土方平衡后的剩余；土方运输的运距应该由投标人自行考虑。

2. 砌筑工程

砌体项目均以 m^3计价；砌筑砂浆的强度等应与设计施工图对应，并及时换算；对于零星的砌筑部分，应设置零星砌体清单项目。

3. 混凝土及钢筋混凝土工程

模板、钢筋、混凝土是该分部工程的主要内容。

（1）模板应在单价措施项目中列项，结算时按实际工程量调整，通常以 m^2 计算，但天沟、零星钢筋混凝土构件等模板的计价单位是 m^3。

（2）混凝土的强度等级应与设计施工图保持一致。地下部分抗渗等要求在特征描述中要明确。计价时，商品混凝土的泵送费用不能遗漏。

（3）混凝土浇筑及模板在清单特征描述及计价时，应考虑超高 3.6 m 以上发生的增加费用。

4. 门窗工程

（1）门窗的特征必须描述清楚，包括型材、规格、设计要求等。计价中应包括安装、油漆、零配件等内容。

（2）对于不同类型的门窗（包括开启方式），应分开列项；同类型的门窗以 m^2 为计价单位。

（3）设计图的门窗表中的数据通常与平面图布置不一致，应在对照后予以计量。

（4）楼梯间的防火门根据消防要求应设置闭门器，在项目特征描述中应予以增加；防火卷帘门的计价应考虑电动装置。

5. 防水及保温工程

(1) 防水工程主要分布在地下室底板和墙板防水、卫生间防水、屋顶防水三个部位；保温工程分别在外墙面、屋顶层、阳台面等部位。不同的厚度、材质、平（立）面等均应分开设置，特征描述中明确各自的施工工艺步骤。

(2) 防水工程清单中的工程量是投影面积，而计价面积应为展开实铺面积，包括泛水面积。

(3) 保温工程的工作范围应界定为：黏结层、保温层、锚固件、网格布、抗裂砂浆。

6. 装饰及楼地面工程

(1) 墙、地、顶面层的装饰均采用商品砂浆或商品混凝土，不同的强度等级和厚度应描述明确。

(2) 砖墙与混凝土墙交界处的钢丝网的抗裂处理，应在墙面装饰清单抹面的特征中予以备注。

(3) 不同的装饰材料市场报价偏差较大，故在项目特征中应明确装饰材料的品牌及系列。

(4) 工作内容包括基层处理、找平层、抹面层。

过关问题3：对措施项目清单进行审核时，审核的重点有哪些？

答：(1) 审核以“项”为单位的措施项目是否列入了“措施项目清单与计价表（一）”；可以按分部分项工程量清单方式进行编制的措施项目是否按分部分项工程量清单的编制方式进行编制，是否已列入“措施项目清单与计价表（二）”。

(2) 根据招标文件、设计施工图及现场情况，审核所列措施项目是否完整，所采用的施工方法是否得当，规范中没有的措施项目是否进行了补充，不应出现漏项。

(3) 审核“措施项目清单与计价表（二）”中的措施项目工程量的计算是否准确、项目特征描述是否完整清楚、项目编码不能重复。

(4) 出现清单规范中未列的措施项目时，编制人可做补充，以项为单位的措施项目应在“措施项目清单与计价表（一）”中增加列项；如在“措施项目清单与计价表（二）”中补充的项目，应列在清单项最后，在“项目编码”栏中以“×B00×”字式之，并附补充项目的名称、项目特征、计量单位、工程量计算规则和工作内容。

项目二

招标项目招标控制价的编制

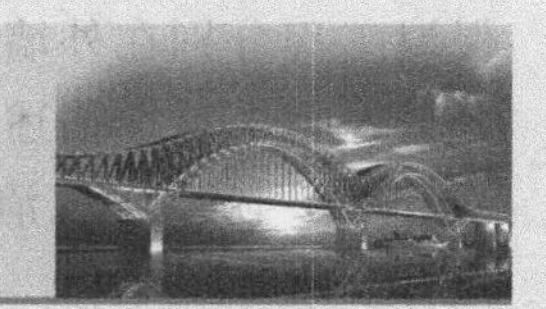

任务一 招标控制价编制准备

过关问题1：在编制招标控制价时，由于各省市主管部门颁布的计价依据和办法各有不同，因此对项目所在地计价依据的搜集和整理至关重要。请以你所在地为例，说明编制该住宅楼项目招标控制价的计价依据。

答：招标控制价应合理编制，避免过高或过低，招标控制价编制过高，则无法起到控制投资的作用，招标控制价编制过低，则会遭到承包人投诉。招标控制价编制的主要依据有以下几个方面（以广西为例）。

（1）依据 GB 50500—2013《建设工程工程量清单计价规范》规定，招标控制价的编制依据主要包括以下 8 个方面：

1）GB 50500—2013《建设工程工程量清单计价规范》。

2）国家或省级、行业建设主管部门颁发的计价定额和计价办法。

① 计价定额。以广西地区为例，广西壮族自治区住房和城乡建设厅于 2013 年《广西壮族自治区园林绿化及仿古建筑工程消耗量定额》、2013 年《广西壮族自治区园林绿化及仿古建筑工程费用定额》、2015 年《广西壮族自治区安装工程消耗量定额》、2015 年《广西壮族自治区安装工程费用定额》、2016 年《广西壮族自治区建设工程费用定额》、2017 年《广西壮族自治区绿色建筑工程消耗量定额（安装、园林绿化工程部分）》。

② 计价办法：《广西壮族自治区建设工程计价办法》（桂建管〔2006〕61 号）；《建筑安装工程费用项目组成》（建标〔2013〕44 号）。

3）建设工程设计文件及相关资料：初步设计文件；技术设计文件；施工图设计文件。

4）拟定的招标文件及招标工程量清单。

5）与建设项目相关的标准、规范、技术资料。

6）施工现场情况、工程特点及常规施工方案。

同样的施工图，在不同地区、现场条件和工期、质量要求差异下，会有不同的施工方案。强调采取正常合理的施工方案，是为了避免编制人采用个别施工企业的施工方法，或是采用现场无法实施的施工方法或技术等，从而造成工程造价偏离市场正常水平。

7）工程造价管理机构发布的工程造价信息。当工程造价信息没有发布时，参照市场价。

8）其他的相关资料。

（2）CECA/GC 6—2011《建设工程招标控制价编审规程》中关于招标控制价编制依据

的规定：

1）国家、行业和地方政府的法律、法规及有关规定。

2）现行国家标准 GB 50500—2013《建设工程工程量清单计价规范》。

3）国家、行业和地方建设主管部门颁发的计价定额和计价办法、价格信息及其相关配套计价文件。

4）国家、行业和地方有关技术标准和质量验收规范等。

5）工程项目地质勘查报告以及相关设计文件。

6）工程项目拟定的招标文件，工程量清单和设备清单。

7）答疑文件，澄清和补充文件以及有关会议纪要。

8）常规或类似工程的施工组织设计。

9）本工程涉及的人工、材料、机械台班的价格信息。

10）施工期间的风险因素。

11）其他相关资料。

过关问题2：试说明招标控制价编制的基本步骤。

答：招标人或受其委托具有相应资质的工程造价咨询人，编制招标控制价的基本步骤如下：

(1) 准备工作。熟悉施工图设计及说明，并要勘查现场，同时了解招标文件的规定和进行市场调查。

(2) 收集编制资料。包括招标文件相关条款、设计文件、工程定额和地方性估计表、取费标准、施工方案、现场环境和条件、市场价格信息等。

(3) 编制招标控制价的综合说明，计算招标控制价价格，其中包括：

1）计算整个工程的人工、材料、机械台班需用量。

2）确定人工、材料、设备、机械台班的市场价格，分别编制人工工日及单价表、材料价格清单表、机械台班及单价表等招标控制价表格。

3）确定工程施工中的措施费用和特殊费用，编制工程现场因素、施工技术措施、赶工措施费用表以及其他特殊费用表。

4）采用固定合同价格的，预测和测算工程施工周期内的人工、材料、设备、机械台班价格波动的风险系数。

(4) 编制工程招标控制价价格计算书和标底价格汇总表。

(5) 审核招标控制价价格。

(6) 编制招标控制价附件，包括各项交底纪要，各种材料及设备的价格来源，现场的地质、水文、地上情况的有关资料，编制标底价格所依据的施工方案和施工组织设计、特殊施工方法等。

(7) 编制招标控制价价格的有关表格。

招标控制价的编制工作是技术性很强的工作，在编制过程中首先要注重专业。目前有些招标控制价存在的突出问题是综合单价不能完整地体现清单项目特征中所包含的全部内容，措施费计价脱离实际。所以招标控制价的编制一定要有科学严谨的工作态度，计价细致，并在编制中注重如下几方面工作：①全面细致的解读招标文件，深入了解合同主要条款的各项内容要求；②要实地踏勘现场，施工方案编制要合理，计价套项要准确适用，做到计价科学、项目齐全、内容完整；③认真查看施工图，按施工规范要求准确计算与清单项目相配套的工程量，使综合单价具有很强的说服力；④熟练掌握定额、取费，采用可利用的市场价格信息使计价标准符合规范规定；⑤设置审核制度，通过复核全面提高编制质量，充分发挥最高限价的控制作用；⑥了解材料及设备价格，使招标控制价符合市场行情。

总结综上所述，招标控制价的编制质量事关重大，直接关系到招标人的资金是否能够合理有效利用，是否能够最大限度的发挥经济效益。在编制过程中要能够科学操作，跟踪管理，及时提供必要资料；掌握编制情况，特殊项目组织专家会审，使招标控制价切合实际完整准确。

过关问题3：试说明招标控制价与施工图预算之间的区别与联系。

答：招标控制价不等于施工图预算。招标控制价是招标人根据国家及当地有关规定的计价依据和计价办法、招标文件、市场行情，并按工程设计施工图等具体条件调整编制的，对招标项目限定的最高工程造价。其编制依据是施工图纸及清单计价定额。施工图预算是施工图设计阶段确定建设工程项目造价的依据，是建设单位在施工期间安排建设资金计划和使用建设资金的依据。其编制依据是施工图及预算定额。

由设计单位进行编制的施工图预算，是设计文件的组成部分，它仅仅是为了考量设计单位施工图设计的经济性，当然它可以作为招标控制价编制的依据，但直接将设计单位编制的施工图预算作为招标控制价会有很多问题，比如不考虑项目实际，重实体轻措施，而且施工图预算编制完成后，可能还会出现设计修改等问题。所以，招标控制价是在施工图预算的基础上考虑工程特殊施工措施费、工程质量要求、目标工期、招标工程范围、自然条件等因素编制的。

过关问题4：试说明建安工程费的划分方式和相应构成。

答：住房城乡建设部于2013年印发《建筑安装工程费用项目组成》（建标〔2013〕44号）中指出，建筑安装工程费用项目的费用构成有两种方式，即按费用构成要素组成划分为人工费、材料费、施工机具使用费、企业管理费、利润、规费和税金，按工程造价形成顺序划分为分部分项工程费、措施项目费、其他项目费、规费和税金（图2-1）。

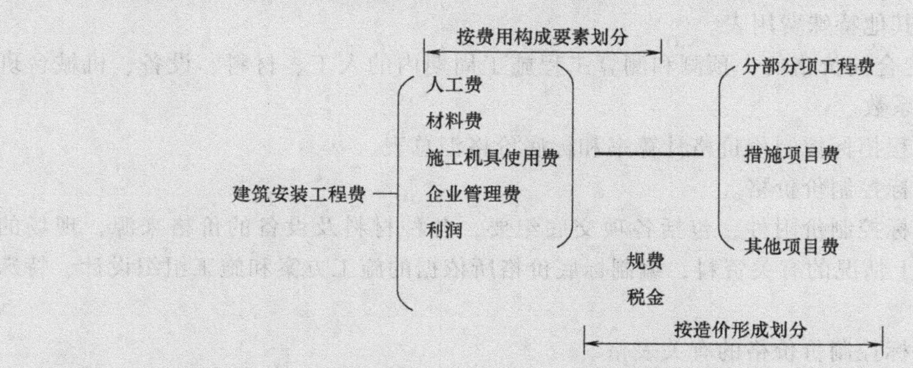

图2-1 建筑安装工程费用项目构成

过关问题5：在编制招标控制价时，什么情况下需要进行市场询价？

答：工程造价信息没有发布的那部分材料价格应参照市场价，市场价需要通过询价进行确定（图2-2）。

若材料价格在政府或工程造价管理机构发布的价格信息中没有涉及，则应针对不同情况，选择不同的方式进行自主询价。若政府或工程造价管理机构发布的价格信息中有涉及的材料价格信息，则应直接使用工程造价信息。材料询价示意图，如图 2-2 所示。

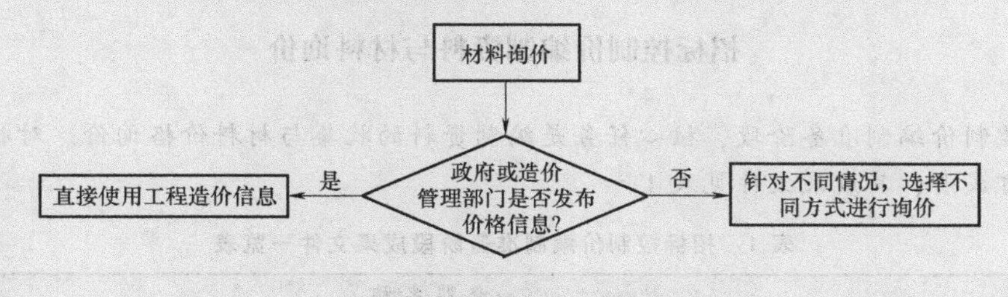

图 2-2　材料询价示意图

过关问题 6：*如果某住宅楼项目工程所采用的建设工程计价定额与当地生产要素市场价格差距过大，你将如何处理？若不能有效处理可能会带来什么样的后果？*

答：计价定额作为计划经济时期的产物，本身存在一定的滞后性，这种滞后性主要表现为计价定额与市场差距过大。在人、材、机方面，材料价格因材料的档次和规格而产生较大的差距。因此，想缩小上述差距，应从人工、材料价格入手，具体方式可为指明品牌或指定暂估价等。

此外，计价定额和工程造价信息是招标控制价的编制依据，不能单一的依靠补充定额（除非定额没有对应的子目）来弥补上述差距。在依据定额编制招标控制价时，定额套价宜高不宜低。当招标控制价中采用的计价定额与市场差距过大时，主要表现为公布的招标控制价远远低于市场平均水平，会影响招标的效率。可能出现无人投标的情况，结果导致招标人不得不进行修改招标控制价进行二次招标。

过关问题 7：*招标控制价作为招标工程限定的最高工程造价，如设置得过高或过低会对招标项目带来什么影响？哪些因素会导致招标控制价过高或过低？*

答：若招标控制价设置得过高，则会为投标人创造了围标、串标的条件。由于公开了过高的招标控制价，投标人则有了报价的目标，招标人与投标人之间存在价格信息不对称，只要投标人相互串通，“协定”一家中标单位（或投标人联合起来轮流“坐庄”），投标人不用考虑中标机会概率，就能达到较高预期利润。

若招标控制价设置得过低，则会影响招标效率，可能出现无人投标的情况，使招标人不得不修改招标控制价进行二次招标。另外，如果招标控制价设置太低，从信息经济学角度分析，若投标人能够提出低于招标控制价的报价，可能是因其实力雄厚，管理先进，确实能够以较其他投标者低得多的成本建设该项目。但更可能的情况是，该投标人并无明显的优势，而是恶性低价抢标，最终提供的工程质量不能满足招标人要求，或中标后在施工过程中以变更、索赔等方式弥补成本。

影响招标控制价准确性因素包括：①工程量清单项目漏项、漏算、错算；②项目特征描述不够规范、准确、完整，导致套定额组价出现偏差，从而影响招标控制价的准确性；③招标控制价与招标文件及工程量清单不一致；④材料价格的取定脱离市场价格，影响了招标控制价的合理性；⑤措施项目费用漏项；⑥招标控制价的编制说明不够完善；⑦招标控制价的发布内容过于简单。

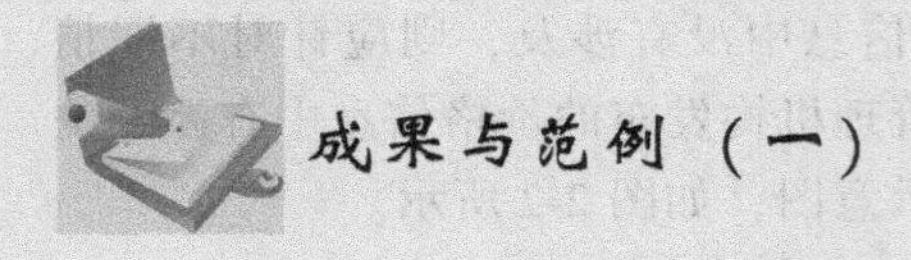

成果与范例（一）

招标控制价编制资料与材料询价

招标控制价编制准备阶段，核心任务是编制资料的收集与材料价格询价。对收集的编制资料应装订成册，其成果文件见表1。

表1 招标控制价编制准备阶段成果文件一览表

序号	资料名称
1	相关资料交接单
2	现场踏勘记录表
3	工程量清单核对计算底稿（含钢筋计算底稿）
4	清单项目下定额子目的工程量计算书
5	询价记录表
6	工程咨询会议纪要
7	常规性施工组织设计及特殊施工方案

1. 招标控制价编制相关资料交接单

咨询准备阶段与委托人签订合同后的相关资料收集应进行记录，见表2。

表2 招标控制价咨询相关资料交接单

项目名称：

序号	提供资料内容	份数	要求提供		实际提供		收件人	备注
			日期	页数	日期	页数		

2. 现场调查记录

招标文件中一般会明确工程现场的地点，编制人应对现场情况做初步调查分析，并做好资料准备，形成现场调查记录的报告，具体包括内容见表3。

表3 现场调查记录

<table>
<tr><td colspan="3">项目名称：</td><td colspan="2">项目地点：</td></tr>
<tr><td colspan="3">勘查时间：</td><td colspan="2">记录人：</td></tr>
<tr><td rowspan="4">勘查情况</td><td>调查项目</td><td colspan="3">调查内容</td></tr>
<tr><td>自然条件调查</td><td colspan="3">气象资料，水文资料，地震、洪水及其他自然灾害情况，地质情况</td></tr>
<tr><td>施工条件调查</td><td colspan="3">工程现场的用地范围、地形、地貌、地物、高程，地上或地下障碍物；现场周围的道路、进出场条件等交通条件；现场邻近建筑物与拟建工程的特征；当地政府有关部门对施工现场管理的一般要求等</td></tr>
<tr><td>其他条件调查</td><td colspan="3">现场附近的生活设施、治安情况</td></tr>
<tr><td>勘察结果确认</td><td>建设单位代表（签字）：</td><td colspan="2">委托单位代表（签字）：</td><td>咨询单位代表（签字）：</td></tr>
</table>

3. 工程量清单复核的工程量计算书

在招标控制价编制前，要认真研究招标文件，熟悉招标文件内容，领会招标文件的意图，掌握招标文件中的一些特殊规定。

研究招标文件工作中，最重要的是要认真复核招标图纸工程量和清单工程量，其计算依据是GB 50854—2013《房屋建筑与装饰工程工程量计算规范》中项目的计算规则。复核招标图纸工程量主要是检查招标图纸中重要工程量是否准确；复核清单工程量是将清单细目工程量与招标图纸一一对照，检查工程量清单是否漏项或工程数量是否出错。熟悉设计图、核对工程数量及与设计人员的良好沟通是提高招标控制价编制质量的基础。工程量核实记录单，见表4。

表4　工程量核实记录单

项目名称：　　　　　　　　　　标段：　　　　　　　　　　第　页，共　页

清单(定额)编号	项目名称	计量单位	核实工程量	备注

4. 清单项目下定额子目的工程量计算表

在编制招标控制价的过程中，采用综合单价法进行清单项目组价需计算各清单项目下定额子目的工程量，其计算依据是各地区消耗量定额中的工程量计算规则。工程量计算表格式见表5。定额子目的罗列根据清单项目的项目特征描述，注意遵循不重不漏的原则。

表5　定额子目工程量计算表

项目名称：

序号	分项工程名称	项目编号	定额编号	计算表达式	数量	单位
1						
2						

5. 询价记录

询价可以为投标人的投标报价提供可靠的依据，同样，在招标控制价的编制中，为提高编制精度，可进行合理的询价，特别注意两个问题：一是产品质量必须可靠，并满足招标文件的有关规定；二是供货方式、时间、地点，有无可附加条件和费用。询价需做严格的询价记录（表6），以备后期招标控制价的审核和档案管理。

表6　询价记录

项目名称：

序号	材料设备名称	规格	型号	品牌	单位	单元/元	询价方式	报价单位	报价人员及电话	询价人	询价时间	项目名称	价格包含主要内容	备注
一人工														
1														
2														

（续）

序号	材料设备名称	规格	型号	品牌	单位	单元/元	询价方式	报价单位	报价人员及电话	询价人	询价时间	项目名称	价格包含主要内容	备注
二材料														
1														
2														
三施工机械														

6. 编制过程会议纪要

招标控制价编制咨询过程会议纪要，见表7。

表7 招标控制价编制咨询过程会议纪要

时间		地点	
主持人		记录人	
参加会议单位及人员： 委托单位： 建设单位： 咨询单位：			
会议议题： 会议确认意见：			
勘查结果确认	建设单位代表(签字)：	委托单位代表(签字)：	咨询单位代表(签字)：

7. 常规性施工组织设计及特殊施工方案

招标控制价应反映拟建工程的质量、工期的要求，常规性施工组织设计及特殊施工方案的编制主要是为措施项目费的确定提供依据。其应包括下列内容（表8）：工程概况；施工部署；施工方案；施工进度计划；资源、供应计划；施工准备工作计划；施工平面图；技术组织措施计划；项目风险管理；项目信息管理；技术经济指标分析。通过现场调查编制人认为有必要拟定特殊施工方案的应做好记录。

表8 常规性施工组织设计及特殊施工方案表

项目名称：

工程概况	具体内容
施工部署	
施工方案	
施工进度计划	
资源、供应计划	
施工准备工作计划	
施工平面图	
技术组织措施计划	
项目风险管理、信息管理	
技术经济指标分析	

任务二　分部分项工程和单价措施项目清单与计价表的编制

过关问题1：工程量，就是以物理计量单位或自然计量单位所表示的各个具体工程和结构配件的数量。清单编制中会遇到两种工程量——清单工程量和定额工程量，试说明两种工程量之间的关系。

答：**1. 清单工程量**

清单工程量是指工程量清单中各计价工程细目的数量，也就是工程量清单修编时，需要造价人员编写到清单中的工程量，承包商常称为“计价工程量”。工程量清单中的计价工程细目一般为工程实体，对于与之相连带的施工措施工程量一般不单独计量，而是根据计量与支付条款的规定包含在相关的工程实体计价细目综合单价中。清单工程量是根据招标设计施工图的设计工程量和技术规范中相应的计量与支付条款进行工程量的同类项合并之后确定而成的。

2. 定额工程量

定额工程量是指编制招标控制价的人员在完成工程现场勘察、工程量清单分析和编制投标施工组织设计的基础上，根据招标图纸的设计工程量、施工组织方案确定的施工措施工程量（又称辅助工程量）、招标文件技术规范中的计量与支付条款和预算定额子目等四个要素，以工程量清单计价工程细目为编制单元而计算出来的工程量。定额工程量包括该计价工程细目下计量与支付范围内的设计工程量和施工措施导致的辅助工程量。

简单地讲，定额工程量的计算是以清单计价细目为单元，一个清单计价细目可以包括一个或多个定额项，具体要按照现场勘察结果、对清单项的分析、施工组织设计的内容，分析得出完成一个清单项需要的所有工作内容，并分别计算各项工作的工程量。

计算清单工程量时，首先要查看设计工程量，有些项目设计单位没有完成设计便开始招标，采用设计很粗的设计施工图，此时将设计工程量直接作为清单工程量进行招标。当设计施工图很细时，工程量精度很高，则需以设计工程量为基础计算清单工程量。当定额工程量计算规则与清单技术规范中计算规则相同时，则定额工程量可直接采用清单工程量。所有实体项目或措施项目工作的定额工程量共同组成一个清单项的定额工程量。

3. 工程量之间的关系

（1）清单工程量与定额工程量两种工程量对于同一计量项目，工程量数量可能不同。需要造价人员根据具体项目情况按照技术规范、定额计算规则以及施工方案进行计算。

（2）对于某一清单项，可能包括若干定额项。需要造价人员根据技术规范的要求，逐项计算定额项，组成相应的清单项造价。

所选套定额的工程量应按设计施工图、施工方案和预算定额、编制办法等计算，它和清单工程数量在项目和数值上往往是不同的，大部分清单项目都包含几个工作内容，因此不能漏项或重复计算。计算工程数量时需要充分理解和熟悉技术规范、预算定额、编制办法等。

过关问题2：在编制综合单价时，当GB 50854—2013《房屋建筑与装饰工程工程量计算规范》的项目特征、工程内容、计量单位及工程量计算规则与预算定额一致时，应如何选择和套用分部分项工程工程量清单综合单价组价中的计价定额？

答：**1. 定额子目的选择**

第一步：阅读有关说明。

选套定额项目时，一定要认真阅读定额的总说明、分部工程说明、分节说明和附注内容；要明确定额的适用范围，定额考虑的因素和有关问题的规定，以及定额中的用语和符号的含义（如定额中凡注有“×××以内”或“×××以下”者，均包括其本身在内；而“×××以外”或“×××以上”者，均不包括其本身在内等）；要正确理解、熟记建筑面积和各分项工程的工程量计算规则，并注意分项工程（或结构构件）的工程量计量单位应与定额单位相一致，做到准确地套用相应的定额项目。

第二步：确定完成清单项目的内容。

根据招标文件中的分部分项工程量清单项目的特征描述，同时参照工作内容、施工现场情况，以及拟定的施工方案确定完成清单项目的内容。

第三步：定额子目的确定。

在国家或省级、行业建设主管部门颁发的定额中找到与之对应的定额子目。

2. 定额子目的套用

当施工图的分部分项工程内容与所选套的相应定额项目内容相一致时，应直接套用定额项目；要查阅、选套定额项目和确定单位预算价值。绝大多数工程项目属于这种情况。其选套定额项目的步骤和方法如下：

第一步：查询定额目录。

根据设计的分部分项工程内容，从定额目录中查出该分部分项工程所在定额中的页数及其部位。

第二步：套用定额基价的判断。

判断设计的分部分项工程内容与定额规定的工程内容是否相一致，当完全一致（或虽然不相一致，但定额规定不允许换算调整）时，即可直接套用定额基价。当施工图设计的分部分项工程内容与所选套的相应定额项目内容不完全一致时，如定额规定允许换算，则应在定额规定范围内进行换算，套用换算后的定额基价。当采用换算后定额基价时，应在原定额编号右下角注明“换”字，以示区别。具体换算方法见本任务的过关问题 3。

第三步：预算表格的填写。

将定额编号和定额基价（其中包括人工费、材料费、机械使用费）填入预算表内。

第四步：确定分项工程或结构构件预算价值。

确定分项工程或结构构件预算价值，一般可按下式计算

分项工程预算价值=分项工程工程量×相应定额计价

过关问题 3：*当 GB 50854—2013《房屋建筑与装饰工程工程量计算规范》的项目特征、工程内容、计量单位及工程量计算规则与预算定额不一致时，应如何选择和套用计价定额？*

答：换算原因及公式如下：

1. 砌筑砂浆的换算

（1）换算原因。当设计图要求的砌筑砂浆强度等级在预算定额中缺项时，就需要调整砂浆强度等级，求出新的定额基价。

（2）换算特点。由于砂浆用量不变，所以人工、机械费不变，因而只换算砂浆强度等级和调整砂浆材料费。

（3）砌筑砂浆换算公式。

换算后定额基价 = 原定额基价 + 定额砂浆用量 ×（换入砂浆基价 − 换出砂浆基价）

2. 抹灰砂浆换算

（1）换算原因。当设计图要求的抹灰砂浆配合比或抹灰厚度与预算定额的抹灰砂浆配合比或厚度不同时，就要进行抹灰砂浆换算。

（2）换算特点。

第一种情况：当抹灰厚度不变只换算配合比时，人工费、机械费不变，只调整材料费。

第二种情况：当抹灰厚度发生时，砂浆用量要改变，因而人工费、材料费、机械费均要换算。

（3）换算公式。

第一种情况的换算公式为

换算后定额基价 = 原定额基价 + 抹灰砂浆定额用量 ×（换入砂浆基价 − 换出砂浆基价）

第二种情况换算公式为

换算后定额基价 = 原定额基价 +（定额人工费 + 定额机械费）×（K−1）+

∑（各层换入砂浆用量 × 换入砂浆基价 − 各层换出砂浆用量 × 换出砂浆基价）

式中，K 为工、机费换算系数，且

K = 设计抹灰砂浆总厚 ÷ 定额抹灰砂浆总厚

各层换入砂浆用量 =（定额砂浆用量 ÷ 定额砂浆厚度）× 设计厚度

各层换出砂浆用量 = 定额砂浆用量

3. 构件混凝土换算

（1）换算原因。当设计要求构件采用的混凝土强度等级，在预算定额中没有相符合的项目时，就产生了混凝土强度等级或石子粒径的换算。

（2）换算特点。混凝土用量不变，人工费、机械费不变，只换算混凝土强度等级或石子粒径。

（3）换算公式。

换算定额基价 = 原定额基价 + 定额混凝土用量 ×（换入混凝土基价 − 换出混凝土基价）

4. 楼地面混凝土换算

（1）换算原因。楼地面混凝土面层的定额单位一般是平方米。因此，当设计厚度与定额厚度不同时，就产生了定额基价的换算。

（2）换算特点。同抹灰砂浆的换算特点。

（3）换算公式。

换算后定额基价 = 原定额基价 +（定额人工费 + 定额机械费）×（K−1）+ 换入混凝土 ×

换入混凝土基价 − 换出混凝土用量 × 换出混凝土基价

式中，K 为工、机费换算系数，且

K = 混凝土设计厚度 / 混凝土定额厚度

各层换入混凝土用量 =（定额混凝土用量）/（定额混凝土厚度）× 设计混凝土厚度

换出混凝土用量 = 定额混凝土用量

5. 乘系数换算

乘系数换算是指在使用预算定额项目时，定额的一部分或全部乘以规定的系数。

例如，某地区预算定额规定，砌弧形砖墙时，定额人工乘以 1.10 系数；楼地面垫层用于基础垫层时，定额人工费乘以系数 1.20。

过关问题 4：试简要说明工程量清单综合单价组价中风险费用的计算方法。

答：招标控制价综合单价风险费用，一般均是根据各地建设主管单位公布的风险系数加以确定的。考虑到不同项目有各自的工程规模和实施情况，用统一的风险系数计算风险费用不能真实反映拟建项目的情况，因此需要根据不同工程建设项目的实施特点，据实对风险因素进行量化分析，确保综合单价的准确性及合理性。

1. 分项风险计算法

在计算综合单价分析时，对材料费、机械费、管理费等各部分费用的风险进行单独计算，然后汇总成综合单价，其基本思路为

$$p=(F_1K_1+F_2K_2+F_3K_3)\times(1+f)$$

式中，p 为拟确定的综合单价；F_1、F_2、F_3为未考虑风险的材料费、机械费、管理费；K_1、K_2、K_3为材料费、机械费、管理费的风险系数；f 为利润率。

2. 综合风险系数法

综合风险系数法是将层次分析法与模糊隶属度分析相结合，综合确定综合单价中的风险系数，以确定各部分风险的综合影响的方法。其量化过程为：用层次分析法确定各风险评价指标因素权重；根据风险等级评估风险因素，确定风险模糊评价矩阵；将风险因素权重与风险费用量化模型相结合，赋予相应的评价集，并根据市场平均水平下的承包商预期利润率，确定风险费用系数。

3. 风险利润率法

与综合风险系数法类似，风险利润率法也需要先建立风险评价因素集，用层次分析法确定各个风险因素的权重，并根据风险等级评估风险因素，确定风险模糊评价矩阵。不同的是，为了使招标控制价中对风险的考虑能在利润率上有效地体现，使利润率能更准确地反映招标方希望投标方承担的风险程度，需要得到招标控制价风险利润率的合理性建议值，这就需要考虑市场上承包商利润率水平来确定利润率矩阵 $D=(d_1, d_2, d_3, d_4)$。其中，d_1、d_4为投标承包商平均水平的最大和最小利润率，d_2、d_3由 d_1、d_4线形插值获得。最后利用风险模糊评价矩阵和利润率矩阵计算风险利润率。

过关问题 5：某工程有现浇混凝土独立柱基础 5 个，基础平面图和剖面图如上篇项目二中图 2-2 所示。设计混凝土采用碎石 GD40 普通商品混凝土 C25，单价 285.00 元/m³，非泵送。表 2-1 为某地区现行消耗量定额表。按现行消耗量定额规定，要求：

表 2-1 现浇混凝土消耗量定额

工作内容（略） 单位：10m³

定额编号		A4-6	A4-7
项　目		独立基础	
		毛石混凝土	混凝土
参考基价/元		2630.21	3013.87
其中	人工费/元	288.42	326.61
	材料费/元	2334.18	2677.81
	机械费/元	7.61	9.45

（续）

编码	名称	单位	单价/元	数量	
041401026	碎石 GD40 普通商品混凝土 C20	m^3	262.00	8.120	10.150
040601001	毛石	m^3	52.00	3.630	—
310101065	水	m^3	3.40	1.090	1.130
021701001	草袋	m^3	4.50	3.170	3.260
990311002	插入式振捣器	台班	12.27	0.620	0.770
990308003	混凝土搅拌机 容量 500L	台班	163.90	—	—

1）计算独立基础混凝土浇捣工程量。

2）若工程管理费率取35%，利润率取10%，完成分部分项工程费用表的编制（要求写出计算过程）。

答：**1. 独立基础工程量**

$V_上=0.5m\times0.5m\times0.45m=0.1125m^3$

$V_中=(0.5m\times0.5m+2.0m\times2.0m+0.5m\times2.0m)\times0.25m\div3=0.4375m^3$

$V_下=2.0m\times2.0m\times0.45m=1.8m^3$

基础混凝土浇捣工程量$=5\times(0.1125+0.4375+1.8)m^3=11.75m^3$

2. 套A4-7换

1）人工费$=(326.61+10.15\times2)$元/$10m^3=539.76$元/$10m^3$

2）材料费$=2677.81$元/$10m^3+10.15\times(285-262)$ 元/$10m^3=2911.26$元/$10m^3$

3）机械费$=9.45$元/$10m^3$

4）管理费$=(539.76+9.45)$元/$10m^3\times35\%=192.22$元/$10m^3$

5）利润$=(539.76+9.45)$元/$10m^3\times10\%=54.92$元/$10m^3$

6）综合单价$=539.76$元/$10m^3+2911.26$元/$10m^3+9.45$元/$10m^3+192.22$元/$10m^3+54.92$元/$10m^3=3707.61$元/$10m^3$

7）合价$=3707.61$元/$10m^3\times11.75m^3\div10=4356.442$元

该分部分项工程量清单计价表的填写见表2-2。

表2-2 分部分项工程量清单计价表（现浇混凝土独立基础）

序号	项目编码	项目名称及项目特征描述	单位	工程量	综合单价/元	合价/元
1	010501003001	独立基础 1. 混凝土种类：商品普通混凝土非泵送 2. 混凝土强度等级：C25 碎石 GD40	m^3	11.75	3707.61	4356.442

过关问题6：某工程基础平面布置和基础详图如上篇项目一中图1-4所示。工程土为三类土，基础土方开挖的施工方案：人工开挖，基础混凝土垫层支模要考虑每边加工作面300mm，弃土采用铲运机铲运土。表2-3为某地区现行土方工程消耗量定额，工料机均按定

额计取，管理费率为 10%，利润率为 5%。根据已知条件完成表 2-4 的编制（要求写出过程）。

表 2-3 土方工程消耗量定额

工作内容：（略） 单位：$100m^3$

定额编号				A1-9		A1-110	A1-111
项目				挖沟槽三类土深		单（双）轮车运土方	
				2m 以内	4m 以内	运距 50m 以内	500m 以内每增 50m
参考基价/元				2083.39	2443.02	832.32	121.44
其中	人工费/元			2078.40	2440.80	832.32	121.44
	材料费/元			—	—	—	—
	机械费/元			4.99	2.22	—	—
编码	名称	单位	单价/元	数量			
990605001	夯实机电动[200~620]	台班	27.70	0.180	0.080	—	—

表 2-4 分部分项工程量清单计价表

序号	项目编码	项目名称及特征描述	计量单位	工程量	综合单价/元	合价/元
1	010101003001	挖沟槽土方 土壤类别：三类土 挖土深度：≤2m 弃土运距：500m				

答：1. 挖基础土方清单工程量

$L_{外}=(3.6+6.0+3.0+5.4+5.4+6.0)\text{m}\times2=58.8\text{m}$

$L_{内}=(6.0+3.0-1.2-0.1\times2)\text{m}=7.6\text{m}$

基槽体积 $=(58.8+7.6)\text{m}\times(1.2+0.1\times2)\text{m}\times(1.4+0.1-0.3)\text{m}=111.55\text{m}^3$

2. 综合单价分析

定额项目组成：

（1）A1-9 人工挖基槽。加工作面 300mm，不考虑放坡：

基槽定额工作量 = 长×宽×挖深 $=(58.8+7.6-2\times0.3)\text{m}\times(1.4+2\times0.3)\text{m}\times(1.4-0.3+0.1)\text{m}=157.92\text{m}^3$

合价 $=157.92\text{m}^3\times[2083.39+2083.39\times(10\%+5\%)]$元$/\text{m}^3\div100=3783.60$ 元

（2）A1-110+A1-111×(500−50)÷50 人工装土、机动翻斗车运土：

套用的基价 $=832.32$ 元$/100\text{m}^3+9\times121.44$ 元$/100\text{m}^3=1925.28$ 元$/100\text{m}^3$

垫层土方量 $=(58.8+7.6)\text{m}\times1.4\text{m}\times0.1\text{m}=9.30\text{m}^3$

带形混凝土基础土方量 $=58.8\text{m}\times(1.2\times0.35+0.6\times0.3)\text{m}^2+(9-1.2)\times1.2\times0.35\text{m}^3+(9-0.6)\times0.6\times0.3\text{m}^3=40.07\text{m}^3$

室外地坪以下砖基础土方量=[(58.8+9−0.185×2)×0.185×2×(1.4−0.35−0.3−0.3)] m^3=11.23m^3

运土工程量=9.30m^3+40.07m^3+11.23m^3=60.60m^3

运土合价={60.60×[1925.28+1925.28×(10%+5%)]÷100}元=1341.73元

综上分析，挖基础土方清单项目合价=3783.6元+1341.73元=5125.33元

综合单价=5125.33元÷111.55m^3=45.95元/m^3

则该分部分项工程量清单计价表的填写见表2-5。

表2-5　分部分项工程量清单计价表（土方工程）

序号	项目编码	项目名称及特征描述	计量单位	工程量	综合单价/元	合价/元
1	010101003001	挖沟槽土方 土壤类别:三类土 挖土深度:≤2m 弃土运距:500m	m^3	111.55	45.95	5125.33

过关问题7：某挖掘机械挖二类土方的台班产量定额为100m^3/台班。当机械幅度差系数为20%时，该机械挖二类土方1000m^3预算定额的台班耗用量应为多少台班？

答：台班时间定额=(1/100)台班/m^3=0.01台班/m^3

机械耗用台班=0.01台班/m^3×(1+20%)=0.012台班/m^3

挖1000m^3预算定额的台班消耗量=(0.012×1000)台班=12台班

过关问题8：试说明工料单价法和综合单价法的区别。

答：工料单价法中，分部分项工程的单价仅仅包括工、料、机的单价，是“不完全单价”；而综合单价法中，分部分项工程的单价不仅包括工、料、机的单价，还包括企业管理费与利润，是“部分综合单价”。

任务三　总价措施项目清单与计价表的编制

过关问题1：某住宅楼建筑工程，经过计算可得表2-6中数据。

表2-6　某住宅楼工程分部分项工程费与单价措施费

项目名称	人工费/万元	材料费/万元	机械费/万元
分部分项工程费	1608	3045	480
单价措施费	540	752	641

其中，建设工程管理费率取35%，利润率取12%。本工程应计取的各项费用及取费费率为：安全文明施工费的费率6.96%；检验试验配合费的费率0.10%；雨季施工增加费的费率为0.50%；工程定位复测费的费率0.05%；暂列金额的费率取8%；建安劳保费的费率27.46%；工程排污费费率0.40%；税率10%。根据已知条件和某地区现行费用定额规定计算该工程造价。

答：工程量清单法的单位工程计价程序见表2-7。

表 2-7 单位工程计价程序（工程量清单法）

序号	项 目 名 称	计 算 程 序
1	分部分项工程量项目及单价措施项目清单合计	Σ(分部分项工程及单价措施项目清单工程量×相应综合单价)
1.1	其中:人工费	Σ(分部分项工程及单价措施项目清单工程量×相应消耗量定额人工费)
1.2	材料费	Σ(分部分项工程及单价措施项目清单工程量×相应消耗量定额材料费)
1.3	机械费	Σ(分部分项工程及单价措施项目清单工程量×相应消耗量定额机械费)
2	总价措施费用计价小计	[<1.1> + <1.2> + <1.3>]×相应费率或按有关规定计算
3	其他项目费计价合计	按有关规定计算
4	规费清单计价合计	<4.1>+<4.2>+<4.3>+<4.4>+<4.5>
4.1	建安劳保费	<1.1>×相关费率
4.2	生育保险费	<1.1>×相关费率
4.3	工伤保险费	<1.1>×相关费率
4.4	住房公积金	<1.1>×相关费率
4.5	工程排污费	[<1.1>+<1.2>+<1.3>]×相应费率
5	税前项目费	
6	税金	[<1>+<2>+<3>+<4>+<5>]×相应费率
7	工程总造价	<1>+<2>+<3>+<4>+<5>+<6>

注：“<>”内数字均为表中对应序号。

（1）分部分项工程费用合计＝[1608＋3045＋480＋(1608＋480)×(35%＋12%)]万元＝6114.36万元

（2）措施项目费合计＝(2488.07+537.723)万元＝3025.793万元

1）单价措施费用合计＝[540+752+641+(540+641)×(35%+12%)]万元＝2488.07万元

2）总价措施费合计＝(491.794+7.066+35.33+3.533)万元＝537.723万元

① 安全文明施工费＝(1608+3045+480+540+752+641)万元×6.96%＝491.794万元

② 检验试验配合费＝(1608+3045+480+540+752+641)万元×0.10%＝7.066万元

③ 雨季施工增加费＝(1608+3045+480+540+752+641)万元×0.50%＝35.33万元

④ 工程定位复测费＝(1608+3045+480+540+752+641)万元×0.05%＝3.533万元

（3）其他项目费合计＝731.212万元

暂列金额＝(6114.36+3025.793)万元×8%＝731.212万元

（4）规费合计＝(589.841+28.264)万元＝618.105万元

1）建安劳保费＝(1608+540)万元×27.46%＝589.841万元

2）工程排污费＝(1608+3045+480+540+752+641)万元×0.40%＝28.264万元

（5）税金＝(6114.36+3025.793+731.212+618.105)万元×10%＝1048.47万元

(6) 工程总造价 = (6114.36 + 3025.793 + 731.212 + 618.105 + 1048.47) 万元 = 11537.94 万元

过关问题2： 安全文明施工费必须按照国家或省级、行业建设主管部门的规定计算，不得作为竞争性费用，但这并不意味着工程量发生变化后安全文明施工费不可以调整，请结合以下案例，分析该条件下的安全文明施工费应如何调整？

某住宅楼建筑规模2.5万m^2，2栋，每栋16层。招标方式采用公开招标。招标文件中规定，根据该省《建设工程现场安全文明施工措施费计价方法》的规定，安全文明施工费的计取基数为分部分项工程费总额的2.0%，其中安全文明施工费中的临时设施费采用总价包干形式，为安全文明施工费总额的40%。该省某房地产开发经营集团中标，分部分项工程费总额为6610万元，安全文明施工费按照招标文件的规定，总额为132.2万元，其中临时设施费为52.88万元。施工过程中由于融资渠道出现问题，该项目资金不能按预期计划完全到位，因此业主提出了变更指令，将每栋楼的建设规模由16层缩减至14层。该项目最终审定的分部分项工程费为5950万元，因此业主提出对安全文明施工费的调整，调整方法为根据该省《建设工程现场安全文明施工措施费计价方法》的规定，最终应该支付给承包商的安全文明施工费为132.2万元×(5950/6610) = 119万元。而承包商认为合同中规定安全文明施工费中的临时设施计价规定为总价包干，因此临时设施费用不应该调整，认为最终应该得的安全文明施工费总额为52.88万元+(132.2−52.88)万元×(5950/6610) = 124.28万元。

答：《建筑工程安全防护、文明施工措施费用及使用管理规定》（建办〔2005〕89号）规定了安全文明施工费应当依据工程所在地工程造价管理机构测定的相应费率，合理确定工程安全防护、文明施工措施费。各省市分别以直接工程费、分部分项工程费、直接费等为计取基数。安全文明施工费与工程实体工程量的大小成正比例关系。然而安全文明施工并不专门服务于某一特定的分部或分项工程，而是作为一种非竞争性措施项目服务于工程建设项目的整体。针对安全文明施工费属于不可竞争性费用这一性质，工程量变化导致安全文明施工费调整的一个充分条件为：当工程量变化导致安全文明施工费计取基数（如分部分项工程费）变化时，其费用变化按最终审定的计取基数进行调整。当工程量变化导致安全文明施工费计取基数（如分部分项工程费）的增加或者减少一定幅度（例如10%）时，安全文明施工费按照计取基数增加或者减少的比例（10%）据实进行调整。

以上案例中业主与承包商之间的矛盾关键在于以总价包干计价的临时设施项目费52.88万元是否应该调整。首先，根据临时设施的作用和实际发生来看，临时设施一般在项目开工初期已经一次性地全部投入，其计价方式采用总价包干。其次，由于本案例中的工程变更是由于业主资金不充足的原因导致的，且工程量的变化并没有导致施工组织设计的改变。因此，本案例中关于安全文明施工费的争议的解决应偏向于承包商，即临时设施费不能调整，其他安全文明施工费按照分部分项工程费的变化比例调整，最终应该得的安全文明施工费总额为52.88万元+(132.2−52.88)万元×(5950/6610) = 124.28万元。

过关问题3： 在工程实施过程中，由于工程变更、施工方案调整等经常会导致措施费发生调整，招标人为避免这种麻烦，常常采用措施项目总价包干的方式来计取，试讨论采用措施项目总价包干的费率应如何计取。

答：此问题为开放性问题，没有标准答案，请结合你项目所在地的计算方式进行讨论。

过关问题4： 总价措施费列项的内容众多，包括冬雨季施工增加费、夜间施工增加费等。请结合项目所在地（可自选）讨论总价措施费列项时应考虑哪些因素以及应有哪些类目。

答：以案例中住宅楼项目成果展示为例，在考虑到该项目施工方案、现场环境以及项目所在地相关规定等的基础上，该项目的总价措施项目清单项目见表 2-8。

表 2-8 住宅楼项目总价措施项目

序号	项目名称	计算基础	费率
1	安全文明施工	分部分项工程费	
2	大型机械设备进出场及安拆		
3	施工降水		
4	地上、地下设施，建筑物的临时保护设施		
5	竣工图编制费		
6	护坡工程		
7	建筑工程措施项目		
(1)	脚手架		
(2)	垂直运输机械		

任务四 其他项目计价表的编制

过关问题 1：根据 GB 50500—2013《建设工程工程量清单计价规范》，暂列金额是招标人在工程量清单中暂定并包括在合同价款中的一笔款项。试说明暂列金额包括哪些具体内容，与暂估价相比两者有何区别？

答：暂列金额是用于工程合同签订时尚未确定或者不可预见的所需材料、工程设备、服务的采购，施工中可能发生的工程变更、合同约定调整因素出现时的合同价款调整以及发生的索赔、现场签证确认等的费用。

暂列金额的性质包括在合同价之内，但并不直接属承包人所有，而是由发包人暂定并掌握使用的一笔款项。包含在合同价格之内的暂列金额实际上是一笔业主方的备用金，用于招标时对尚未确定或不可预见项目的储备金额。施工过程中业主有权依据工程进度的实际需要，用于施工或提供物资、设备以及技术服务等内容的开支，也可以作为供意外用途的开支。业主有权全部使用、部分使用或完全不用。

暂列金额与暂估价的区别如下：

(1) 概念不同。暂列金额是指招标人在工程量清单中暂定并包括在合同价款中的一笔款项。用于施工合同签订时尚未确定或者不可预见的所需材料、设备、服务的采购，施工中可能发生的工程变更、合同约定调整因素出现时的工程价款调整以及发生的索赔、现场签证确认等的费用。暂估价是指招标人在工程量清单中提供的用于支付必然发生但暂时不能确定的材料的单价以及专业工程的金额。

(2) 发生可能性不同。暂列金额是包含在合同价里面的一笔费用，用来支付在施工过程中可能产生的、也可能不会产生的项目，也就是说暂列金额不一定会发生，具有不可预见性；而暂估价是包含在合同必然发生的。

（3）使用方式不同。暂列金额属于工程量清单计价中其他项目费的组成部分，包括在合同价之内，但并不直接属承包人所有，而是由发包人暂定并掌握使用的一笔款项，如有剩余应归发包人所有。暂估价是因为标准不明确或者需要由专业承包人完成，暂时又无法确定具体价格而采用的一种价格表现形式。对于暂估价分为材料暂估价和专业工程暂估价。发包人在招标工程量清单中暂估价属于依法必须招标的，应通过招标确定价格，并以此取代暂估价，调整合同价款；不属于招标的，应由承包人按照合同采购，经发包人确认单价后取代暂估价，调整合同价款。

在涉及暂列金额和暂估价的工程结算审计时，审计工作人员应核实发包方现场人员及监理工程师的签字、采购凭证以及相关招投标资料，通过查询定额、造价动态信息和市场询价等方式，确定合理工程结算价，妥善处理发包人和承包人之间的利益。

过关问题2：材料暂估价应按工程造价管理机构发布的工程造价信息中的材料单价计算，工程造价信息未发布的材料单价，参考市场价格估算。在没有工程造价信息可以查询的时候，需要自行询价。试讨论材料暂估价可能存在的风险有哪些。

答：暂估价材料在实际操作中一般可理解为“甲控材料”，是业主为了确保工程质量，保证工程材料的品质而需对中标企业在选择主要材料时的一种控制力。该项目费用在工程招标时是包含在中标施工方的合同价中，“甲控材料”选择权在业主，而采购合同签订权却在中标人，由于材料采购风险责任划分不明确，个别业主或中标人对材料的品牌喜好不同，一旦出现风险各自推脱责任，影响工程进度与质量。

暂估价材料的出现，理论上是在结算时按实调整，所以在设置时未考虑或不能充分考虑以后暂估价实际变动的因素，有可能会导致突破招标人的投资规模，使投资规模严重失真。作为甲控乙购产品，往往采购价格过高时造成招标方的损失，增加资金筹措与结算难度。价格过低时，因施工企业自身利益受损害会拒绝采购，因此合同总价暂估价的比重需要一个合适的数值。

暂估价材料在工程建设过程中，由于缺少相关的理论性文件或施工合同中明确的责任划分，易引起工程建设管理和工程结算时材料差价、相关措施费用、总承包管理服务费用、规费等的计取陷入混乱。

由于采用暂估价材料的选择权在业主，在暂估价材料选择采购时，极易招致招标的不正之风与暗箱操作。

过关问题3：GB 50500—2013《建设工程工程量清单计价规范》将发包人在招标工程量清单中给定暂估价的专业工程，分为属于依法必须招标的和不属于依法必须招标的两种情况。试分别说明两种情况下专业工程暂估价的确定程序及方法。

答：由图2-3、图2-4可知，发包人在工程量清单中给定暂估价的专业工程不属于依法必须招标的，应按照工程变更的估价原则确定专业工程价款，并以此为依据取代专业工程暂估价，调整合同价款。如果招标工程量清单中已有适用的项目，且专业工程经变更估价后的工程量超过（减少）暂估工程量的15%，则超过（或减少后剩余部分）的价格应当调低（或调高）。如果未超过15%，则直接以估价后的价格取代暂估价，调整合同价款。发包人在招标工程量清单中给定暂估价的专业工程，属于依法必须招标的，应当由承发包双方依法组织招标选择专业分包人，并接受有管辖权的建设工程招标投标管理机构的监督，以专业工程中标价取代暂估价，调整合同价款。

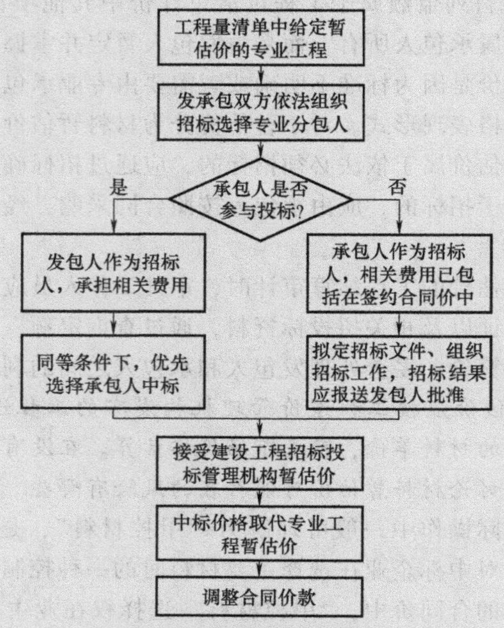

图 2-3 属于依法必须招标的专业工程

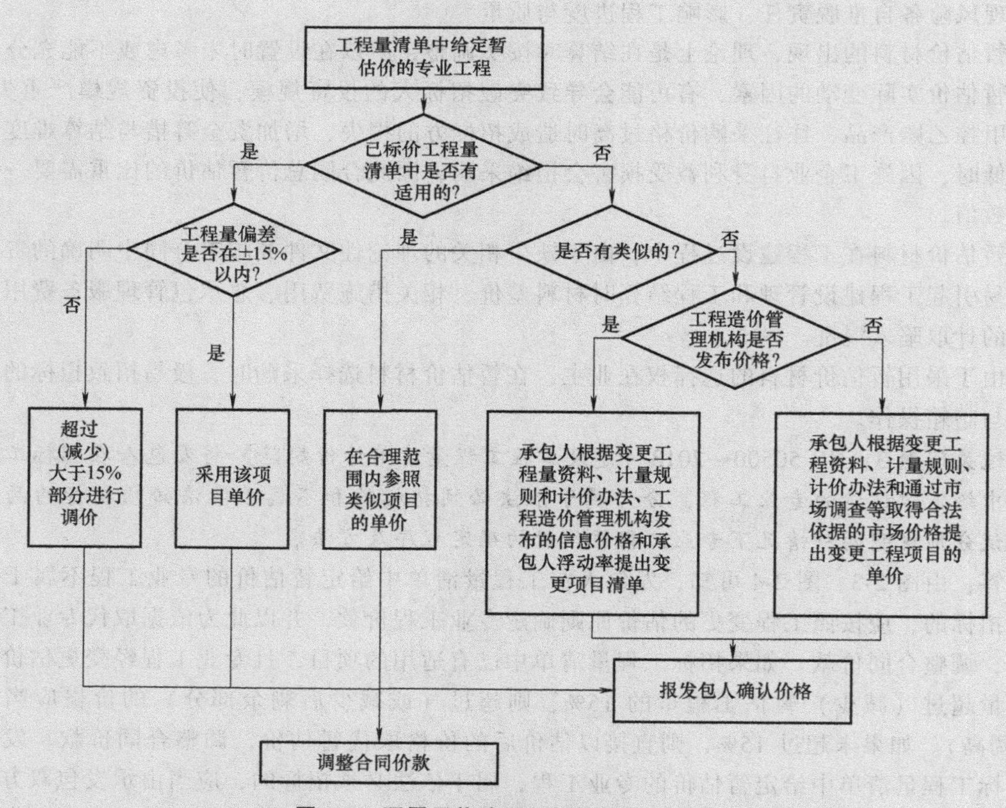

图 2-4 不属于依法必须招标的专业工程

过关问题4：在工程施工过程中，会经常遇到承包人应发包人要求完成合同以外的零星项目、非承包人责任事件等工作，需通过查询已标价工程量清单计日工表上人工、材料和机械台班的综合单价来计算现场签证费用。但由于这些合同外的零星工程相对复杂、零碎，致使已标价工程量清单计日工表中缺少部分人工、材料、机械台班的综合单价。请就此讨论，无计日工单价的情况可能带来哪些问题。

答：如果业主要求承包方按计日工计价方式计算合同外或零星工作，但工程量清单的计日工表中没有零星工作所涉及的部分人工、材料、机械设备的综合单价，业主和承包商需要对这部分工程数量和单价进行磋商。

无计日工单价下的现场签证单价难以确定。在发生这些合同外工程、零星工作时所产生的人工、材料、机械台班种类在工程量清单计日工表中没有列出，其一般都是比较特殊的工种、材料、机械，在现场签证过程中，发承包双方难以对人工、材料、机械台班单价金额和计价依据达成一致。例如：业主和承包方在无计日工工日单价的确定上发生争执，业主认为应该从市场价或定额中查询并计入现场签证费用，此方法遭承包方拒绝，承包方认为计日工表上人工单价是综合单价，该单价应包括基本单价及承包人的管理费、税费、利润等所有附加费；业主的报价并没有将这些税费计入，导致双方产生纠纷。

过关问题5：计日工项目数量的准确确定，往往会对计日工计价与结算产生重大影响。如某建设工程，招标工程量清单中的计日工项目暂估数量采用“名义数量”，而施工过程实际使用的机械台班数量远远超过了招标时确定的名义数量，从而导致计日工结算金额过大。请查找相关资料，讨论计日工数量应如何进行估算。

答：招标人编制工程量清单时，计日工项目是否发生、哪些项目或工作需要采用计日工都无法确定，因而招标工程量清单中计日工的工、料、机数量是无法通过计算获得的。招标人只能根据历史工程实践的经验，通过一定的方式得到计日工数量的预估数。通过对计日工理论研究和实践的归纳、总结，目前实践中采用的主要有两种方式。

(1) 根据工程类别及具体情况，提出计日工项目的暂估数量。建设工程按使用功能可分为房屋建筑工程、公路工程、水利工程、市政工程等不同种类。估算时，可以根据不同行业的特点，并结合建设工程的具体情况直接提出计日工的数量。此方法的主要依据是发包人的实践经验和主观认识，因而估算比较粗略，计日工数量的计算精确度也相对较低。

计日工数量的估算，可借鉴定额计价模式下的“经验估计法”来确定。传统定额计价模式下，建设工程定额是计算工程造价的主要依据。所谓建设工程定额，是指在规定的工作条件下，完成单位合格产品必须消耗的人工、材料、机械等生产要素的数量标准。这里的规定的工作条件，即定额测算的前提条件，主要包括四方面：①正常的施工条件；②合理的劳动组织；③合理使用材料和机械；④完成单位合格产品。

根据生产要素划分，建设工程定额可分为人工定额、材料消耗定额和施工机械台班使用定额。合理的工程定额水平，有利于定额作用的充分发挥。要编制先进合理的建设工程定额，离不开恰当的定额编制方法。现行的建设工程定额编制方法主要有四种：不同的定额编制方法，适用于相应条件下的建设工程定额的测定。技术测定法的科学技术依据充分，但实施过程复杂且工作量大、花费时间长，常用于大批量的、主要或重要工序的定额编制。统计分析法是同类工程或产品的工时消耗资料为基础的，要求企业拥有一定数量的历史资料。比较类推法适用于测算同种类型、不同规格产品的工时消耗。经验估计法则是以技术人员的经验为主要的参考依据，通常用于多品种、小批量、单件性的产品生产，或新产品试制，以及一次性的生产和零星任务的定额测算。

在计日工项目中，对于临时发生的、意料之外的工作，往往需要根据经验来估算其所需工时。经验估计法简便、易懂，且工作量较小，因而能够得到广泛的使用。但是，采用经验估计法也有其缺点，即经验估计法很容易受到个人的经验、技术等主观因素的影响，因而准确性较低。一般而言，由于计日工项目的总金额相对较小，故采用经验估计法不会对整体的工程造价造成重大影响，因而是适用的。

（2）根据分部分项工程量清单工程量和一定的比例，计算得到计日工数量。招标人根据工程的复杂程度、工程设计质量的优劣以及工程项目设计的成熟程度等因素，确定计日工中的工、料、机的数量。一般工程，以人工计量为基础，按人工消耗总量的1%取值；材料消耗主要是辅助性材料的消耗，可按消耗材料类别列项；机械列项和计量，参考单位工程机械消耗的种类，可以按机械消耗总量的1%取值。

计日工人、材、机使用数量的计算基础，可以利用招标控制价编制过程中的有关数据计算得到。招标人在编制招标控制价时，很容易计算得到分部分项工程中使用的人工、材料、机械台班等劳动要素的消耗量。招标工程量清单中的计日工人、材、机数量就可在分部分项工程清单中的人工总量、材料总量和机械消耗总量的基础上，乘以确定的比例得到。

此外，在计日工项目实施前，承包人可以根据监理工程师指令的计日工工作内容、现场实际情况和自身历史实践等，对计日工预算数量进行估算。在计日工工作完成后，承发包双方根据计日工实施过程中的具体情况和相关材料，来确定计日工结算数量也是比较容易的。

过关问题6：总承包服务费是总承包人为配合、协调建设单位进行的专业工程发包，对建设单位自行采购的材料、工程设备等进行保管以及施工现场管理、竣工资料汇总整理等服务所需的费用。在实践过程中，总承包服务费常与总包管理费相混淆，试说明两者的区别。

答：总承包服务费由发包人在招标控制价中根据总包服务范围和有关计价规定编制，总承包人投标时自主报价，施工过程中按签约合同价执行。

总包管理费是指总承包商经业主同意后把自身承揽的非主体工程又发包给其他分包商，而在征得业主同意时，业主以同意其发包为条件要求直接与分包商对建设工程进行最终结算，并同意给予总承包商一定总包管理费。

两者区别如下：

（1）总承包服务费是总承包商提供材料设备保管、资料汇总等服务的费用，而总包管理费是总承包商管理分包商并承担连带责任的费用。

（2）总承包服务费的计费基础是发包人发包专业工程的估算造价，或发包人提供材料的价值，而总包管理费的计费基础是分包工程总价款，且费率规定有所区别。

过关问题7：发包人与承包人就某工程签订施工总承包合同。在招标文件中，招标人规定将铝合金门窗工程作为专业工程暂估价。但承包人在投标报价时，将铝合金门窗作为材料暂估价格计入分部分项工程综合单价中，并以此为基础计取了相关措施项目费和规费，还对铝合金门窗工程部分收取2%的总承包服务费。在工程建设过程中，由发包人、监理、审计等部门共同对该门窗工程进行询价，由施工单位签订分包合同，分包合同中单价为总费用单价，含所有费用。

在工程结算中，发包人认为应扣除原合同总价中铝合金门窗暂定综合单价以及相应的措施项目费和规费，再以分包合同中的价格取代专业工程暂估价。施工单位认为应以分包合同的价格做材料价差处理，并计取相应的措施项目费和规费以及总承包服务费，因此形成造价纠纷。试结合以上案例解决下列问题：

（1）铝合金门窗工程是按材料暂估价结算还是按专业工程暂估价结算？

（2）该工程是否应计取总承包服务费？

答：（1）暂估价是招标人在招标文件中提供的用于支付必然发生但暂时不能确定价格的材料、工程设备的单价以及专业工程的金额。一般而言，为方便合同管理与计价，材料暂估价需要纳入分部分项工程量项目综合单价中，在结算时将确定价格取代暂估价，调整合同价款；专业工程暂估价以“项”为单位，给出综合暂估价（即包含除规费、税金以外的管理费、利润等），在结算时以专业工程发包中标价为依据取代专业工程暂估价，调整合同价款。

本案例中，招标人在招标文件中规定将铝合金门窗工作作为专业工程进行暂估。但承包人在招标时明显混淆了材料暂估价和专业工程暂估价的概念，一方面，将铝合金作为材料暂估价计入综合单价中，并计取了相关措施项目费和规费；另一方面，又将铝合金门窗作为专业工程暂估价，计取了总承包服务费。因此，在结算时应该依照招标文件将铝合金门窗工程作为专业工程暂估价进行调整，以分包合同的价格取代专业工程暂估价。

工程招标过程中，为避免在结算中产生争议，一方面招标人不得任意设置暂估价项目，应该尽量深化施工设计图；另一方面投标人应严格区分暂估价中的材料暂估价与专业工程暂估价。

（2）总承包服务费是指总承包人为配合协调发包人进行的专业工程发包，对发包人自行采购的工程设备、材料等进行保管以及施工现场管理、竣工资料汇总整理等服务所需的费用。这就指明计取总承包服务费的专业工程分包合同、材料采购合同的主体是发包人和分包商，或者由发包人指定发包，总承包人在其中只起配合协调作用。并不是所有分包专业工程都需要计取总承包服务费。如果在未来工作中由发包人直接指定发包，或者发包人独立发包，则可计取总承包服务费；如果由总承包人进行独立发包或者包含在总承包范围内的专业分包工程，总承包人对专业工程的协调工作应包括在其投标报价中，不再重复计取总承包服务费。专业工程分包类型决定了是否计取总承包服务费。

本案例中，发包人原意是想将铝合金门窗工程作为专业工程暂估价处理。在施工过程中，专业分包人实际上是由发包人、监理、审计等部门共同确定，虽然由总承包单位直接与分包公司签订专业分包合同，合同主体为总承包人和分包人，但属于因招标人的意愿进行分包，因此应计取总承包服务费。

任务五　规费、税金项目计价表的编制与招标控制价汇总

过关问题 1：由于各省市地区规费、税金的计算方式不同，请查阅相关资料，说明你所在地的规费和税金应如何计取。

答：以 2016 年《广西壮族自治区建设工程费用定额》例，规费与税金计算规则见表 2-9、表 2-10。

表 2-9　规费费率

编号		费用项目名称	计算基数	费率(%)
1		社会保险费	人工费	29.35
其中	1.1	养老保险费		17.22
	1.2	失业保险费		0.34
	1.3	医疗保险费		10.25
	1.4	生育保险费		0.64
	1.5	工伤保险费		0.90
2		住房公积金		1.85
3		工程排污费		0.40

表 2-10　增值税税率

编号	项目名称	计算基数	税率
1	增值税	直接工程费+其他工程费+管理费+利润+规费	11%

过关问题 2：“营改增”是指以前缴纳营业税的应税劳务（交通运输业、建筑业、房地产业、金融保险业、邮电通信业、文化体育业、娱乐业、服务业等）、转让无形资产或销售不动产改成缴纳增值税。试查阅有关资料，简要说明营业税与增值税的区别，并讨论“营改增”后工程计价规则发生了哪些变化。

答：营业税与增值税的区别见表 2-11。

表 2-11　营业税与增值税的区别表

	营业税	增值税
计税依据	营业收入全额	流转过程中的增值额
承担主体	价内税，销售方	价外税，购买方
税率设计	3%和 5%	17%，11%和 6%
建筑业税率	3%	11%

2018 年 3 月 28 日，李克强总理主持召开国务院常务会议，决定从 2018 年 5 月 1 日起，将制造业等行业增值税税率从 17%降至 16%，将交通运输、建筑、基础电信服务等行业及农产品等货物的增值税税率从 11%降至 10%。

营业税与增值税计税方式对比见表 2-12。

表 2-12　营业税与增值税计税方式对比表

序号	税种		计算公式	备注
1	营业税		应纳税额 = 营业税×税率	营业额包含应纳税额
2	增值税	一般计税方法	应纳税额 = 销项税额-进项税额 销项税额 = 不含税销售额×税率	销售额不包含销项税额
3		简易计税方法	应纳税额 = 不含税销售额×征收率 （不可以抵扣进项税额）	

过关问题 3：某建筑工程的造价组成见表 2-13，请计算该工程的含税造价。

表 2-13　某建筑工程造价组成表

名称	人工费/万元	材料费/万元	施工机具使用费/万元	管理费、规费、利润/万元	增值税
金额及费率	800	3450	1600	750	11%
说明	不含税	含税，可抵扣综合进项税率为 15%	不含税	—	

答：

材料费扣除进项税额 = 3450 万元/(1+15%) = 3000 万元

含税工程造价 = (800+3000+1600+750) 万元×(1+11%) = 6826.5 万元

任务六　招标控制价成果审核

过关问题 1：招标控制价的准确与否关系到工程投标报价的高低和工程的实际造价，因此必须对招标控制价进行审核。试查找相关资料，说明招标控制价的审核应具体审核哪些内容。

答：**1. 封面、总说明的审核**

(1) 审核封面格式及相关盖章是否符合 GB 50500—2013《建设工程工程量清单计价规范》的要求，是否有招标人、工程造价咨询人及法定代表人或授权人盖章和签字，以及相关资质的编制人和复核人是否签字并盖资质专用章。

(2) 招标控制价封面是否有招标控制价的大写与小写，招标人、工程造价咨询人及法定代表人或授权人盖章和签字，以及相关资质的编制人和复核人签字和盖资质专用章。

(3) 审核总说明是否按下列内容填写：

1) 工程概况。工程概况中是否对建设规模、工程特征、计划工期、合同工期、实际工期、施工现场及变化情况、自然地理条件、环境保护要求等做出描述。

2) 招标控制价编制依据。编制依据是否准确、完整。

2. 分部分项工程费的审核

(1) GB 50500—2013《建设工程工程量清单计价规范》规定分部分项工程和措施项目的单价项目，应根据拟定的招标文件和招标工程量清单项目中特征描述及有关要求计算确定综合单价。因此，首先应审核其项目特征描述是否与综合单价的计取相符。

(2) 审核综合单价是否参照现行消耗定额进行组价，计费是否完整，取费费率是否按国家或省级、行业建设主管部门对工程造价计价中费用或费用标准执行。综合单价中是否考虑了投标人承担的风险费用。

(3) 审核定额工程量计算是否准确，人工、材料、施工机具消耗量与定额不一致，是否按定额规定进行了调整。

(4) 审核人工、材料、设备单价是否按工程造价管理机构发布的工程造价信息及市场信息价格计入综合单价，对于造价信息价格严重偏离市场价格的材料、设备，是否进行了价格处理；招标文件中提供暂估单价的材料，是否按暂估的单价进入综合单价，暂估价是否在工程量清单与计价表中单列，并计算了总额。

(5) 综合单价分析应按 GB 50500—2013《建筑工程工程量清单计价规范》中规定的表格形式编写，应清楚并充分满足以后调价的需要。

3. 措施项目费的审核

通用措施项目清单费用应根据相关计价规定、工程具体情况及企业实力进行计算，如有通用措施项目清单未列的但实际会发生的措施项目应进行补充；通用措施项目清单中相关中措施项目应齐全，计算基础、费率应清晰。

专业措施项目清单费用应根据专业措施项目清单数量进行计价，具体综合单价的组价应按分部分项工程量清单费用的组价原则进行，并提供工程量清单综合单价分析表，综合单价分析表格式与内容与分部分项工程量清单一致。

4. 其他项目费的审核

(1) 审核暂列金额是否按工程量清单给定的金额进行计价，根据招标文件及工程量清单的要求，应注意此部分费用是否应计算规费和税金。

(2) 专业暂估价格是否按招标工程量清单给定的价格进行计价，是否应计取规费和税金。

(3) 计日工是否按工程量清单给予的数量进行计价，计日工单价是否为综合单价。

(4) 总承包服务费是否按招标文件及工程量清单的要求，结合自身实力对发包人发包专业工程和发包人供应材料计取总包服务费，计取的基数是否准确，费率有无相关规定。

5. 规费、税金的审核

规费、税金是否严格按政府规定费率计算，计算基数是否准确。

过关问题 2：试说明招标控制价审核报告的组成部分。

答：招标控制价审核报告一般包括：项目概况、审核依据、审核内容、审核时间、审核结论、调整原因等内容。

过关问题 3：招标控制价编制过程中的重点项目虽然金额大，但计算难度并不是很大，出问题的原因主要在于工程师责任心不强、粗心大意，复核人员不认真等。请谈谈为保证重点项目的审查质量，审查人员应该遵循怎样的原则。

答：**1. 按规章规程审查**

在审查过程中，严格按照《工程造价咨询业务操作指导规程》（中价协〔2002〕第016号）、公司管理制度及业务流程完成每次审查工作，审查实施过程也严格履行相关程序，严格对照国家及行业的有关政策法规，对审查中存在的各种问题予以详细检查、记录，提请被审核单位及时纠正。

在审查期间主动联系项目经理、审计专业人员，听取委托单位领导及相关人员的建议和意见，不断提高服务水平，以确保审查工作的质量。

在项目审查过程中，公司总经理、技术负责人对参加该项目审查的审计人员的业务进行认真指导，使全体人员按审查程序、审查方案、时间计划有序地开展工作。

及时掌握审查进度和质量情况，随时了解审查期间出现的问题，及时提出处理意见，加强对重大事项的监督。

2. 严格执行三级复核

在审查工作中应进行三级复核，一级复核是检查项目成员是否完成了工作计划、执行了工作程序，并对项目成员形成的工作底稿逐页复核，发现问题及时指出，并督促项目成员及时修改完善，所有事项都写在“一级复核表”。

到现场指导工作进行二级复核，其主要是复查重要工作程序的执行是否已经实现了工作目标；复查重点工作项目的表述及重要证据是否充分、恰当；检查工作人员对工作中发现的问题处理是否恰当，并估计这些对报告的影响。

最后执行三级复核，出具审查报告。

过关问题4：在编制招标控制价时，有些项目的工程量计算困难，有些材料的价格难以确定，有些特殊措施的计价十分困难，这也正是招标控制价审查时需要解决的难点问题。请分析招标控制价的审查难点及相应的处理办法。

答：（1）招标控制价审查的难点在于：

1）土石方项目的工程量计算容易出错。土石方项目存在多次开挖和多次转运、现场实际与施工图不一致等几方面问题，造成土石方工程量计算容易出错。

2）部分材料价格难以确定。如新材料和绿化材料、土石方运输以及材料运输等的价格确定，由于苗木价格与季节、树型、栽植地点及运输等有较大关系，很难确定其价格。

3）特殊措施的计价困难。在特殊措施的审查中，如深基坑施工措施、围堰施工措施等需要专业的力学计算，靠一个造价人员独立完成比较困难，这些措施的审查要多专业配合。

（2）针对以上审查难点，审查人员应该：

1）对于土石方项目工程量的计算，应仔细审查、反复计算。

2）对于新材料、绿化材料等价格应采用的询价方式有：通过向生产厂家发询价函来询价，通过建材在线网询价，进行市场实地调查询价，这样做可使确定的材料价格依据充分、价格合理。

3）对比较难的措施项目，公司聘请有关方面的专家进行技术支持，做好现场调查工作，仔细、全面地进行现场勘查工作。

成果与范例（二）

某住宅楼工程招标控制价

1. 招标控制价封面

某住宅楼工程

招标控制价

招标人：××住房保障发展中心
（单位盖章）

造价咨询人：××工程造价咨询企业
（单位盖章）

××××年×月×日

2. 招标控制价扉页

某住宅楼工程

招标控制价

招标控制价(小写):220902921.2元

(大写):贰亿贰仟零玖拾万贰仟玖佰贰拾壹元贰角

工程造价

招标人:××住房保障发展中心 (单位盖章)	咨询人:××工程造价咨询企业 (单位资质专用章)
法定代表人 或其授权人:××住房保障发展中心 (签字或盖章)	法定代表人 或其授权人:××工程造价咨询企业 (签字或盖章)
编制人:×××签字 (造价人员签字盖专用章)	复核人:造价工程师×××签字 (造价工程师签字盖专用章)
编制时间:××××年×月×日	复核时间:××××年×月×日

3. 招标控制价总说明

工程名称：某住宅楼工程　　　　第1页，共1页

一、工程概况

本工程为某住宅楼，由××设计研究院设计。建筑面积为23834.37m^2；地下0层，地上21层；层高平均为59.1m；计划施工工期330日历天。结构工程采用条形基础，主体为框架剪力墙，钢屋架，陶粒混凝土砌块及加气混凝土砌块填充墙，外墙装修采用烧毛花岗岩板、仿石涂料、玻璃幕墙及铝塑板，内装修为乳胶漆涂料、吸音铝板及釉面砖，铝合金门窗、木质防火门。工程所在地为一般建设环境，与土壤及水直接接触基础，上部结构的屋面、雨棚、檐沟等部位属于二类环境级别，其他属于一类环境级别。按设计标准设计图，双方签订合同。

二、招标控制价包括范围

本次招标范围内的所有建筑工程、装饰装修工程和安装工程，专业分包范围详见专业工程暂估价表。

三、招标控制价编制依据

1. GB 50500—2013《建设工程工程量清单计价规范》及项目所在地相关规定。

2. 本工程的招标文件及答疑纪要。

3. 本工程招标图纸（详见招标文件第五章"图纸清单"）。

4. 经审核后的工程量清单。

5.《××省建筑工程预算定额（预算基价）》。

6.《××省建设工程费用定额》及现行文件。

7. 人工、材料、机械价格按××××年《××（地区）建设工程造价管理》第×期发布的价格信息，信息价中没有的参照市场价格。

8. 经过批准的设计概算文件。

9. 与建设项目相关的标准、规范、技术资料。

10. 其他相关资料。

四、工程质量标准

除有特殊说明外，本工程所有材料、设备的质量均为合格，且为市场中高档标准。

五、其他需要说明的事项

1. 本工程批复建安概算造价为2.215亿元，本次编制的招标控制价在批复概算造价范围内。

2. 建筑人工单价按××××年《××（地区）建设工程造价管理》第×期的平均值计取；装饰人工单价按××××年《××（地区）建设工程造价管理》第×期的普通装饰的高值计取；安装人工单价按2017年《××（地区）建设工程造价管理》第×期的高值计取。

3. 综合单价中的管理费和利润中，已经包含现场经费费用，并包含3%的风险费用。

4. 建筑工程现场经费按4.17%计取，企业管理费按4.08%计取，利润按7%计取；装饰工程现场经费按24.17%计取，企业管理费按35.1%计取，利润按7%计取；安装工程现场经费按25.67%计取，企业管理费按37.47%计取，利润按7%计取。

5. 暂估价按材料暂估单价表及专业工程暂估价表中所列价格计入。

6. 土方外运按30km计价，土方类别按三类土计价。

7. 模板一般按普通钢模板考虑。

8. 马道设计不详，暂不包括在本次造价内。

（省略）

4. 工程项目招标控制价汇总表（表1）

表1　工程项目招标控制价汇总表

工程名称：某住宅楼工程　　　　第1页，共1页

序号	单项工程名称	金额/元	其中		
			暂估价/元	安全文明施工费/元	规费/元
1	某住宅楼工程	220902921.2	66443904	4262240.65	5491885.21
	合计	220902921.2	66443904	4262240.65	5491885.21

5. 单项工程招标控制价汇总表（表2）

表2　单项工程招标控制价汇总表

工程名称：某住宅楼工程　　　　第1页，共1页

序号	单项工程名称	金额/元	其中		
			暂估价/元	安全文明施工费/元	规费/元
1	某住宅楼工程	220902921.2	66443904	4262240.65	5491885.21
	合计	220902921.2	66443904	4262240.65	5491885.21

6. 单位工程招标控制价汇总表（表3）

表3 单位工程招标控制价汇总表

工程名称：某住宅楼工程　　　　第1页，共1页

序号	汇总内容	金额/元	其中:暂估价/元
1	分部分项工程费	148862648.6	
1.1	建筑工程	57615956.03	1950000
1.2	装饰装修工程	33036708.44	9162669
1.3	电梯工程	1859596.7	1500000
1.4	变配电工程	7139924.89	2580000
1.5	强电工程	23121144.8	12262435
1.6	喷淋工程	723102.75	
1.7	消火栓及气体灭火工程	923443.38	
1.8	消防炮工程	653454	
1.9	给水排水工程	2945920.64	623800
1.10	供暖工程	1483507.19	
1.11	通风空调工程	17503100.75	950000
1.12	弱电工程	1856789	
2	措施项目费	14005320.42	
2.1	其中:安全文明施工费	4262240.65	
3	其他项目	45279334.54	
3.1	暂列金额	4500000	
3.2	专业工程暂估价	39170000	
3.3	计日工	42534.54	
3.4	总承包服务费	1566800	
4	规费	5491885.21	
5	税金	7263732.42	
招标控制价合计=1+2+3+4+5		220902921.2	29028904

7. 分部分项工程和单价措施项目清单与计价表（表4）

表4 分部分项工程和单价措施项目清单与计价表（部分）

工程名称：某住宅楼建筑工程　　　　标段：　　　　第1页，共　页

序号	项目编码	项目名称	项目特征描述	计量单位	工程量	金额/元		
						综合单价	合价	其中:暂估价
A.1 土(石)方工程								
1	010101001001	场地平整	1. 土壤类别:自行考虑 2. 弃土运距:自行考虑 3. 取土运距:自行考虑	m^2	4733.44	4.36	20637.798	

（续）

序号	项目编码	项目名称	项目特征描述	计量单位	工程量	金额/元		
						综合单价	合价	其中：暂估价
			A.1　土(石)方工程					
2	010101004001	挖基坑土方	1. 土壤类别：根据地质勘探报告确定 2. 挖土深度：13m 外（按图纸标注计算） 3. 弃土运距：自行考虑 4. 工作内容：挖土、余土外运、工作面内排水、修理边坡	m^3	5783.2	7.840	45340.288	
3	010103001001	土(石)方回填	1. 土壤类别：根据地质勘探报告确定 2. 土方运距：投标单位自行考虑，机械人工回填比例投标方自行考虑	m^3	5427.235	17.330	94053.983	
			（其他略）					
			分部小计					
			A.2　砌筑工程					
8	010401003002	实心砖墙（阳台砖栏板）	1. 砖的品种、规格、强度等级：MU10 页岩多孔砖 2. 墙体类型：直形墙 3. 墙体厚度：120mm 4. 砂浆强度等级：水泥石灰砂浆中砂 M5	m^3	95.162	504.91	48048.245	
9	010401005001	空心砖墙、砌块墙	1. 部位：内墙 2. 砖的品种、规格、强度等级：MU7.5 陶粒混凝土空心砌块 3. 墙体类型：直形墙 4. 墙体厚度：19cm 5. 砂浆强度等级：M5.0 专用配套砂浆	m^3	3340.181	369.690	1234831.514	
			（其他略）					
			分部小计					
			A.3　混凝土及钢筋混凝土工程					
42	010503001001	基础梁	混凝土强度等级：C35 钢筋混凝土	m^3	485.183	423.570	205508.963	
43	010509001001	矩形柱（±0.00 以下）	1. 混凝土强度等级：C25 混凝土 2. 部位：±0.00 以下	m^3	43.721	460.330	20126.088	
	……							

（续）

序号	项目编码	项目名称	项目特征描述	计量单位	工程量	金额/元		
						综合单价	合价	其中：暂估价
A.3　混凝土及钢筋混凝土工程								
45	010509001005	矩形柱（1层至10层构造柱）	1. 混凝土强度等级：C25 混凝土 2. 部位：1 层至 10 层构造柱	m^3	79.333	469.480	37245.257	
	……							
48	010512001001	有梁板（1层至10层）	1. 混凝土强度等级：C25 混凝土 2. 部位：1层至10层	m^3	1961.772	445.710	874381.398	
	……							
53	010505002001	矩形梁（-0.9m标高单梁）	1. 部位：屋面构架梁及-0.9m标高框架单梁 2. 混凝土强度：C25 混凝土	m^3	102.653	434.980	44652.002	
	……							
58	010505008001	雨篷（22层机房）	1. 混凝土强度等级：C25 混凝土 2. 部位：屋面机房 3. 板厚：120mm	m^3	1.217	485.22	590.513	
59	010510003001	过梁（1层至10层）	1. 混凝土强度等级：C25 混凝土 2. 部位：1层至10层	m^3	55.147	490.090	27026.993	
63	010506001001	直形楼梯（上电梯机房）	1. 部位：上电梯机房室外梯 2. 混凝土强度：C25 混凝土	m^2	7.08	127.470	902.488	
			（其他略）					
		分部小计						
A.4　屋面及防水工程								
66	010902001001	屋面卷材防水（梯间屋面，电梯机房屋面卵石保护层）	1. 图集：05ZJ001　屋 18/114 页 2. 部位：电梯间屋面，电梯机房屋面 3. 50～100mm 厚粒径 20～30mm 卵石保护层	m^2	130.11	80.15	10428.317	
	……							
			（其他略）					
68		分部小计						

（续）

序号	项目编码	项目名称	项目特征描述	计量单位	工程量	金额/元		
						综合单价	合价	其中：暂估价
			A.8 防腐、隔热、保温工程					
69	011001001002	保温隔热屋面（1:8水泥珍珠岩）	1. 部位：电梯间屋面，电梯机房屋面 2. 20mm厚（最薄处）1:8水泥珍珠岩找坡2%	m^3	7.026	28.90	203.051	
70	011001001003	保温隔热屋面（挤塑聚苯泡沫塑料板）	1. 部位：58.8m标高平屋面 2. 做法：05ZJ001屋20/115 3. 在SBS卷材面做40mm厚挤塑聚苯泡沫塑料板	m^2	1140.2	31.20	35574.240	
			（其他略）					
			分部小计					
			本页小计					
			B.1 楼地面工程					
83	011102003001	块料楼地面（屋面铺砖）	1. 部位：58.8m标高平屋面 2. 做法：05ZJ001屋20/115 3. 在40mm厚C30UEA补偿收缩混凝土面铺地板砖（设计没有规格，暂按300mm×300mm防滑砖） 4. 25mm厚1:4干硬性水泥砂浆	m^2	1140.2	179.160	204278.232	
84	011101003001	细石混凝土楼地面找平（底层阳台厕所）	1. 部位：底层厕所及阳台 2. 做法：详见05ZJ001 53地/18及建施10-3图大样6中的标注节点，98ZJ513图集2/19 3. 60mm厚C20细石混凝土找坡1%，最薄30mm（仅水平面）	m^2	205.272	120.860	24809.174	
			（其他略）					
			分部小计					
			B.2 墙、柱面工程					
89	011201001001	墙面一般抹灰（外墙面）	1. 做法：05ZJ001外墙23/70页 2. 阳台砖栏板及下吊梁 3. 阳台栏杆支座外侧及吊梁 4. 外墙面为涂料位置 5. 12mm厚1:3水泥砂浆 6. 8mm厚1:2.5水泥砂浆 7. 建施10-1图第三条第4小条的（1）点外墙抹灰砂浆内掺5%防水剂	m^2	6040.62	36.51	220543.036	

（续）

序号	项目编码	项目名称	项目特征描述	计量单位	工程量	金额/元		
						综合单价	合价	其中：暂估价
			B.2 墙、柱面工程					
			（其他略）					
			分部小计					
			B.3 天棚工程					
93	011301001002	天棚抹灰（房间、走廊、楼梯底、电梯候梯厅）	1. 部位：房间、走廊、楼梯底、电梯候梯厅 2. 采用图集：05ZJ001 第 75 页顶 3. 做法： （1）7mm 厚 1：1：4 水泥石灰砂浆 （2）5mm 厚 1：0.5：3 水泥石灰砂浆	m^2	22061.663	18.850	415862.348	
			（其他略）					
			分部小计					
			B.4 门窗工程					
	……							
			（其他略）					
			分部小计					
			本页小计					
			B.5 油漆、涂料、裱糊工程					
99	011406003001	天棚刮普通腻子	1. 部位：电梯间天棚及电梯板底，走廊，电梯候梯厅，阳台，厕所，雨篷底，房间 2. 做法：抹灰面刮普通腻子一底二面	m^2	27659.209	11.010	304527.891	
100	011406003002	墙面刮普通腻子	1. 部位：梯间，走廊，电梯候梯厅，阳台，房间，电井 2. 做法：抹灰面刮普通腻子一底二面	m^2	47577.76	9.650	459125.384	
	……							
			（其他略）					
			分部小计					
			B.6 其他工程					
110	011503001001	楼梯金属栏杆不锈钢扶手	1. 栏杆做法：05ZJ401 第 11 页 Y 大样 2. 100mm×60mm 扶手做法：05ZJ401 第 28 页 8 大样 3. 制作、安装、运输、刷油漆	m	249.004	191.890	47781.378	

（续）

序号	项目编码	项目名称	项目特征描述	计量单位	工程量	金额/元		
						综合单价	合价	其中：暂估价
			B.6　其他工程					
	……							
			（其他略）					
			分部小计					
			C.1　机械设备安装工程——电梯					
113	030107001001	交流电梯	1. 用途：客梯 2. 层数：4层 3. 站数：4站 4. 提升：25.1m	台	5	371919.34	1859596.7	1500000
			（其他略）					
			分部小计					
			C.2.1　电气设备安装工程——变配电					
116	030401002001	干式变压器	干式铜芯变压器 TM1 SCR9-2000kVA/H 级 10kV ±2× 2.5%/0.4-0.23kV　DY11 UD=6%	台	1	442661.28	442661.28	
			（其他略）					
			分部小计					
			C.2.2　电气设备安装工程——强电					
130	030403006001	低压封闭式插接母线槽	1. 型号：低压封闭式插接母线槽 2. 容量：NHLD-250A/5P	m	38	1025.71	38976.98	
			（其他略）					
			分部小计					
			C.7.1　消防工程——喷淋					
156	030901001001	水喷淋镀锌钢管	1. 安装部位：室内 2. 材质：镀锌钢管 3. 型号、规格：*DN*150 4. 连接方式：沟槽连接 5. 除锈、刷油、防腐设计要求：10mm厚橡塑保温，玻璃丝布两道，防火漆两遍，黄色色环 6. 填料套管安装 7. 冲洗、管道试压	m	538.55	192.97	103924	
			（其他略）					
			分部小计					

（续）

序号	项目编码	项目名称	项目特征描述	计量单位	工程量	金额/元		
						综合单价	合价	其中：暂估价
C.7.2　消防工程——消火栓及气体灭火								
178	030901002001	消火栓镀锌钢管	1. 安装部位：室内 2. 材质：镀锌钢管 3. 型号、规格：*DN*150 4. 连接方式：沟槽连接 5. 除锈、刷油、防腐设计要求：调和漆两道 6. 填料套管安装、沟槽件安装 7. 冲洗、管道试压	m	330.55	163.17	53935.84	
			（其他略）					
			分部小计					
本页小计								
C.7.3　消防工程——消防炮								
187	030901002002	消火栓镀锌钢管	1. 安装部位：室内 2. 材质：镀锌钢管 3. 型号、规格：*DN*150 4. 连接方式：沟槽连接 5. 除锈、刷油、防腐设计要求：10mm厚橡塑保温，玻璃丝布两道，防火漆两遍，红色色环 6. 填料套管安装、沟槽件安装 7. 冲洗、管道试压	m	228.00	199.12	45399.36	
			（其他略）					
			分部小计					
C.8.1　给水排水工程								
192	030801009001	薄壁不锈钢给水管	1. 安装部位：室内 2. 输送材质：给水 3. 材质：薄壁不锈钢管 4. 型号、规格：*DN*100 5. 连接方式：卡压式连接 6. 套管形式、材质、规格：一般填料套管 7. 除锈、刷油、防腐、绝热及保护层设计要求：10mm厚橡塑保温，外缠玻璃丝布，防火漆两遍，蓝色色环 8. 消毒、冲洗、管道试压	m	228.90	902.5	206582.25	

（续）

序号	项目编码	项目名称	项目特征描述	计量单位	工程量	金额/元		
						综合单价	合价	其中：暂估价
			C.8.1　给水排水工程					
	……							
213	030801004001	离心铸造排水铸铁管	1. 安装部位:室内 2. 输送材质:排水 3. 材质:铸铁管 4. 型号、规格:*DN*150 5. 连接方式:柔性接口 6. 套管形式、材质、规格:柔性防水套管 7. 除锈、刷油、防腐、绝热及保护层设计要求:防锈漆一道,沥青两道 8. 冲洗、闭水试验	m	32.45	401.68	13034.52	
	……							
223	031004013001	水箱制作安装	1. 材质:不锈钢 2. 类型:组合式冷水箱 3. 型号:1000mm×2000mm×1000mm 4. 保温:50mm 厚橡塑保温	套	1	5076	5076	5000
			（其他略）					
			分部小计					
			C.8.2　供暖工程					
234	030902001001	无缝钢管	1. 安装部位:室内 2. 输送材质:热媒体 3. 材质:无缝钢管 4. 型号、规格:外径(毫米)108 5. 连接方式:焊接 6. 套管形式、材质、规格:防水套管 7. 除锈、刷油、防腐、绝热及保护层设计要求:35mm 厚难燃 B1 级橡塑海绵保温 8. 水压及泄露试验	m	290.00	198.24	57489.60	
			（其他略）					
			分部小计					

（续）

序号	项目编码	项目名称	项目特征描述	计量单位	工程量	金额/元		
						综合单价	合价	其中：暂估价
C.9 通风空调工程								
245	030701003001	新风空调机组	1. 形式：新风空调机组 2. 质量：风量 2000CMH 3. 安装位置：机房落地安装	台	1	3228.17	3228.17	40000
246	030702001001	通风管道	1. 材质：镀锌钢板风管 2. 形状：矩形 3. 周长或直径：大边长630mm以内 4. 板材厚度：0.6mm 5. 接口形式：咬口 6. 风管附件、支架设计要求：风管及管件、弯头导流叶片、支吊架制作安装 7. 除锈、刷油、30mm 铝箔离心玻璃棉保温 8. 风管场外运输	m^2	22	203.58	4478.76	
			（其他略）					
		分部小计						
单价措施项目								
388	011702016001	现浇钢筋混凝土平板模板及支架	1. 构件形状：矩形 2. 支模高度：支模高度 3m 3. 模板类型：自行考虑 4. 支撑类型：自行考虑	m^2	1178.5	38.73	45643.31	
309	011702014001	现浇钢筋混凝土有梁板及支架	1. 构件形状：矩形 2. 支模高度：板底支模高度 3.78m 3. 模板类型：自行考虑 4. 支撑类型：自行考虑	m^2	15865.86	38.12	604806.58	
390	011702004001	现浇钢筋混凝土圆形柱模板	1. 构件形状：圆形 2. 支模高度：支模高度 3.5m 3. 模板类型：自行考虑 4. 支撑类型：自行考虑	m^2	248.6	50.25	12492.15	
391	011702011001	现浇钢筋混凝土直行墙模板	1. 构件形状：矩形 2. 支模高度：支模高度 3.9m 3. 模板类型：自行考虑 4. 支撑类型：自行考虑	m^2	9989.2	22.55	225256.46	
	……							
			（其他略）					
			合计					

8. 总价措施项目清单与计价表（表5）

表5　总价措施项目清单与计价表

工程名称：某住宅楼工程　　　　标段：　　　　第1页，共1页

序号	项目名称	计算基础	费率(%)	金额/元
1	安全文明施工	分部分项工程费		4262240.65
2	夜间施工			
3	二次搬运			
4	冬雨季施工			
5	大型机械设备进出场及安拆			90000
6	施工排水			
7	施工降水			1167889.81
8	地上、地下设施，建筑物的临时保护设施			215531.71
9	已完工程及设备保护			
10	竣工图编制费			149999.61
11	护坡工程			3702585.68
12	场地狭小所需措施费用			
13	室内空气污染检测费			
14	建筑工程措施项目			1298288.69
(1)	脚手架			873122.87
(2)	垂直运输机械			425165.82
15	装饰装修工程措施项目			
(1)	垂直运输机械			
(2)	脚手架			
16	其他专业措施费用			
合计				10886536.15

9. 其他项目清单与计价汇总表（表6）

表6　其他项目清单与计价汇总表

工程名称：某住宅楼工程　　　　标段：　　　　第1页，共1页

序号	项目名称	金额/元	结算金额/元	备注
1	暂列金额	4500000		明细详见暂列金额明细表(表7)
2	暂估价	39170000		
2.1	材料暂估价	—		明细详见材料暂估单价及调整表(表8)
2.2	专业工程暂估价	39170000		明细详见专业工程暂估价及结算价表(表9)

（续）

序号	项目名称	金额/元	结算金额/元	备注
3	计日工	42534.54		明细详见计日工表(表10)
4	总承包服务费	1566800		明细详见总承包服务费计价表(表11)
	合计	45279334.54		—

表7 暂列金额明细表

工程名称：某住宅楼工程　　标段：　　第1页，共1页

序号	项目名称	计量单位	暂定金额/元	备注
1	工程量清单中工程量偏差和设计变更	项	3000000	
2	政策性调整和材料价格风险	项	1000000	
3	其他	项	500000	
	合计		4500000	—

表8 材料（工程设备）暂估单价及调整表

工程名称：某住宅楼工程　　标段：　　第1页，共1页

序号	材料名称(工程设备)、规格、型号	计量单位	数量		暂估/元		确认/元		差额±/元		备注
			暂估	确认	单价	合价	单价	合价	单价	合价	
一	土建工程										
1	铝合金窗	m^2									
2	玻璃幕墙	m^2									
3	磨光花岗岩	m^2									
4	环氧自流平	m^2									
5											
	……										
二	安装工程										
1	电梯	台									
2	不锈钢组合式冷水箱	m^3									
3	空调机组、空气处理机组、新风机组	台									
	……										
	合计										

表9 专业工程暂估价及结算价表

工程名称：某住宅楼工程　　　　　　　　标段：　　　　　　　　　　　第1页，共1页

序号	工程名称	工程内容	暂估金额/元	结算金额/元	差额±/元	备注
1	玻璃雨篷	制作、安装	500000			
2	金属屋面板	制作、安装	7200000			
3	中央球壳	制作、安装	2000000			
4	火警报警及消防联动控制系统	安装、调试	3000000			
5	安保系统	安装、调试	1000000			
6	楼宇设备自控系统	安装、调试	2800000			
	……					
合计			39170000			—

表10 计日工表

工程名称：某住宅楼工程　　　　　　　　标段：　　　　　　　　　　　第1页，共1页

编号	项目名称	单位	暂定数量	实际数量	综合单价/元	合价/元	
						暂定	实际
一	人工						
1	普工	工日	200		48	9600	
2	技工(综合)	工日	50		60	3000	
人工小计						12600	
二	材料						
1	拆除隔墙	m^2	100		20	2000	
2	拆除吊顶	m^2	100		20	2000	
3	破除障碍物	m^3	100		30	3000	
4	渣土外运	m^3	500		40	20000	
材料小计						27000	
三	施工机械						
1	自升式塔式起重机(起重力矩1250kN·m)	台班	5		578.82	2894.1	
2	灰浆搅拌机(400L)	台班	2		20.22	40.44	
施工机械小计						2934.54	
总计						42534.54	

表 11 总承包服务费计价表

工程名称：某住宅楼工程　　　　标段：　　　　第 1 页，共 1 页

序号	项目名称	项目价值/元	服务内容	计算基础	费率(%)	金额/元
1	发包人发包专业工程	39170000	总承包人向分包人免费提供管理、协调、配合和服务工作，包括但不限于： 1. 为专业分包人采购提供所需的一切服务 2. 为分包人提供临时工程或垂直运输机械和设备及脚手架 3. 承包人应对各专业分包人的工作所或材料设备存放等负责协调 4. 向提供施工所需的水、电接口，工程水电费由总承包人承担，但分包人应保证节约用水、用电 5. 向分包人提供施工工作面，对施工现场进行统一管理，对竣工资料进行统一汇总 6. 技术规范所注明由总承包人提供的其他工作		4%	1566800
2	发包人供应材料		对发包人提供的材料、设备进行验收、保管和使用发放等			
合计						1566800

10. 规费、税金项目清单计价（表 12）

表 12 规费、税金项目清单与计价表

工程名称：某住宅楼工程　　　　标段：　　　　第 1 页，共 1 页

序号	项目名称	计算基础	计算基数	费率(%)	金额/元
1	规费	人工费			5491885.21
1.1	建筑安装劳动保险费				
(1)	养老保险费				
(2)	失业保险费				
(3)	医疗保险费				
1.2	生育保险费				
1.3	工伤保险费				
1.4	住房公积金				
1.5	工程排污费				
2	税金	Σ(分部分项工程和单价措施项目费+总价措施项目费+税前项目费+规费)		3.58	7263732.42
合计					12755617.63

11. 综合单价分析（表13）

表13 工程量清单综合单价分析表（部分）

工程名称：某住宅楼工程　　　　标段：　　　　第1页，共　　页

序号	项目编码	项目名称及项目特征描述	单位	工程量	综合单价/元	综合单价组成/元					
						人工费	材料费	机械费	管理费	利润	其中：暂估价
		分部分项工程									
	0101	土石方工程									
1	010101001001	场地平整 1. 土壤类别:自行考虑 2. 弃土运距:自行考虑 3. 取土运距:自行考虑	m^2	4733.44	4.36	3.89			0.37	0.10	
	A1-1	人工平整场地	$100m^2$	47.334	435.580	388.80			36.55	10.23	
2	010101004001	挖基坑土方 1. 土壤类别:根据地质勘探报告确定 2. 挖土深度:13m 外(按图纸标注计算) 3. 弃土运距:自行考虑 4. 工作内容:挖土、余土外运、工作面内排水、修理边坡	m^3	5783.2	7.840	3.41		3.59	0.66	0.18	
	A1-18 换	液压挖掘机挖土斗容量($1.0m^3$)	$1000m^3$	5.427	4424.100	316.80		3632.23	371.21	103.86	
	A1-9 换	人工挖土方深度 1.5m 以内　三类土	$100m^3$	6.967	3498.160	3117.60		4.92	293.52	82.12	
	……										
	0104	砌筑工程									
8	010401003002	实心砖墙(阳台砖栏板) 1. 砖的品种、规格、强度等级:MU10 页岩多孔砖 2. 墙体类型:直形墙 3. 墙体厚度:120mm 4. 砂浆强度等级:水泥石灰砂浆中砂 M5	m^3	95.162	504.91	115.04	333.83	2.36	41.94	11.74	

（续）

序号	项目编码	项目名称及项目特征描述	单位	工程量	综合单价/元	综合单价组成/元					
						人工费	材料费	机械费	管理费	利润	其中：暂估价
	A3-10	混水砖墙　中砖　11.5Cm{换：水泥石灰砂浆　中砂 M5}	$10m^3$	9.517	5050.82	1150.83	3339.48	23.57	419.50	117.44	
9	010401005001	空心砖墙、砌块墙 1. 部位：内墙 2. 砖的品种、规格、强度等级：MU7.5 陶粒混凝土空心砌块 3. 墙体类型：直形墙 4. 墙体厚度：19cm 5. 砂浆强度等级：M5.0 专用配套砂浆	m^3	3340.181	369.690	95.69	228.14	1.45	34.70	9.71	
	A3-52 换	小型空心砌块墙　19cm{换：水泥石灰砂浆　中砂 M5}	$10m^3$	334.019	3697.360	957.03	2281.68	14.48	347.02	97.15	
	……										
	A105	混凝土及钢筋混凝土工程									
42	010503001001	基础梁 混凝土强度等级：C35 钢筋混凝土	m^3	485.183	423.570	11.96	403.92	1.52	4.82	1.35	
	A4-21 换	混凝土　基础梁{换：碎石 GD40 商品普通混凝土 C25}	$10m^3$	48.518	4239.720	119.70	4043.09	15.24	48.20	13.49	
43	010509001001	矩形柱（±0.00 以下） 1. 混凝土强度等级：C25 混凝土 2. 部位：±0.00 以下	m^3	43.721	460.330	38.71	401.72	1.51	14.37	4.02	
	A4-18 换	混凝土柱　矩形{换：碎石 GD40 商品普通混凝土 C25}	$10m^3$	48.136	4602.860	387.03	4016.84	15.12	143.65	40.22	
	……										

45	010509001005	矩形柱(1层至10层构造柱) 1. 混凝土强度等级:C25混凝土 2. 部位:1层至10层构造柱	m^3	79.333	469.480	50.52	393.71	1.48	18.57	5.20	
	A4-20换	混凝土构造柱{换:碎石GD31.5中砂水泥C25[泵商混凝土]}	$10m^3$	7.945	4788.720	515.28	4015.82	15.12	189.46	53.04	
48	010512001001	有梁板(1层至10层) 1. 混凝土强度等级:C25混凝土 2. 部位:1层至10层	m^3	1961.772	445.710	25.03	407.07	1.49	9.47	2.65	
	A4-31换	混凝土　有梁板{换:碎石GD40中砂水泥C25}	$10m^3$	196.178	4456.680	250.23	4070.34	14.90	94.70	26.51	
53	010505002001	矩形梁(-0.9m标高单梁) 1. 部位:屋面构架梁及-0.9m标高框架单梁 2. 混凝土强度:C25混凝土	m^3	102.653	434.980	19.02	405.04	1.53	7.34	2.05	
	A4-22换	构架梁混凝土　单梁连续梁{换:碎石GD40中砂水泥C25}	$10m^3$	10.266	4341.660	189.81	4042.86	15.24	73.24	20.51	
58	010505008001	雨篷(22层机房) 1. 混凝土强度等级:C25混凝土 2. 部位:屋面机房 3. 板厚:120mm	m^3	1.217	483.22	90.46	351.17	1.53	30.86	9.20	
	A4-38换	雨篷混凝土{换:碎石GD40中砂水泥C25}	$10m^3$	0.122	4855.42	905.16	3514.07	15.34	328.80	92.05	
59	010510003001	过梁(1层至10层) 1. 混凝土强度等级:C25混凝土 2. 部位:1层至10层	m^3	55.147	490.090	53.02	410.62	1.52	19.48	5.45	

（续）

序号	项目编码	项目名称及项目特征描述	单位	工程量	综合单价/元	综合单价组成/元					
						人工费	材料费	机械费	管理费	利润	其中：暂估价
	A4-25 换	混凝土　过梁{换:碎石 GD40 中砂水泥 C25}	$10m^3$	5.515	4905.290	530.67	4109.79	15.24	195.00	54.59	
63	010506001001	直形楼梯(上电梯机房) 1. 部位:上电梯机房室外梯 2. 混凝土强度:C25 混凝土	m^2	7.08	127.470	16.75	102.18	0.60	6.20	1.74	
	A4-49 换	(机房楼梯)混凝土直形楼梯　板厚 100mm{换:碎石 GD20 中砂水泥 C25}	$10m^2$	0.708	1274.330	167.48	1021.57	5.97	61.96	17.35	
	……										
	0108	门窗工程									
	……										
	0109	屋面及防水工程									
66	010902001001	屋面卷材防水 1. 图集:05ZJ001　屋 18/114 页 2. 部位:电梯间屋面,电梯机房屋面 3. 在 20mm 厚 1:2.5 砂浆层面铺 SBS 改性沥青卷材 4. 刷基层处理剂一道(含反边)	m^2	130.11	80.15	5.65	71.91		2.02	0.57	
	A7-47 换	改性沥青防水卷材屋面　一层　满铺	$100m^2$	1.511	8027.96	566.01	7203.17		202.18	56.60	
	……										
	0110	保温、隔热、防腐工程									
69	011001001002	保温隔热屋面(1:8 水泥珍珠岩) 1. 部位:电梯间屋面,电梯机房屋面 2. 20mm 厚(最薄处)1:8 水泥珍珠岩找坡 2%	m^3	7.026	28.90	3.43	23.91		1.22	0.34	
	A8-6	屋面保温　现浇水泥珍珠岩　1:10{换:水泥珍珠岩 1:8}	$10m^3$	0.703	2897.41	343.71	2396.56		122.77	34.37	

70	011001001003	保温隔热屋面(挤塑聚苯泡沫塑料板) 1. 部位:58.8m 标高平屋面 2. 做法:05ZJ001 屋 20/115 3. 在 SBS 卷材面做 40mm 厚挤塑聚苯泡沫塑料板	m^2	1140.2	31.20	6.27	22.02	0.03	2.25	0.63		
	A8-8 换	屋面保温挤塑保温板厚度 30mm	$100m^2$	11.402	3119.53	627.00	2201.9	2.72	224.94	62.97		
	……											
	0111	楼地面装饰工程										
83	011102003001	块料楼地面(屋面铺砖) 1. 部位:58.8m 标高平屋面 2. 做法:05ZJ001 屋 20/115 3. 在 40mm 厚 C30UEA 补偿收缩混凝土面铺地板砖(设计没有规格,暂按 300mm×300mm 防滑砖),砖缝宽 5~8mm,1∶1 水泥砂浆擦缝 4. 25mm 厚 1∶4 干硬性水泥砂浆	m^2	1140.2	179.160	36.30	125.56	2.16	11.83	3.31		
	A9-80 换	防滑地砖屋面　每块周长(mm 以内)1200mm　水泥砂浆{素水泥浆}	$100m^2$	11.402	1.792	0.363	1.256	0.022	0.118	0.033		
84	011101003001	细石混凝土楼地面找平(底层阳台厕所) 1. 部位:底层厕所及阳台 2. 做法:详见 05ZJ001 53 地/18 及建施 10-3 图大样 6 中的标注节点 98ZJ513 图集 2/19 3. 60mm 厚 C20 细石混凝土找坡 1%,最薄 30mm(仅水平面)	m^2	205.272	120.860	24.05	84.79	2.06	7.78	2.18	68.27	

（续）

序号	项目编码	项目名称及项目特征描述	单位	工程量	综合单价/元	综合单价组成/元					
						人工费	材料费	机械费	管理费	利润	其中：暂估价
	A9-4 换	细石混凝土找平层　30mm[50]{换:碎石GD20 中砂水泥 42.5 C20[商品混凝土]}	100m²	2.053	1.210	0.241	0.848	0.021	0.078	0.022	
	……										
	0112	墙、柱面装饰与隔断、幕墙工程									
89	011201001001	墙面一般抹灰(外墙面) 1. 做法:05ZJ001　外墙 23/70 页 2. 阳台砖栏板及下吊梁 3. 阳台栏杆支座外侧及吊梁 4. 外墙面为涂料位置 5. 12mm 厚 1∶3 水泥砂浆 6. 8mm 厚 1∶2.5 水泥砂浆	m²	6040.62	36.51	20.34	7.94	0.35	6.16	1.72	
	A10-24 换	水泥砂浆/外墙　砖墙　(12+8mm{换：水泥砂浆 1∶2}	100m²	60.407	3651.24	2033.46	794.09	35.36	615.89	172.44	
	……										
	0113	天棚工程									
93	011301001002	天棚抹灰(房间、走廊、楼梯底、电梯候梯厅) 1. 部位:房间、走廊、楼梯底、电梯候梯厅 2. 采用图集:05ZJ001 第 75 页顶 3 3. 做法： (1)7mm 厚 1∶1∶4 水泥石灰砂浆 (2)5mm 厚 1∶0.5∶3 水泥石灰砂浆	m²	22061.663	18.850	9.78	5.05	0.22	2.97	0.83	

	A11-5	混凝土面天棚　混合砂浆　现浇{素水泥浆}	100m²	220.617	1884.740	977.46	504.82	21.72	297.46	83.28	
	……										
	0114	油漆、涂料、裱糊工程									
99	011406003001	天棚刮普通腻子 1. 部位：电梯间天棚及电梯板底，走廊，电梯候梯厅，阳台，厕所，雨篷底，房间 2. 做法：抹灰面刮普通腻子一底二面	m²	27659.209	11.010	6.49	2.05		1.93	0.54	
	A12-206 换	117 胶刮双飞粉腻子　墙面二遍	100m²	276.592	1100.520	648.74	204.58		193.13	54.07	
100	011406003002	墙面刮普通腻子 1. 部位：梯间，走廊，电梯候梯厅，阳台，房间，电井 2. 做法：抹灰面刮普通腻子一底二面	m²	47577.76	9.650	5.50	2.05		1.64	0.46	
	A13-206	117 胶刮双飞粉腻子　墙面二遍	100m²	475.778	963.850	549.78	204.58		163.67	45.82	
	……										
	0115	其他装饰工程									
23	011503001001	楼梯金属栏杆不锈钢扶手 1. 栏杆做法：05ZJ401 第 11 页 Y 大样 2. 100mm×60mm 扶手做法：05ZJ401 第 28 页 8 大样 3. 制作、安装、运输、刷油漆 不含埋件	m	249.004	191.890	45.12	105.93	17.12	18.53	5.19	
	A14-108 换	不锈钢管栏杆直线型竖条式(圆管)	10m	24.9	1258.120	321.42	766.8	34.34	105.91	29.65	
	A14-119 换	不锈钢扶手　直型　100mm×60mm	10m	24.9	367.340	68.64	241.51	22.55	27.06	7.58	
	A14-124 换	不锈钢弯头　100mm×60mm	10 个	8.4	606.770	126.72	96.48	242.77	110.00	30.80	
	……										

成果与范例（三）

某住宅楼工程招标控制价审核报告

关于某住宅楼工程招标控制价的审核报告

××住房保障发展中心：

我公司接受贵单位委托，对贵单位某住宅楼工程招标控制价进行审核，根据国家法律、法规和中国建设工程造价管理协会发布的《建设项目招标控制价编审规程》及合同的规定，已完成了本项目招标控制价的审查工作，现将审查的情况和结果报告如下：

一、项目概况

1. 建设单位名称：××住房保障发展中心。

2. 建设工程名称：某住宅楼。

3. 设计单位：×××建筑设计院。

4. 招标代理单位：×××招标代理有限公司。

5. 编制单位名称：×××造价咨询有限公司。

6. 编制时间：××××年××月××日。

7. 批复概算：25800 万元；其中，建安造价 22150 万元。

8. 结构类型：框架结构。

9. 建筑面积：23834.37m^2。

10. 建设地点：××小区。

二、审核依据

1. GB 50500—2013《建设工程工程量清单计价规范》及当地相关规定。

2. 中国建设工程造价管理协会〔2002〕第 015 号《工程造价咨询单位执业行为准则》、《造价工程师职业道德行为准则》。

3. CECA/GC 6—2011《建设项目工招标控制价编审规程》。

4. 国家或省级、行业建设主管部门颁发的计价定额和计价办法。

5. 工程造价管理机构发布的工程造价信息；工程造价信息没有的按发布的参考市场价格。

6. 招标文件及招标答疑（含工程量清单及暂估价表）。

7. 送审招标控制价预算。

8. 经过批准和会审的全部施工图、设计文件。

9. 经过批准的设计概算文件。

10. 与建设项目相关的标准、规范、技术资料。

11. 国家及省、市造价管理部门有关规定。

12. 其他相关的计价规定。

13. 建设工程咨询合同及委托方的要求。

三、审核程序

1. 向委托单位了解基本建设项目的有关情况，获取审核所需要的相关资料及送审招标控制价预算书。

2. 编制实施方案并报批。

3. 召开咨询项目实施前的协商会议。

4. 根据拟建项目的特点及施工图进行组价，对送审招标控制价预算书进行全面审核。

5. 形成审核初步意见，公司三级审查后，向委托单位出具成果文件。

四、审核内容

1. 审核分部分项工程量清单计价。

2. 审核措施项目工程量清单计价。

3. 审核其他项目工程量清单计价。

4. 审核规费、税金工程量清单计价。

5. 需要审核的其他内容。

五、审核时间

审核时间：××××年××月××日—××××年××月××日

六、审核结论

本项目招标控制价送审金额为人民币（大写）贰亿贰仟零玖拾万贰仟玖佰贰拾壹元贰角（¥220902921.2），经审核，减少金额为人民币（大写）伍佰柒拾肆万零柒佰壹拾捌元壹角（¥5740718.1），审定招标控制价金额为人民币（大写）贰亿壹仟伍佰壹拾陆万贰仟贰佰零叁元壹角（¥215162203.1）。具体审核明细详见附表。

七、调整原因

1. 人工单价按信息价的低值进行了调整。

2. 风险费用由2%调整为1%，暂估价部分调整为不计取风险费用。

3. 土方运距由30km调整为25km，类别由三类调整为一、二类。

4. 部分材料设备价格按市场价格进行了调整。

5. 组价部分不合理进行了调整。

6. 措施费用根据实际情况进行了全面计取。

7. 总包服务费按文件规定费率的低值计取。

（其他略）

×××××工程法定代表人：

咨询有限公司编制人：

复核人：

审查人：

×××年××月××日

1. 封面的审核

封面格式及相关盖章均符合 GB 50500—2013《建设工程工程量清单计价规范》的要求。

某住宅楼工程

招标控制价

招标控制价（小写）：220902921.2 元

（大写）：贰亿贰仟零玖拾万零贰仟玖佰贰拾壹元贰角

工程造价

招标人：××住房保障发展中心
（单位盖章）

咨询人：××工程造价咨询企业
（单位资质专用章）

法定代表人
或其授权人：××住房保障发展中心
（签字或盖章）

法定代表人
或其授权人：××工程造价咨询企业
（签字或盖章）

编制人：×××签字
（造价人员签字盖专用章）

复核人：造价工程师×××签字
（造价工程师签字盖专用章）

编制时间：××××年×月×日

复核时间：××××年×月×日

2. 总说明的审核

总说明中包括了工程概况、招标控制价包含的范围、招标控制价的编审依据以及其他需要说明的事项。

工程名称：某住宅楼工程　　　　第1页，共1页

一、工程概况

本工程为某住宅楼，由××设计研究院设计。建筑面积：23834.37m²；地下0层，地上21层；层高平均为59.1m；计划施工工期330日历天。结构工程采用条形基础，主体为框架剪力墙，钢屋架，陶粒混凝土砌块及加气混凝土砌块填充墙，外墙装修采用烧毛花岗岩板、仿石涂料、玻璃幕墙及铝塑板，内装修为乳胶漆涂料、吸音铝板及釉面砖，铝合金门窗、木质防火门。工程所在地为一般建设环境，与土壤及水直接接触基础，上部结构的屋面、雨棚、檐沟等部位属于二类环境级别，其他属于一类环境级别。按设计标准设计图，双方签订合同。

二、招标控制价审核范围

审核范围包括招标范围内的所有建筑工程、装饰装修工程和安装工程，专业分包范围详见专业工程暂估价表。

三、招标控制价审核依据

1. GB 50500—2013《建设工程工程量清单计价规范》及项目所在地相关规定。
2. 本工程的招标文件及答疑纪要。
3. 本工程招标图纸（详见招标文件第五章“图纸清单”）。
4. 经审核后的工程量清单。
5.《××省建筑工程预算定额（预算基价）》。
6.《××省建设工程费用定额》及现行文件。
7. 人工、材料、机械价格按××××年《××（地区）建设工程造价管理》第×期发布的价格信息，信息价中没有的参照市场价格。
8. 经过批准的设计概算文件。
9. 送审招标控制价预算书。
10. 与建设项目相关的标准、规范、技术资料。
11. 其他相关资料。

四、工程质量标准

除有特殊说明外，本工程所有材料、设备的质量按合格考虑，且应为市场中高档标准。

五、其他需要说明的事项

1. 本工程批复建安概算造价为2.215亿元，审核后的招标控制价在批复概算造价范围内。
2. 人工单价按××××年《××（地区）工程造价信息》第×期的低限计取。
3. 综合单价中的管理费和利润中，已经包含现场经费费用，并计取了1%的风险费用。
4. 建筑工程现场经费按4.17%计取，企业管理费按4.08%计取，利润按7%计取；装饰工程现场经费按24.17%计取，企业管理费按35.1%计取，利润按7%计取；安装工程现场经费按25.67%计取，企业管理费按37.47%计取，利润按7%计取。
5. 暂估价按“材料暂估单价表”及“专业工程暂估价表”中所列价格计入。
6. 土方外运按25km计价，土方类别按一、二类土计价。
7. 模板一般按普通钢模板考虑。
8. 混凝土泵送费用已进入综合单价中。
9. 降水按井点降水计价，护坡按直径800mm、间距1600mm护坡桩进行计价。
10. 马道设计不详，暂不包括在本次造价内。

（省略）

3. 招标控制价的审核（表1~表3）

表1　工程项目招标控制价汇总审核表

工程名称：某住宅楼工程　　　　第1页，共1页

序号	单项工程名称	送审数据				审定数据				调整金额/元		备注
		金额/元	其中			金额/元	其中			+	−	
			暂估价/元	安全文明施工费/元	规费/元		暂估价/元	安全文明施工费/元	规费/元			
1	某住宅楼工程	220902921. 2	66443904	4262240. 65	5491885. 21	215162203. 1	66343904	4143209. 86	5280467. 06		5740718. 1	
	合计	220902921. 2	66443904	4262240. 65	5491885. 21	215162203. 1	66343904	4143209. 86	5280467. 06		5740718. 1	

表 2　单项工程招标控制价汇总审核表

工程名称：某住宅楼工程　　　　第 1 页，共 1 页

序号	单项工程名称	送审数据				审定数据				调整金额/元		备注
		金额/元	其中			金额/元	其中			+	−	
			暂估价/元	安全文明施工费/元	规费/元		暂估价/元	安全文明施工费/元	规费/元			
1	某住宅楼工程	220902921.2	66443904	4262240.65	5491885.21	215162203.1	66343904	4143209.86	5280467.06		5740718.1	
合计		220902921.2	66443904	4262240.65	5491885.21	215162203.1	66343904	4143209.86	5280467.06		5740718.1	

表3　单位工程招标控制价汇总审核表

工程名称：某住宅楼工程　　　　第1页，共1页

序号	汇总内容	送审数据		审定数据		调整金额/元		备注
		金额/元	其中：暂估价/元	金额/元	其中：暂估价/元	+	−	
1	分部分项工程费	148862648.6		143151506.9			5711141.7	
1.1	建筑工程	57615956.03	1950000	56203976.69	1950000		1411979.34	
1.2	装饰装修工程	33036708.44	9162669	31185031.73	9162669		1851676.71	
1.3	电梯工程	1859596.7	1500000	1714818.5	1400000		144778.2	
1.4	变配电工程	7139924.89	2580000	6672827	2580000		467079.89	
1.5	强电工程	23121144.8	12262435	22231870	12262435		889274.8	
1.6	喷淋工程	723102.75		675797			47305.75	
1.7	消火栓及气体灭火工程	923443.38		871173			52270.38	
1.8	消防炮工程	653454		756096		102642		
1.9	给水排水工程	2945920.64	623800	2832616	623800		113304	
1.10	供暖工程	1483507.19		1468819			14688.19	
1.11	通风空调工程	17503100.75	950000	16671715	950000		831385.75	
1.12	弱电工程	1856789		1866767		9978		
2	措施项目费	14005320.42		14808854.03		803533.61		
	其中：安全文明施工费	4262240.65		4144658.54			117582.11	
3	其他项目	45279334.54	—	44896634.54	—		382700	
3.1	暂列金额	4500000	—	4500000	—			
3.2	专业工程暂估价	39170000	—	39170000	—			
3.3	计日工	42534.54	—	51534.54	—	9000		
3.4	总承包服务费	1566800	—	1175100	—		391700	
4	规费	5491885.21	—	5292217.39	—		199667.82	
5	税金	7263732.42	—	7077073.24	—		186659.18	
招标控制价合计=1+2+3+4+5		220902921.2	27273904	215226286.1	27173904		5676635.1	

4. 分部分项工程和单价措施项目清单与计价审核表（表4）

表4 分部分项工程和单价措施项目清单与计价审核表（部分）

工程名称：某住宅楼建筑工程　　　　标段：　　　　第　页，共　页

序号	项目编码	项目名称	项目特征描述	计量单位	工程量	送审金额/元			审定金额/元			调整金额/元		备注
						综合单价	合价	其中：暂估价	综合单价	合价	其中：暂估价	+	−	
A.1 土(石)方工程														
1	010101001001	场地平整	1. 土壤类别：自行考虑 2. 弃土运距：自行考虑 3. 取土运距：自行考虑	m^2	4733.44	4.36	20637.80		3.75	17750.4			2887.40	人工单价调整，风险费率调整，现场经费作为取费基数
2	010101004001	挖基坑土方	1. 土壤类别：根据地质勘探报告确定 2. 挖土深度：13m外（按图纸标注计算） 3. 弃土运距：自行考虑 4. 工作内容：挖土、余土外运、工作面内排水、修理边坡	m^3	5783.2	7.840	45340.288		6.214	35936.805			9403.483	人工单价调整，风险费率调整，定额工程量计算错误，土方运距调整
5	010103001001	土(石)方回填	1. 土壤类别：根据地质勘探报告确定 2. 土方运距：投标单位自行考虑，机械人工回填比例投标方自行考虑	m^3	5427.235	17.330	94053.983		16.477	89424.551			4629.432	
			（其他略）											
		分部小计					160032.07			14311.76			16920.31	
A.2 砌筑工程														
8	10302001002	实心砖墙(阳台砖栏板)	1. 砖的品种、规格、强度等级：MU10页岩多孔砖 2. 墙体类型：直形墙 3. 墙体厚度：120mm 4. 砂浆强度等级：水泥石灰砂浆中砂M5	m^3	95.162	504.91	48048.245		454.284	43230.574			4817.671	人工单价调整，风险费率调整，砌块价格调整

9	10304001001	空心砖墙、砌块墙	1. 部位：内墙 2. 砖的品种、规格、强度等级：MU7.5 陶粒混凝土空心砌块 3. 墙体类型：直形墙 4. 墙体厚度：19cm 5. 砂浆强度等级：M5.0 专用配套砂浆	m^3	3340.181	369.690	1234831.514		331.23	1106368.153			128463.361	人工单价调整，风险费率调整，砌块价格调整
			（其他略）											
			分部小计				1282879.759			1149598.727			133281.032	
A.3 混凝土及钢筋混凝土工程														
42	010503001001	基础梁	混凝土强度等级：C35 钢筋混凝土	m^3	485.183	423.570	205508.963		392.867	190612.390			14896.57334	人工单价调整，风险费率调整
	……													
45	010509001005	矩形柱（1 层至 10 层构造柱）	1. 混凝土强度等级：C25 混凝土 2. 部位：1 层至 10 层构造柱	m^3	79.333	469.480	37245.257		420.587	33366.428			3878.828529	人工单价调整，风险费率调整
	……													
48	010512001001	有梁板（1 层至 10 层）	1. 混凝土强度等级：C25 混凝土 2. 部位：1 层至 10 层	m^3	1961.772	445.710	874381.398		402.485	789583.803			84797.59458	人工单价调整，风险费率调整
	……													

序号	项目编码	项目名称	项目特征描述	计量单位	工程量	送审金额/元			审定金额/元			调整金额/元		备注
						综合单价	合价	其中：暂估价	综合单价	合价	其中：暂估价	+	-	
53	010505002001	矩形梁（-0.9m标高单梁）	1. 部位：屋面构架梁及-0.9m标高框架单梁 2. 混凝土强度：C25混凝土	m^3	102.653	434.980	44652.002		398.532	40910.505			3741.496604	人工单价调整，风险费率调整
	……													
58	010505008001	雨篷（22层机房）	1. 混凝土强度等级：C25混凝土 2. 部位：屋面机房 3. 板厚：120mm	m^3	1.217	485.22	590.513		450.284	547.996			42.517372	
59	10510003001	过梁（1层至10层）	1. 混凝土强度等级：C25混凝土 2. 部位：1层至10层	m^3	55.147	490.090	27026.993		474.68	26177.178			849.81504	
63	010506001001	直形楼梯（上电梯机房）	1. 部位：上电梯机房室外梯 2. 混凝土强度：C25混凝土	m^2	7.08	127.470	902.488		110.25	780.570			121.918	
			（其他略）											
			分部小计				1225483.68			113408.5051			1112075.175	

B.1 楼地面工程														
83	011102003	块料楼地面（屋面铺砖）	1. 部位：58.8m 标高平屋面 2. 做法：05ZJ001 屋 20/115 3. 在 40mm 厚 C30UEA 补偿收缩混凝土面铺地板砖（设计没有规格，暂按 300mm×300mm 防滑砖） 4. 25mm 厚 1∶4 干硬性水泥砂浆	m^2	1140.2	179.160	204278.232		150.84	171987.768			32290.464	人工单价调整，风险费率调整，预拌砂浆组价错误 暂估为工料机，不应再计取人工和机械 暂估价不应计取风险费用
84	011101003001	细石混凝土楼地面找平（底层阳台厕所）	1. 部位：底层厕所及阳台 2. 做法：详见 05ZJ001 53 地/18 及建施 10-3 图大样 6 中的标注节点 98ZJ513 图集 2/19 3. 60mm 厚 C20 细石混凝土找坡 1%，最薄 30mm（仅水平面）	m^2	205.272	120.860	24809.174		104.232	21395.911			3413.263	人工单价调整，风险费率调整，预拌砂浆组价错误
			（其他略）											
			分部小计				229087.406			193383.679			35703.727	

（续）

序号	项目编码	项目名称	项目特征描述	计量单位	工程量	送审金额/元			审定金额/元			调整金额/元		备注
						综合单价	合价	其中：暂估价	综合单价	合价	其中：暂估价	+	−	
B.2 墙、柱面工程														
89	011201001001	墙面一般抹灰（外墙面）	1. 做法：05ZJ001 外墙23/70页 2. 阳台砖栏板及下吊梁 3. 阳台栏杆支座外侧及吊梁 4. 外墙面为涂料位置 5. 12mm 厚 1∶3 水泥砂浆 6. 8mm 厚 1∶2.5 水泥砂浆 7. 建施 10-1 图第三条第4小条的（1）点外墙抹灰砂浆内掺 5%防水剂	m²	6040.62	36.51	220543.036		34.754	209935.707			10607.329	人工单价调整，风险费率调整，预拌砂浆组价错误
			（其他略）											
			分部小计				220543.036			209935.707			10607.329	
B.3 天棚工程														
93	011301001002	天棚抹灰（房间、走廊、楼梯底、电梯候梯厅）	1. 部位：房间、走廊、楼梯底、电梯候梯厅 2. 采用图集：05ZJ001 第75页顶 3. 做法： （1）7mm 厚 1∶1∶4 水泥石灰砂浆 （2）5mm 厚 1∶0.5∶3 水泥石灰砂浆	m²	2061.663	18.850	415862.348		16.394	361678.903			54183.445	人工单价调整，风险费率调整，预拌砂浆组价错误
			（其他略）											
			分部小计				415862.348			361678.903			54183.445	

C. 1 机械设备安装工程-电梯														
113	030107001001	交流电梯	1. 用途:客梯 2. 层数:4 层 3. 站数:4 站 4. 提升:25. 1m	台	5	371919.34	1859596.7	1500000	342963. 7	1714818.5	1400000		144778. 2	人工单价调整，风险费率调整，定额漏项，暂估价不应计取风险费用
			（其他略）											
		分部小计					1859596.7	1500000		1714818.5	1400000		144778. 2	
C. 2. 1 电气设备安装工程-变配电														
116	030401002001	干式变压器	干式铜芯变压器 TM1 SCR9-2000kVA/H 级 10kV ± 2× 2. 5%/0. 4 − 0. 23kV DY11 UD = 6%	台	1	44261.28	44261.28		41820.88	41820.88			24440. 48	人工单价调整，风险费率调整，定额漏项，设备价格调整
			（其他略）											
		分部小计					7139924.89	2580000		6672827	2580000		467097.89	

（续）

序号	项目编码	项目名称	项目特征描述	计量单位	工程量	送审金额/元			审定金额/元			调整金额/元		备注
						综合单价	合价	其中：暂估价	综合单价	合价	其中：暂估价	+	-	
C.2.2 电气设备安装工程-强电														
130	030403006001	低压封闭式插接母线槽	1. 型号：低压封闭式插接母线槽 2. 容量：NHLD-250A/5P	m	38	1025.71	38976.98		958.61	36427.18			2549.8	人工单价调整，风险费率调整，定额漏项，主材价格调整
			（其他略）											
			分部小计				2312144.8	12262435		2223187 0	12262435		889274.8	
C.7.1 消防工程-喷淋														
156	030901001001	水喷淋镀锌钢管	1. 安装部位：室内 2. 材质：镀锌钢管 3. 型号、规格：*DN*150 4. 连接方式：沟槽连接 5. 除锈、刷油、防腐设计要求：10mm 厚橡塑保温，玻璃丝布两道，防火漆两遍，黄色色环 6. 填料套管安装 7. 冲洗、管道试压	m	538.55	192.97	103924		180.35	97118.48			6805.52	人工单价调整，风险费率调整
			（其他略）											
			分部小计				723102.75			675797			47305.7	

C.7.2 消防工程-消火栓及气体灭火														
178	030901002001	消火栓镀锌钢管	1. 安装部位:室内 2. 材质:镀锌钢管 3. 型号、规格:*DN*150 4. 连接方式:沟槽连接 5. 除锈、刷油、防腐设计要求:调和漆两道 6. 填料套管安装、沟槽件安装 7. 冲洗、管道试压	m	330.55	163.17	53935.84		155.4	51367.47			2568.37	人工单价调整,风险费率调整
			(其他略)											
			分部小计				92343.38			871173			52270.38	
C.7.3 消防工程-消防炮														
187	030901002002	消火栓镀锌钢管	1. 安装部位:室内 2. 材质:镀锌钢管 3. 型号、规格:*DN*150 4. 连接方式:沟槽连接 5. 除锈、刷油、防腐设计要求:10m 厚橡塑保温,玻璃丝布两道,防火漆两遍,红色色环 6. 填料套管安装、沟槽件安装 7. 冲洗、管道试压	m	228.00	199.12	45399.82		189.64	43237.92			2161.9	人工单价调整,风险费率调整
			(其他略)											
			分部小计				653454			756096		102642		

（续）

序号	项目编码	项目名称	项目特征描述	计量单位	工程量	送审金额/元			审定金额/元			调整金额/元		备注
						综合单价	合价	其中：暂估价	综合单价	合价	其中：暂估价	+	−	
单价措施项目														
388	011702016001	现浇钢筋混凝土平板模板及支架	1. 构件形状:矩形 2. 支模高度:支模高度3m 3. 模板类型:自行考虑 4. 支撑类型:自行考虑	m^2	1178.5	38.73	45643.31		37.22	43863.77			1779.54	人工单价调整，风险费率调整
389	011702014001	现浇钢筋混凝土有梁板及支架	1. 构件形状:矩形 2. 支模高度：板底支模高度3.78m 3. 模板类型:自行考虑 4. 支撑类型:自行考虑	m^2	15865.86	38.12	604806.58		41.53	658909.17				人工单价调整，风险费率调整，未考虑支撑超高
390	011702004001	现浇钢筋混凝土圆形柱模板	1. 构件形状:圆形 2. 支模高度：支模高度3.5m 3. 模板类型:自行考虑 4. 支撑类型:自行考虑	m^2	248.6	50.25	12492.15		47.86	11898			594.15	人工单价调整，风险费率调整
391	011702011001	现浇钢筋混凝土直行墙模板	1. 构件形状:矩形 2. 支模高度：支模高度3.9m 3. 模板类型:自行考虑 4. 支撑类型:自行考虑	m^2	9989.2	22.55	225256.46		21.68	216565.86			8690.6	人工单价调整，风险费率调整
			（其他略）											
		分项小计					3119784.27			3028916.77			90867.5	
合计														

5. 总价措施项目清单计价审核（表5）

表5　总价措施项目清单与计价审核表

工程名称：某住宅楼工程　　　　标段：　　　　第　　页，共　　页

序号	项目名称	计算基础	送审数据		审定数据		调整金额/元		备注
			费率(%)	金额/元	费率(%)	金额/元	+	−	
1	安全文明施工	分部分项工程费		4262240.65		4144658.54		117582.11	
2	夜间施工								
3	二次搬运					213225.44	213225.44		应计取
4	冬雨季施工								
5	大型机械设备进出场及安拆			90000		90000			
6	施工排水								
7	施工降水			1167889.81		1167889.81			
8	地上、地下设施，建筑物的临时保护设施			215531.71		215531.71			
9	已完工程及设备保护					354999.85	354999.85		应计取
10	竣工图编制费			149999.61		149999.61			
11	护坡工程			3702585.68		3702585.68			
12	场地狭小所需措施费用					312319.17	312319.17		应计取
13	室内空气污染检测费					50000	50000		应计取
14	建筑工程措施项目			1298288.69		1298288.69			
(1)	脚手架			873122.87		873122.87			
(2)	垂直运输机械			425165.82		425165.82			
15	装饰装修工程措施项目								
(1)	垂直运输机械								
(2)	脚手架								
16	安装工程措施项目					80438.76	80438.76		应计取
	脚手架					80438.76	80438.76		应计取
	合计			10886536.15		11779937.26	893401.11		

6. 其他项目清单计价审核（表6）

表6 其他项目清单与计价汇总审核表

工程名称：某住宅楼工程　　　　标段：　　　　第1页，共1页

序号	项目名称	计量单位	送审金额/元	审定金额/元	调整金额/元		备注
					+	-	
1	暂列金额	项	4500000	4500000			明细详见暂列金额明细审核表(表7)
2	暂估价		39170000	39170000			
2.1	材料暂估价		—	—			—
2.2	专业工程暂估价	项	39170000	39170000			明细详见专业工程暂估价审核表（表8）
3	计日工		42534.54	51534.54	9000		明细详见计日工审核表(表9)
4	总承包服务费		1566800	1175100		391700	明细详见总承包服务费计价审核表(表10)
合计			45279334.54	44896634.543		82700	—

表7 暂列金额明细审核表

工程名称：某住宅楼工程　　　　标段：　　　　第1页，共1页

序号	项目名称	计量单位	送审暂定金额/元	审定暂定金额/元	调整金额/元		备注
					+	-	
1	工程量清单中工程量偏差和设计变更	项	3000000	3000000			
2	政策性调整和材料价格风险	项	1000000	1000000			
3	其他	项	500000	500000			
合计			4500000	4500000			—

表8 专业工程暂估价审核表

工程名称：某住宅楼工程　　　　标段：　　　　第1页，共1页

序号	工程名称	工程内容	送审金额/元	审定金额/元	调整金额/元		备注
					+	-	
1	玻璃雨篷	制作、安装	500000	500000			
2	金属屋面板	制作、安装	7200000	7200000			
3	中央球壳	制作、安装	2000000	2000000			
4	火警报警及消防联动控制系统	安装、调试	3000000	3000000			
5	安保系统	安装、调试	1000000	1000000			
6	楼宇设备自控系统	安装、调试	2800000	2800000			
	……						
合计			39170000	39170000			—

表9　计日工审核表

工程名称：某住宅楼工程　　标段：　　第1页，共1页

编号	项目名称	单位	暂定数量	送审数据/元		送审数据/元		调整金额/元		备注
				综合单价	合价	综合单价	合价	+	-	
一	人工									
1	普工	工日	200	48	9600	53	10600	1000		
2	技工(综合)	工日	50	60	3000	60	3000			
人工小计					12600		13600	1000		
二	材料									
1	拆除隔墙	m^2	100	20	2000	15	1500		500	
2	拆除吊顶	m^2	100	20	2000	15	1500		500	
3	破除障碍物	m^3	100	30	3000	20	2000		1000	
4	渣土外运	m^3	500	40	20000	60	30000	10000		
材料小计					27000		35000	8000		
三	施工机械									
1	自升式塔式起重机(起重力矩1250kN·m)	台班	5	578.82	2894.1	578.82	2894.1			
2	灰浆搅拌机(400L)	台班	2	20.22	40.44	20.22	40.44			
施工机械小计					2934.54		2934.54			
总计					42534.54		51534.54	9000		

表10　总承包服务费计价审核表

工程名称：某住宅楼工程　　　　标段：　　　　第1页，共1页

序号	项目名称	项目价值/元	服务内容	送审数据		审定数据		调整金额/元		备注
				费率(%)	金额/元	费率(%)	金额/元	+	-	
1	发包人发包专业工程	39170000	总承包人向分包人免费提供管理、协调、配合和服务工作，包括但不限于： 1. 为专业分包人采购提供所需的一切服务 2. 为分包人提供临时工程或垂直运输机械和设备及脚手架 3. 承包人应对各专业分包人的工作所或材料设备存放等负责协调 4. 向提供施工所需的水、电接口，工程水电费由总承包人承担，但分包人应保证节约用水、用电 5. 向分包人提供施工工作面，对施工现场进行统一管理，对竣工资料进行统一汇总 6. 技术规范所注明由总承包人提供的其他工作	4%	1566800	3%	1175100		391700	未扣除设备费，取3%较合理
2	发包人供应材料		对发包人提供的材料、设备进行验收、保管和使用发放等							
			合计		1566800		1175100		391700	

7. 规费、税金项目清单计价审核（表 11）

表 11　规费、税金项目清单与计价审核表

工程名称：某住宅楼工程　　标段：　　　　　　　　　　　　　　　第 1 页　共 1 页

序号	项目名称	计算基础	计算基数	送审数据		审定数据		调整金额/元		备注
				费率（%）	金额/元	费率（%）	金额/元	+	−	
1	规费	人工费			5491885.21		5491885.21			
1.1	建筑安装劳动保险费									
(1)	养老保险费									
(2)	失业保险费									
(3)	医疗保险费									
1.2	生育保险费									
1.3	工伤保险费									
1.4	住房公积金									
1.5	工程排污费									
2	税金	Σ（分部分项工程和单价措施项目费+总价措施项目费+税前项目费+规费）		3.58	7263732.42	3.58	7263732.42			
		合计			12755617.63		12755617.63			

8. 综合单价分析审核

工程量清单综合单价分析审核表（与上述招标控制价汇总成果内容相同，略）

项目三 投标文件中施工组织设计的编制

任务一　工程概况及施工部署的编制

过关问题1：施工组织设计文件依据编制对象划分，可以分为三部分——施工组织总设计、单位工程施工组织设计和专项施工方案。其中单位工程施工组织设计是以单位工程为主要对象编制的施工组织设计，对单位工程的施工过程起指导和约束作用，是投标文件的重要组成部分。请讨论，在编制单位工程施工组织设计之前，需要先搜集哪些资料作为编制的依据？依据这些参考资料，编制的单位工程施工组织设计应包含哪些内容和要点？

答：**1. 单位工程施工组织设计的编制依据**

（1）项目施工所在地区行政主管部门的批准文件，建设单位（业主）对工程的要求或所签订的施工合同，竣工日期、质量等级、技术要求、验收办法等。

（2）勘察施工现场所得到的资料。如水准点、地形、地质、地上地下障碍物、交通运输、水、电、通风等。

（3）国家及建设地区现行的有关法律、法规和文件规定，现行施工质量验收规范，安全操作规程，质量评定标准等文件。

（4）项目施工图、标准图及会审记录材料。

（5）施工组织总设计。若单位工程是建设项目的一个组成部分时，必须按施工组织总设计的内容及要求编制。

（6）项目工程预算文件及有关定额。应有详细的分部分项工程的工程量，必要时应有分层、分段的工程量及劳动定额。

（7）建设单位可能提供的条件，如供水、供电、施工道路、施工场地及临时设施等条件。

（8）施工企业的生产能力、机具设备状况、技术水平等。

（9）本地区劳动力及与本工程有关的资源供应状况。

2. 单位工程施工组织设计的内容

单位工程施工组织设计的内容，需根据拟建工程的性质、特点及规模，同时考虑施工要求及条件进行编制，无须千篇一律，但单位工程施工组织设计必须真正起到指导现场施工的作用。一般包括下列内容：

（1）编制依据。编制依据作为单位工程施工组织设计的组成部分，它主要说明组织拟建项目施工所依据的法律法规、国家标准、地方及企业的有关规定、工程设计文件、施工合同或招投标文件、操作规程或施工工法、规范和技术标准等。

（2）工程概况。工程概况主要包括：工程主要情况、各专业设计简介和工程施工条件等。

（3）施工部署。施工部署主要包括：工程施工目标，项目组织机构设置，人员岗位职责，施工任务划分，施工流水段划分，选择合理的施工机械和施工方法，确定总的施工顺序及施工流向等。对于工程施工的重点和难点应进行分析，包括组织管理和施工技术两个方面。对于工程施工中开发和使用的新技术、新工艺应做出部署，对新材料和新设备的使用提出技术及管理要求。对主要分包工程施工单位的选择要求及管理方式应进行简要说明。

（4）施工进度计划。施工进度计划主要包括：划分施工过程；计算工程量、劳动量、机械台班量、施工班组人数、每天工作班次、工作持续时间；确定分部分项工程（施工过程）施工顺序及搭接关系，绘制进度计划表、制定保证进度计划实施的措施等。

（5）施工准备与资源配置计划。施工准备与资源需要量计划主要包括施工前的技术准备和机具、材料、构件、半成品构件的准备，并编制准备工作和资源需要量计划表。资源需要量计划宜细化到专业工种。

（6）施工方案。一般单位工程施工方案并入施工部署，复杂的分部分项工程在施工前需单独编制专项工程施工方案。至于哪些工程需编制专项工程施工方案，可按照各地区行政主管部门的规定执行。施工方案主要包括：主要分部分项工程施工方法与施工机械选择、施工段的划分、施工顺序的确定、技术和组织措施制定等。施工方案的选择要遵循先进性、可行性和经济性兼顾的原则，应结合工程的具体情况和施工工艺、工法等考虑。

（7）施工平面图。施工平面图设计主要包括：垂直运输机械、临时加工场地、机具、材料、构件仓库与堆场的布置及临时水电管网、临时道路、临时设施用房的布置等。施工现场平面布置图一般按地基基础、主体结构、装修装饰与机电设备安装三个阶段分别绘制。

过关问题2：一份优质合理的施工组织设计的编制需遵循满足施工组织总设计的要求、尽可能选用先进施工技术、尽可能组织各个专业工种的合理搭接、确保工程质量、施工安全和文明施工等原则。请根据搜集到的资料，梳理编制施工组织设计的思路，讨论编制单位工程施工组织设计时各项工作的逻辑关系。

答：单位工程施工组织设计的编制程序是指在施工组织设计编制过程中应遵循的编制内容的先后顺序及其相互制约的关系。根据工程的特点和施工条件的不同，其编制程序繁简不一，一般单位工程施工组织设计的编制程序如图3-1所示。

过关问题3：施工部署是施工组织设计中的重要内容，是对施工全过程做出的统筹规划和全面安排，包括的内容一般有：施工目标，项目组织机构设置，施工任务划分，确定施工顺序及施工流向，施工流水段划分，选择合理的施工机械和施工方案等。其中施工段划分与工作顺序会直接影响施工流水作业的安排，进而影响工期。请讨论：施工段划分时应遵循的原则有哪些？在确定施工顺序时应考虑哪些因素？并以本案例的装饰装修工程为例具体分析。

答：（1）根据组织流水施工的需要，将拟建工程尽可能地划分为劳动量大致相等的若干个施工段。为了保证拟建工程的结构整体完整性，不能破坏结构的力学性能，不能在不允许留施工缝的结构构件部位分段，应尽可能利用施工缝、沉降缝等自然分界线。划分施工段应考虑以下因素：

1）各施工段的劳动量尽可能大致相等，以保证各施工班组连续、均衡地施工。

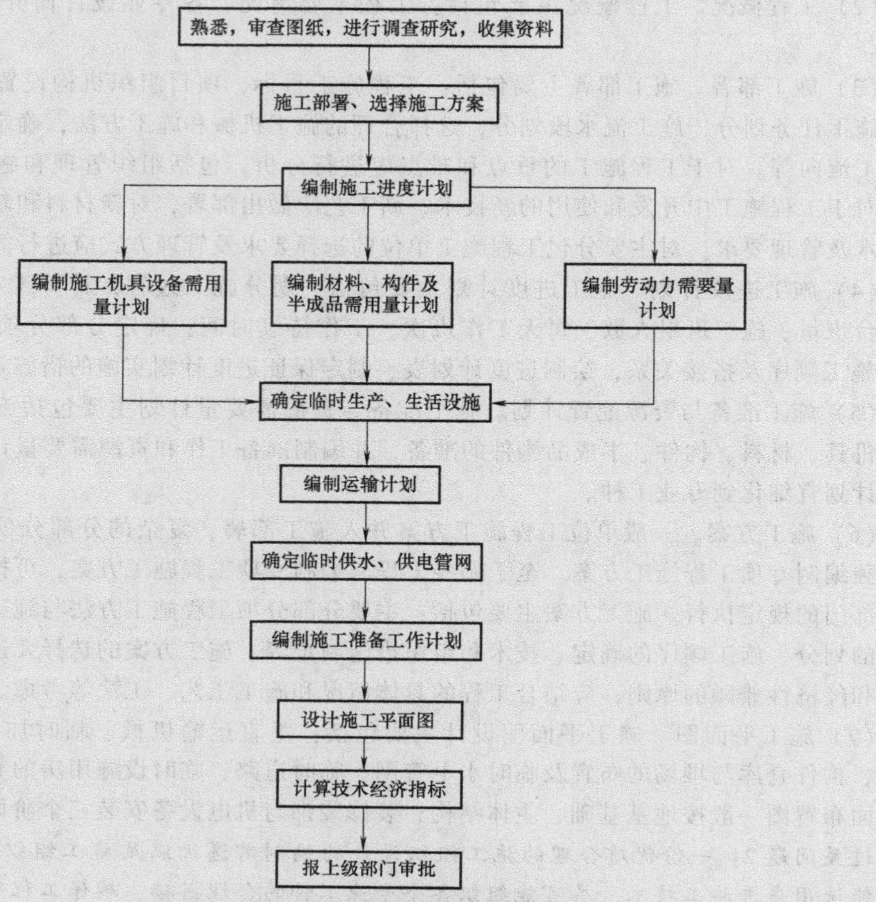

图 3-1 单位工程施工组织设计的编制程序

2）施工段的分界线与施工对象的结构界限或幢号相一致，以便保证施工质量。如温度缝、沉降缝、高低层交界线、单元分隔线等。

3）施工段的数目要适宜。施工段数过多势必要减少人数，工作面不能充分利用，拖长施工期；施工段数过少则会引起劳动力、机械和材料供应过分集中，有时还会造成“断流”的现象。

4）以主导施工过程为依据。划分施工段时，以主导施工过程的需要来划分。主导施工过程是指对总工期起控制作用的施工过程。

5）当组织流水施工对象有层间关系时，应使各队能够连续施工。即各施工过程的工作队做完第一段，能立即转入第二段；做完第一层的最后一段，能立即转入第二层的第一段。

（2）施工顺序是指单位工程中各分部分项工程的先后顺序及其制约关系。在组织施工时，施工顺序安排应符合工序逻辑关系，应根据不同阶段，不同的工作内容，按其固有的，不可违背的先后次序进行展开。这对保证工程质量、保证工期、提高生产效益有很大的作用。通常工程特点、施工条件、使用要求等对施工顺序产生较大的影响。确定施工顺序时应考虑的因素如下：

1）施工工艺的要求。施工过程之间客观存在着的工艺顺序关系，在确定施工顺序时必须顺从这个关系。例如，建筑物现浇楼板的施工过程是：支模板→绑扎钢筋→浇混凝土→养护→拆模。

2）施工方法和施工机械的要求。选用不同施工方法和施工机械时，施工过程的先后顺序是不相同的。例如，在装配式单层工业厂房安装时，如采用综合吊装法，施工顺序应该是吊装完一个节间的柱、吊车梁、屋架、屋面板后，再重新吊装另一节间的所列构件。如果是采用分件吊装法，施工顺序应该是先吊柱，再吊吊车梁，最后吊屋架及屋面板。又如，在安装装配式多层多跨工业厂房时，如果采用塔式起重机，则可以自下向上逐层吊装；如果使用桅杆式起重机，则只能把整个房屋在平面上划分成若干个单元，由下向上吊完一个单元（节间）构件后，再吊下一个单元（节间）的构件。

3）施工组织的要求。施工过程的先后顺序与施工组织要求有关。例如，地下室的混凝土地坪施工，可以安排在地下室的上层楼板施工之前完成，也可以安排在上层楼板施工之后进行，从施工组织角度来看，前一方案施工方便，较合理。

4）施工质量的要求。施工过程的先后顺序是否合理，将影响到施工的质量。如预制楼板的水磨石面层，只能在上一层水磨石面层完成之后才能进行下一层的顶棚抹灰工程，否则易造成质量缺陷。

5）安全技术要求。合理的施工顺序，能够避免各施工过程安全事故的发生。例如：不能在同一个施工段上，边进行楼板施工，边进行其他作业。

6）当地的气候条件。不同的气候特点会影响施工过程先后的顺序。例如，在华东和南方地区，应首先考虑到雨期施工的特点，而在华北、西北、东北地区，则应多考虑冬期施工特点。土方、砌墙、屋面等工程应尽可能安排在雨期到来之前施工，而室内工程则可适当推后。又如，桥梁的基础工程最好安排在汛期之前完成。

（3）以本案例中室内楼地面装饰和外墙面贴砖装饰两部分为例，介绍其施工顺序及操作要点。

1）室内楼地面装饰工程。施工顺序为：结构验收→吊线→贴灰饼冲筋→立门窗框→墙面、顶棚抹灰→楼地面工程→安门窗扇→内墙面、顶棚饰面施工→清理。

操作要点如下：

① 基层处理：先将基层上的灰尘扫掉，用钢丝刷和錾子刷净，剔掉灰浆层和灰渣层，用10%的火碱水溶液刷掉基层上的油污，并用清水及时将碱液冲净。

② 测标高、弹线、洒水润湿：根据墙上+50cm水平线，往下量测量出面层高并弹在墙上，用喷壶将地面基层均匀洒水一遍。

③ 抹灰饼和冲筋：根据房间内四周中墙上弹的面层标高水平线，确定面层抹灰厚度，然后拉水平线开始抹灰饼（5cm×5cm），横竖间距1.5~2.0m，灰饼上平面即为地面面层标高。如果房间较大，为保证整体面层平整度，还须抹冲筋，将水泥砂浆铺在灰饼之间，宽度与饼宽相同，用木抹子拍成与灰饼上表面相平一致。

④ 刷水泥浆结合层：在铺设水泥细石之前，应涂刷1：0.5水泥浆一层，其水胶比为0.4~0.5（涂刷之前要将抹灰饼的余灰清扫干净，再洒水湿润），不要涂刷面积过大，随刷随铺面层砂浆。

⑤ 铺水泥砂浆面层：涂刷水泥浆之后紧跟着铺水泥细石，在灰饼之间（或冲筋之间）将细石浆铺均匀，然后用木刮杠刮平，同时将利用过的灰饼（冲筋）敲掉，并用细石浆

填平。

⑥ 木抹子搓平：木刮杠刮平后，立即用木抹子搓平，从内向外退着操作，并随时用 2m 靠尺检查其平整度。

⑦ 铁抹子压第一遍：木抹子抹平后，立即用铁抹子压第一遍，直到出浆为止，如果砂浆过稀表面有泌水现象时，可均匀撒一遍干水泥和砂（1∶1）的拌合料（砂子要过 3mm 筛），再用木抹子用力抹压，使干拌料与砂浆紧密结合为一体，吸水后用铁抹子压平。有分格要求的地面，在面层上弹分格线，用劈缝溜子开缝，再用溜子将分缝内压平、直、光。上述操作均在水泥砂浆初凝之前完成。

⑧ 第二遍压光：面层细石浆初凝后，人踩上去有脚印但不下陷时，用铁抹子压第二遍，边抹压边把坑凹处填平，要求不漏压，表面压平、压光。有分格的地面压过后，应用溜子溜压，做到缝边光直、缝隙清晰、缝内光滑顺直。

⑨ 第三遍压光：在水泥细石终凝前进行第三遍压光（人踩上去稍有脚印），铁抹子抹上去不再有抹纹时，用铁抹子把第二遍抹压时留下的全部抹纹、压平、压实、压光（必须在终凝前完成）。

⑩ 养护：地面压光完工后 24 小时，铺锯末或其他材料覆盖洒水养护，保持湿润，养护时间不少于 7 天。当抗压强度达 5MPa 时方可上人。

2）室外墙面贴砖工程。施工顺序为：基层处理→吊垂直、套方、找规矩→贴灰饼→抹底层砂浆→弹线分格→排砖→浸砖→镶贴面砖→面砖勾缝与擦缝。

操作要点如下：

① 基层处理：首先将凸出墙面的混凝土剔平、凿毛，并用钢丝刷满刷一遍，然后将墙面清扫干净，浇水湿润。为增强底层抹灰与基层的黏结力，刷 801 胶素水泥浆一遍，配合比为 801 胶∶水=1∶4。

② 吊垂直、套方、找规矩、贴灰饼：从顶层开始用特制的大线坠，绷铁丝吊垂直，然后根据面砖的规格尺寸分层设点、做灰饼。横线则以楼层为水平基准交圈控制，竖向以四周大角和通天柱为基线控制，应全部是整砖。每层打底灰时以此灰饼作为基准点进行冲筋，使底层灰做到横平竖直。同时要注意找好突出檐口、腰线、窗台、雨篷等饰面的流水坡度。

③ 抹底层砂浆：底层砂浆分二遍进行，第一遍厚度宜为 5mm，抹后用扫帚扫毛；待第一遍六至七成干时，即可抹第二遍，厚度约为 10mm，随即用木杠刮平，木抹搓毛，终凝后浇水养护。

④ 弹线分格：待基层灰六至七成干时即可按施工图要求进行分格弹线，同时进行面层贴标准点的工作，以控制面层出墙尺寸及墙面垂直、平整。

⑤ 排砖：根据大样图及墙面尺寸进行横竖排砖，以保证面砖缝隙均匀，符合设计图要求，注意大面和通天柱子、垛子排整砖以及在同一墙面上的横竖排列，均不得有一行以上的非整砖。非整砖行应在次要部位，如窗间墙或阴角处等。但亦要注意一致和对称。如遇突出的卡件，应用整砖套割吻合，不得用非整砖拼凑镶贴。

⑥ 浸砖：外墙面砖镶贴前，首先要将面砖清扫干净，放入净水中浸泡 2 小时以上，取出待表面晾干或擦干净后方可使用。

⑦ 镶贴面砖：在每一分段或分块内的面砖，均为自下向上镶贴。从最下一层砖下皮的位置先稳好靠尺，以此托住第一皮面砖。在面砖外皮上口拉水平通线，作为镶贴的标准。

镶贴时，先在抹灰基层刷素水泥浆一遍，然后在砖背抹 6~10mm 厚的 1：2 水泥砂浆镶贴，或抹 3~4mm 厚 1：1 水泥砂浆掺加适量黏结胶来镶贴，贴上后用灰铲柄轻轻敲打，再用钢片开刀调整竖缝，并用小杠通过标准点调整平面垂直度。

⑧ 面砖勾缝与擦缝：用专用勾缝剂勾缝，先勾水平缝再勾竖缝，勾好后要求凹进面砖外表面 2~3mm。面砖缝子勾完后用布或棉丝蘸稀盐酸擦洗干净。

过关问题 4：对于单位工程施工的重难点应进行简要分析，一般重点分析土石方与基坑支护工程、基础工程、钢筋混凝土工程、结构安装工程、屋面工程、装饰工程、路面工程这几个分部工程。例如土石方与支护工程的重难点通常是支护方案、地下水处理方案以及土方开挖方案。请同学们任选分部工程中的其中一项，针对不同分部工程的重点选择施工方案及施工机械。

答：**1. 针对混凝土工程的重难点分析**

对施工过程来讲，采用不同的施工方法施工，其施工效果和经济效果也是不相同的。施工方法的选择直接影响到施工进度、施工质量、工程造价及生产的安全等。因此，正确地选用施工方法在施工组织设计中占有相当重要的地位。

以住宅楼项目为例，其混凝土工程的重点和难点主要是模板系统、混凝土浇捣等。所以应重点选择模板和支架类型及支撑方法；选择混凝土供应、输送及浇筑顺序和方法；确定混凝土振捣设备类型；确定施工缝留设位置；确定预应力混凝土的施工方法及控制应力等。

2. 针对混凝土工程施工机械选择的方法

（1）选择施工机械应考虑的主要因素。

1）应根据工程特点，选择适宜主导工程的施工机械，所选设备机械应在技术上可行，在经济上合理。如建造贯入式路面或碎石路面时，大多以压路机为主要机械；而建造沥青土基层时，大多以平地机为主要机械。

2）在同一个工地上所选机械的类型，规格型号应统一，便于管理及维护。

3）尽可能使所选机械一机多用，提高机械设备的生产效率。

4）选择机械时，应考虑到施工企业工人的技术操作水平，尽量选用施工企业已有的施工机械。

5）各种辅助机械或运输工具应与主导机械的生产能力协调配套，以充分发挥主导机械的效率。如土方工程施工中常用汽车运土时，汽车的载重量应为挖土机斗容量的整数倍，汽车的数量应保证挖土机连续工作。

目前，混凝土工程施工现场常用的机械有起重机械、钢筋混凝土的制作及运输机械等。塔式起重机和泵送混凝土设备是常见的运输机械。

（2）选择塔式起重机。塔式起重机的选择主要是选择其类型及型号。

1）类型的选择。选择塔式起重机类型应根据建筑物的结构平面尺寸、层数、高度、施工条件及场地周围环境等因素综合考虑。通常对于低层建筑，常选用轨道式或固定式的一般塔式起重机，例如 QT_1-2 型、QT_1-6 型等；对于中高层建筑，可选用附着自升式塔式起重机或爬升式塔式起重机，其高度随着建筑的施工高度增加而加高，如 QT_4-10 型、QT_5-4/40 型、QT_5-4/60 型等；如果建筑体积庞大，建筑结构内部又有足够空间（电梯间、设备间）可安装塔式起重机时，可选用内爬式塔式起重机，以充分发挥塔式超重机的效率，但安装时要考虑建筑结构支承塔重后的强度及稳定性。

2）规格型号选择。塔式起重机规格型号的选择应根据拟建的建筑物所要吊装的材料及所吊装构件的主要吊装参数，通过查找起重机技术性能曲线表进行选择。主要吊装参数指各构件的起重量 Q，起吊高度 H 及起重半径 R。

$$Q \geqslant Q_1+Q_2$$

式中 Q——起重机的起重量（t）；

Q_1——构件的重量（t）；

Q_2——索具的重量（t）。

$$H \geqslant H_1+H_2+H_3+H_4$$

式中 H——起重机的起吊高度（m）；

H_1——建筑物总高度（m）；

H_2——建筑物顶层人员安全生产所需高度（m）；

H_3——构件高度（m）；

H_4——索具高度（m）。

起重半径也称工作幅度，应根据建筑物所需材料的运输距离和构件安装的不同距离，选择最大的距离为起重半径。

3）塔式起重机台数的确定。塔式起重机数量应根据工程量大小，工期要求，考虑超重机的生产能力进行确定，经验公式为

$$N=\frac{1}{TCK}\sum\frac{Q_i}{P_i}$$

式中 N——塔式起重机台数；

T——工期（天）；

C——每天工作班次；

K——时间利用参数，一般取 0.7~0.8；

Q_i——各构件（材料）运输量（t）；

P_i——塔式起重机的台班效率（件/台班或 t/台班）。

（3）选择泵送混凝土设备。当混凝土浇筑量很大时，有时采用泵送混凝土的方式进行浇筑。这种输送混凝土的方式不但可以一次性直接将混凝土送到指定的浇筑地点，而且也能加快施工进度。因此这种混凝土运输方式广泛地应用在中高层建筑的施工中。

泵送混凝土设备的选择指的是混凝土输送泵的选择和输送管的选择。

1）混凝土输送泵的选择。混凝土输送泵的选择是按输送量大小和输送距离的远近进行选择，混凝土输送泵的输送量，可按下式进行计算

$$Q_m > Q_i$$

式中 Q_m——混凝土输送泵的输送量（m^3/h）；

Q_i——浇筑混凝土时所需的混凝土量（m^3/h）。

考虑到混凝土输送泵的输送量与运输距离及混凝土的砂、石级配有关，则

$$Q_m = Q_{max}\alpha E_t$$

式中 Q_{max}——混凝土输送泵所标定的最大输送量；

α——与运输距离有关的条件系数；

E_t——作业系数，一般取 0.4~0.5。

混凝土输送泵的输送距离，按下式进行计算

$$L_m > L_s$$

式中 L_m——混凝土输送泵的输送距离（m）；

L_s——混凝土应输送的水平距离（m）。

2）输送管的选择。一般来讲，合理地选择混凝土输送泵的输送管和精心布置输送管路，是提高混凝土输送泵输送能力的关键。混凝土输送泵的输送管有多种，如支管、锥形管、弯管、软管以及管与管之间连接的管接头。

任务二 施工进度计划及资源配置计划的编制

过关问题1：单位工程进度计划是施工组织设计的重要内容，也是资源配置计划编制的重要依据。讨论在编制单位工程进度计划时，应先搜集哪些资料作为编制的依据；在此基础上，为了高效地完成进度计划的编制应遵循怎样的程序与步骤。

答：**1. 单位工程施工进度计划的编制依据**

（1）建筑总平面图、地形图、全部工程施工图及水文、地质、气象等资料。

（2）单位工程的施工方案。

（3）施工合同和工程预算文件。

（4）劳动定额及机械台班定额。

（5）施工企业（承包商）的劳动资源能力。

（6）其他有关要求和资料。

2. 单位工程施工进度计划编制程序（图3-2）。

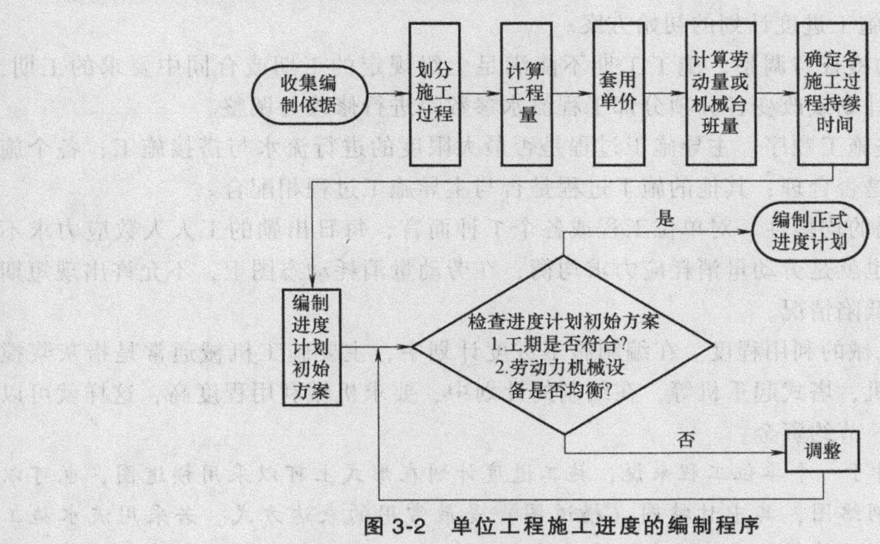

图3-2 单位工程施工进度的编制程序

3. 单位工程施工进度计划的编制步骤

（1）熟悉设计施工图、资料及调查施工条件。项目部技术负责人应组织工程技术人员及有关施工人员全面（地）熟悉和详细审查设计施工图，研究有关技术资料，同时进行施工现场的勘察，调查施工条件，为编制施工进度计划做好准备工作。

（2）划分施工过程。划分施工过程，应按照既定施工方案所确定的施工顺序来划分施工过程，包括从开工至竣工为止的所有土建施工内容。对于次要的零星的分项工程，则不列出，可并为“其他工程”，在计算劳动量时，给予适当的考虑即可。水、暖、电及设备一般另作一份相应专业单位工程施工进度计划，在土建单位工程进度计划中，水、暖、电及设备只列分部工程名称，不列详细施工过程名称。

（3）确定劳动量和机械台班量。在工程量清单的基础上，根据所划分的施工过程和选定的施工方法，查套施工定额，确定劳动量及机械台班量。

施工定额有两种形式，即时间定额 H_i 和产量定额 S_i。时间定额是指完成单位建筑产品所需的时间；产量定额是指在单位时间内所完成建筑产品的数量，两者互为倒数。

采用新技术，新工艺，新材料的分项工程或特殊施工方法的分项工程，其定额未列入定额手册时，可参照类似项目或进行实测来确定。

（4）确定工作班制。项目施工如工期没有特殊要求，尽可能采用一班制施工，有时因工艺要求或施工进度需要，也可采用两班制或是三班制连续作业，如浇筑混凝土可三班连续作业。

（5）确定施工过程的持续时间。

（6）编制施工进度计划的初始方案。

1）首先分别编制地基基础、主体结构、装修装饰三个不同阶段施工进度计划。要重点考虑各个阶段的主导施工工程，尽可能采用流水施工方式，或采用流水施工与搭接施工相结合的方式安排进度，尽量使各工种连续施工，同时也能做到各种资源消耗的均衡。非主导施工过程应与主导工程相结合，同样也应尽可能地组织流水施工。

2）其次按尽可能搭接的原则，根据工艺的合理性将三个施工阶段的施工进度表搭接起来，即得到了单位工程施工进度计划的初始方案。

（7）检查调整施工进度计划的初始方案。

1）施工工期的检查与调整。施工工期不能满足上级规定的工期或合同中要求的工期，则需重新安排进度计划或改变各分项分部工程流水参数等进行修改与调整。

2）检查与调整施工顺序。主导施工过程是否最大限度的进行流水与搭接施工；各个施工过程的先后顺序是否合理；其他的施工过程是否与主导施工过程相配合。

3）劳动量消耗的均衡性。对单位工程或各个工种而言，每日出勤的工人人数应力求不发生过大的变动，也就是劳动量消耗应力求均衡，在劳动量消耗动态图上，不允许出现短期的高峰或长时期的低陷情况。

4）主要施工机械的利用程度。在编制施工进度计划中，主要施工机械通常是指灰浆搅拌机，自行式起重机，塔式起重机等，在编制的计划中，要求机械利用程度高，这样就可以充分发挥机械效率，节约资金。

过关问题 2：对于一个单位工程来说，施工进度计划在形式上可以采用横道图，也可以采用网络图或时标网络图，其中甘特图（横道图）是最常用的表达方式。若采用流水施工的组织方式，在绘制甘特图之前，首先需要计算出流水步距、流水节拍等相关时间参数，请结合本案例当中的装饰装修工程来计算流水施工的时间参数。

答：根据材料一分析：施工段数＝20÷5＝4

1. 各工程流水节拍

强弱电管布设工程流水节拍＝36 天÷4＝9 天

天花吊顶龙骨工程流水节拍 = 24 天 ÷ 4 = 6 天

墙面及天花装饰工程流水节拍 = 56 天 ÷ 4 = 14 天

五金工程流水节拍 = 4 天 ÷ 4 = 1 天

精修工程流水节拍 = 16 天 ÷ 4 = 4 天

2. 各工程间流水步距

采用 Paterkovsky（潘特考夫斯基）法计算：

1）强弱电管布设工程→天花吊顶龙骨工程

9 天 − 0 = 9 天；18 天 − 6 天 = 12 天；27 天 − 12 天 = 15 天；36 天 − 18 天 = 18 天

Max{9, 12, 15, 18} 天 = 18 天

2）天花吊顶龙骨工程→墙面及天花装饰工程

6 天 − 0 = 6 天；12 天 − 14 天 = −2 天；18 天 − 28 天 = −10 天；24 天 − 42 天 = −18 天

Max{6, −2, −10, −18} 天 = 6 天

3）墙面及天花装饰工程→五金工程

14 天 − 0 = 14 天；28 天 − 1 天 = 27 天；42 天 − 2 天 = 40 天；56 天 − 3 天 = 53 天

Max{14, 27, 40, 53} 天 = 53 天

4）五金工程→精修工程

1 天 − 0 = 1 天；2 天 − 4 天 = −2 天；3 天 − 8 天 = −5 天；4 天 − 12 天 = −8 天

Max {1, −2, −5, −8} 天 = 1 天

过关问题 3：依据过关问题 2 中计算出的时间参数，分别采用甘特图和双代号网络计划图的方式绘制装饰装修工程进度图，计算流水施工的工期，并比较两种方式计算出的工期是否相同，解释分析其原因。

答：（1）根据过关问题 2 计算出的流水施工的步距与节拍，绘制出的横道图如图 3-3 所示。

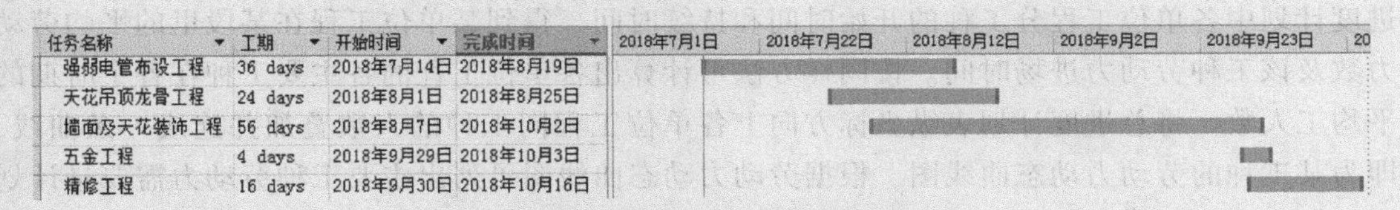

任务名称	工期	开始时间	完成时间
强弱电管布设工程	36 days	2018年7月14日	2018年8月19日
天花吊顶龙骨工程	24 days	2018年8月1日	2018年8月25日
墙面及天花装饰工程	56 days	2018年8月7日	2018年10月2日
五金工程	4 days	2018年9月29日	2018年10月3日
精修工程	16 days	2018年9月30日	2018年10月16日

图 3-3　某装饰装修工程横道图

工期 = (18 + 6 + 53 + 1 + 16) 天 = 94 天。

（2）假设：强弱电管布设工程在各施工段分别为用 A1、A2、A3、A4 表示；天花吊顶龙骨工程在各施工段分为用 B1、B2、B3、B4 表示；墙面及天花装饰工程分别用 C1、C2、C3、C4 表示；五金工程分别用 D1、D2、D3、D4 表示；精修工程分别用 E1、E2、E3、E4 表示。则绘制的双代号网络计划图如图 3-4 所示。

关键工作为：A1—B1—C1—C2—C3—C4—D4—E4，工期即为各关键工作持续时间之和。

工期 = (9 + 6 + 14 + 14 + 14 + 14 + 4) 天 = 75 天

从结果中，发现横道图计算的工期比双代号网络计划的工期要长。这是因为，双网络计划图仅考虑了各工序间的施工逻辑顺序，并没有考虑窝工问题。而横道图计算工期时，为不

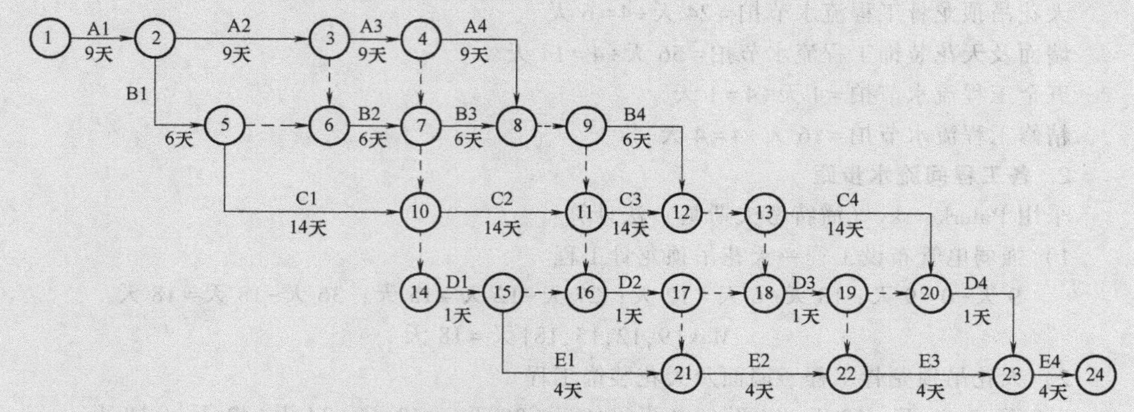

图 3-4 某装饰装修工程网络计划图

使窝工现象出现，在计算流水步距已考虑了此问题。若采用网络计划图进行工期表达，并考虑窝工问题，需要采用单代号搭接网络计划图。

过关问题 4：资源配置计划是做好劳动力及物资的供应、平衡、调配、落实的依据，在完成施工总进度编制后，方可进行资源配置计划的编制，请从劳动力、材料和施工机具三方面讨论资源配置计划的主要内容。

答：各主要资源配置计划的主要内容如下：

1. 劳动力需要量计划

劳动力需要量计划是保证工程项目施工进度的重要因素之一，也是确定施工现场大型生产和生活福利临时设施规模、施工企业劳动力调配及组织劳动力进场的依据。编制劳动力需要量计划时，首先根据工程量汇总表中列出的各主要工种的实物工程量，查找并套用相应劳动定额或有关经验资料，即可求得各单位工程主要工种的劳动量（工日数）。再根据施工总进度计划中各单位工程分工种的开始时间和持续时间，得到某单位工程在某段里的平均劳动力数及该工种劳动力进场时间。按同样方法可计算出各单位工程的各主要工种在各个时期的平均工人数。将总进度计划表纵坐标方向上各单位工程同工种的人数叠加并连成一条曲线，即为某工种的劳动力动态曲线图。根据劳动力动态曲线图可列出主要工种劳动力需要量计划表。将各主要工种劳动力需要量曲线图在时间上叠加，即可得到综合劳动力曲线图和计划表。

2. 材料、构件、半成品的需要量计划

材料、构件、半成品的需要量和供应计划也是保证施工总进度实现的重要因素，是施工单位组织材料和预制品加工、订货的依据，是材料供应部门和有关加工厂准备所需的材料、构件、半成品并及时供应的依据，也是决定施工现场大型施工临时设施中材料、构件、半成品的堆放场地和仓库面积的依据之一，因此在施工总进度计划编制好以后应同时编制材料、构件、半成品的需要量计划。

3. 施工机具需要量计划

施工机具需要量计划是组织机具供应、计算配电线路及选择变压器和确定停放场地面积、进行场地布置的依据。主要施工机械，如挖土机、起重机等的需要量计划，应根据施工部署和施工方案、施工总进度计划、主要工种工程量，套机械产量定额确定；辅助机械可以根据安装工程每10万元扩大概算指标或按经验确定；运输机械的需要量根据运输量计算。施工中需要多种机械配合的，还需进行多种机械技术经济优化配合分析，主要施工机具、设备需要量计划。

过关问题5：工程成本是指在确保安全施工的前提下，必须消耗或使用的人工、材料、工程设备、施工机械台班及其管理费用和按规定缴纳的规费和税金。工期的变化会对工程成本产生影响。工期优化的目的是求出与最低总费用相对应的最佳工期，请结合上篇表3-2中的内容，计算案例中最低总费用相对应的最佳工期。

答：其网络计划图如图3-5所示。

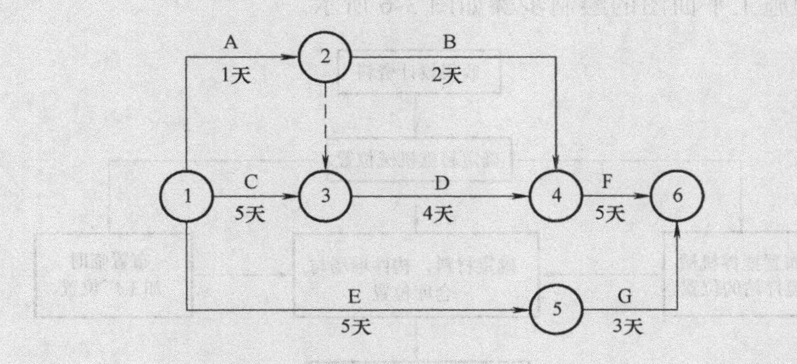

图3-5　案例材料二对应的网络计划图

由图中可知，关键工作为C→D→F，总工期为14天。C工作赶工一天费用为0.5万元，F工作赶工一天费用为0.3万元，D工作赶工一天费用为0.2万元，该项目每日运营费用为0.8万元。

考虑压缩工作D：可压缩1天，关键工作为C→D→F，0.2d<0.8d。

考虑压缩工作F：可压缩2天，关键工作为C→D→F，0.6d<0.8d。

考虑压缩工作C：可压缩1天，关键工作为C→D→F，0.5d<0.8d。

即当压缩5天时，案例中的工程可达到最低费用，总工期为10天。

任务三　施工平面布置图的编制

过关问题1：施工现场占地面积大，功能分区复杂，容纳的人员众多，因此必须对施工现场用地进行科学的组织和规划，否则会造成施工过程的混乱，影响工程进度并增加造价，甚至发生重大安全事故。施工平面布置图是施工过程空间组织的图解形式。请讨论：绘制施工平面布置图时，应先搜集哪些资料？

答：绘制单位工程施工平面图设计的依据如下：

1. 施工现场有关技术资料

（1）施工组织总设计文件及气象资料。

（2）建筑总平面图，现场地形图，已有的建筑和待建的建筑及地下设施的位置、标高、尺寸(包括地下管网资料)。

（3）水源、电源及建筑区域内的有关设计资料。

2. 生产与生活所需物资资源资料

（1）各种材料、构件、半成品构件需要量计划。

（2）各种生活、生产所需的临时设置及所需加工厂的数量、形状、尺寸及建设单位可为施工提供的生活、生产用房等情况。

（3）现场施工机械、模板、支架、运输工具的型号与数量。

过关问题2：施工平面布置图中布设的内容主要有拟建建筑物、临时道路、临时设施、临时水电、木工加工场地、钢筋加工场地、办公室、库房垂直运输工具等，那么以上内容布设时的先后顺序是什么？

答：单位工程施工平面图的绘制步骤如图3-6所示。

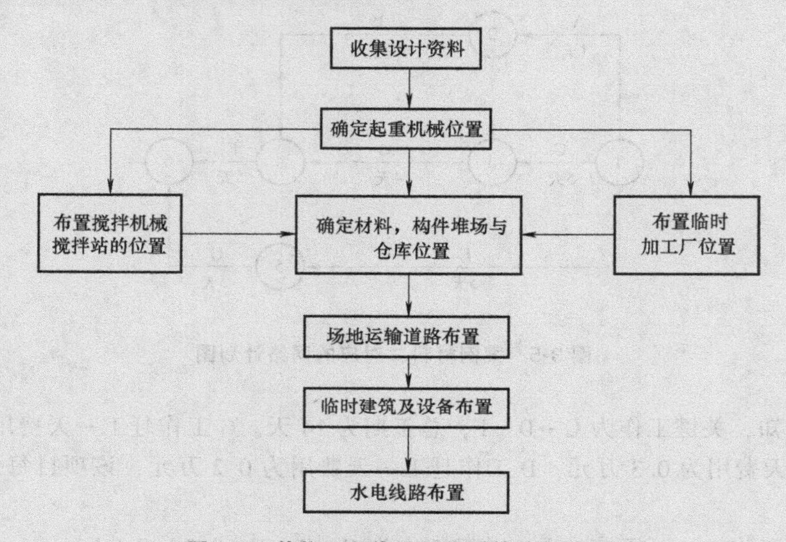

图3-6 单位工程施工平面图的绘制程序

过关问题3：施工过程中，材料的垂直运输是影响施工效率的重要因素，垂直运输机械位置的设计将会直接影响垂直运输的效率，常见的固定式垂直运输设备有固定式塔式起重机、钢井架、龙门架、桅杆式起重机等，请结合本案例确定塔式起重机的位置。

答：塔式起重机的布置原则如下：

（1）确定垂直运输设备的位置（塔吊、井架、门架）。它们的位置受现场工作面的限制，同时影响现场材料仓库、材料堆场、搅拌站、水、电、道路的布置。

（2）多层建筑施工中（3~7层）可以用轻型的塔吊，这类塔吊的位置可以移动，但是按照建筑物的长边布置可以控制更加广阔的工作面。应尽量减少死角，将材料和构件控制在塔吊的工作范围之内。

（3）高层建筑施工中（12层以上或大于24m），可以布置自升式或爬升式塔吊，它们的位置固定，具有较大的工作半径（30~60m），同时一般配置若干大的固定升降机配合作业。主体结构完毕，塔吊可以拆除。

（4）多层房屋施工时，固定的垂直运输设备布置在施工段的附近，当建筑物的高度不同时，布置在高低分界处，如果有可能，尽可能布置在有窗口的地方，以避免墙体的留槎和拆除后的修补工作。固定的垂直运输设备中卷扬机的位置不能靠升降机太近，以便司机视线开阔。

(5) 材料堆场、仓库、搅拌站的位置，尽量在起重机的半径范围之内，并且运输、装卸方便，位置主要取决于垂直运输设备位置的选择。

(6) 对于少量的、轻型材料可以堆放得远一点，以不影响施工为宜并应尽量减少二次搬运。

(7) 现场布置在满足现场施工的前提之下，尽可能达到业主的要求。

在本案例中，依据以上原则塔式起重机的位置见施工平面布置图（请登录 www. chinamie. org/erwei/1. zip 下载）。

过关问题4：搅拌站的布设应尽量靠近使用地点并在起重设备的服务范围内，请根据过关问题3中塔式起重机的位置确定本案例搅拌站的位置。

答：搅拌机（站）的布置应尽量靠近使用地点并在起重设备的服务范围内。根据起重机类型不同，有下列几种布置方案：

(1) 采用固定式垂直运输设备时，尽可能靠近起重机布置，减少运距或二次搬运。

(2) 当采用塔式起重机时，搅拌机应布置在塔式起重机的服务范围内。

(3) 当采用无轨自行式起重机进行水平或垂直运输时，应沿起重机运输线路一侧或两侧进行布置，位置应在起重机的最大外伸长度范围内。

由于本案例中使用的是塔式起重机，应选择第二种方案，具体位置见施工平面布置图（请登录 www. chinamie. org/erwei/1. zip 下载）。

过关问题5：临时加工区域和仓库的布设原则主要有减少二次搬运、远离火源、在垂直运输工具服务范围等，依据这些原则完成本案例的钢筋加工棚、模版加工棚的布设。

答：临时加工厂（所）及材料、构件的堆场与仓库的位置有以下布置原则：

1. 临时加工厂位置的布置

单位工程施工平面图中的临时加工厂一般是指钢筋加工场地、模板加工场地、预制构件加工场地、沥青加工处、淋灰池等。平面位置布置的原则按尽量地靠近起重设备，并按各自的性能及使用功能来选择合适的地点。

钢筋加工处，模板加工处应选择在建筑物四周，且有一定材料、成品的堆放处，钢筋加工处还应尽可能地在起重机服务范围之内，避免二次搬运，而模板加工处应根据其加工特点，选在远离火源的地方。沥青加工处应远离易燃物品，且设在下风向区域。淋灰池应靠近搅拌机（站）布置。构件预制场地位置应选择在起重机服务范围内，且尽可能靠近安装地点。布置时还应考虑到道路的畅通，不影响到其他工程的施工。

2. 仓库位置与材料构件堆场的布置

(1) 仓库位置应根据储存材料的性能和仓库使用功能确定其位置。通常，仓库应尽量选择在地势较高、周边能较好地排水、交通运输较方便的地方。如水泥仓库应靠近搅拌机（站），其他仓库根据其使用功能而定。

(2) 材料构件的堆场平面布置的原则应尽量缩短运输距离，避免二次搬运。砂、石堆场应靠近搅拌站（机），砖与构件尽可能靠近垂直运输机械布置（基础用砖可布置在基坑四周）。

在本案例中，根据现场的具体情况，钢筋、模板的加工点在拟建项目旁边，砂、石堆场设在搅拌机附近，避免了二次搬运。具体详见施工平面布置图（请登录 www. chinamie. org/erwei/1. zip 下载）。

过关问题6：现场运输道路可分为单行道和双行道，为满足消防的要求，单行道和双行道的宽度应为多少？为便于调车，按材料和构件运输的要求，应沿着仓库和堆场设计成环形线路，请结合本案例，完成施工运输道路的绘制。

答：现场运输道路分为单行道路和双行道路，单行道路宽为3~3.5m，双行道路为5.5~6m，为保证场内道路畅通，便于调车，按材料和构件运输的需要，沿着仓库和堆场成环行线路布置。布置时应尽量地利用永久性道路布置。依据以上原则，绘制的施工道路图详见施工平面布置图。

任务四 主要施工方案及专项施工方案的编制

过关问题1：单位工程施工组织设计应按照GB 50300—2013《建筑工程施工质量验收统一标准》对分部分项工程的划分原则，对主要分部分项工程制定施工方案，请讨论在编制各主要分部分项工程施工方案时需要参考哪些资料，并以案例中的混凝土工程为例说明其施工方案的主要内容。

答：**1. 主要施工方案的编制依据**

（1）单位工程施工组织设计中制订的编制计划。

（2）有关的技术标准。

2. 主要施工方案的内容

（1）编制依据。

（2）施工部位的概况分析。

（3）施工准备。

（4）施工安排。

（5）主要施工方法。

（6）质量要求。

（7）其他要求。

3. 本案例中的混凝土工程施工方案的编制

（1）编制依据。

1）某住宅小区施工图。

2）本工程所涉及的主要的国家或行业规范、标准、规程、法规、图集、地方标准，限于篇幅，规范、标准、文件一览表从略。

（2）施工准备。

1）施工技术准备：施工图设计技术交底及图纸会审；学习、熟悉技术规范、规程和有关技术规定；施工图深化设计。

2）施工现场准备：工程轴线控制网测量定位及控制桩控制点的保护；临时供水；施工现场临时用电计划临时用电需设计专项方案；施工现场临时排水。

（3）主要施工方法。本工程混凝土采用泵送预拌混凝土，为避免交通等各种不可预见因素影响，使混凝土浇筑中断，形成冷缝，现场备50m³混凝土现场机械搅拌材料，以满足混凝土浇筑连续进行，保证混凝土施工质量。

由项目部、公司材料管理部门从公司合格供应商中选择预拌混凝土供应站，经业主、监理考察通过后，选择信誉好，标准高，有相当资质的预拌混凝土搅拌站，作为本工程结构施工预拌混凝土供应商。

1）泵送管的布置与敷设。本工程所用混凝土地面水平及垂直泵送管采用 $\phi125$ 的高压管，楼内水平管采用 $\phi125$ 的低压管。垂直管沿建筑物电梯井向上敷设，避免在楼层上再预留孔洞，并减少弯头；楼面水平泵管敷设时，要尽量减少转弯，应使混凝土浇筑推进方向与泵管拆除方向一致；泵送线路布置应避免使用曲率半径小的弯头，以防堵管。

2）施工缝的留设及处置。

① 地下室外墙第一道水平施工缝留在底板上皮 500mm 处。

② 内墙可留设在门洞口过梁跨中 1/3 范围内，也可留在纵横墙的交接处。

③ 梁、板留在跨中 1/3 范围内。

④ 施工缝处混凝土要留直槎，不得留斜坡。

⑤ 施工缝在下次浇混凝土之前，已浇混凝土强度不低于 $1.2N/mm^2$。已硬化的混凝土表面，应清除松散的石子和水泥浆，并用水充分湿润。在浇筑混筑混凝土前，宜先在施工缝处铺一层水泥浆或与混凝土成分相同的减石混凝土。

3）混凝土的浇筑要点。

① 地下室及主体结构混凝土按楼层分层浇筑，每层按施工流水段分段进行。墙体采用分层分段法浇筑，每层厚不超过 40cm；独立柱分层浇筑，每层厚度不超过 40cm。楼板浇筑采用赶浇法。梁、柱接头节点部位，若混凝土等级不一致，应先浇筑强度高的混凝土，然后再浇强度低的混凝土。

② 有剪力墙楼梯的施工缝应把楼梯梁的一半即上跑楼梯梁的全部和休息平台的 1/3~1/2 处全部留出不浇筑，框架结构楼梯施工缝应留在上跑楼梯踏步的上三步或下三步处。

③ 地下室外墙防水混凝土尽可能以后浇带为界，必须保持连续浇筑。

4）预防措施——混凝土的现场机械搅拌。为避免交通等各种不可抗力影响，使混凝土浇筑中断，形成冷缝，现场备 $50m^3$ 混凝土现场机械搅拌材料，以满足混凝土浇筑连续进行，保证混凝土的施工质量。

5）混凝土施工的质量控制。

① 墙体转角等钢筋较稠密部位，振捣要充分，避免因漏振而造成的蜂窝、孔洞等质量缺陷。

② 框架梁、柱结合部位钢筋十分稠密，应选用直径小的振捣棒，其软轴的长度需大于 6m。

③ 楼板混凝土浇筑后，设专人负责找平、压实。

④ 当预拌混凝土运至现场坍落度损失较大时，严禁加水搅拌，必须严格按预定方案由预拌混凝土供应站进行处理。

6）混凝土的养护。混凝土浇筑完成后，对于混凝土的养护工作必须认真对待。养护方法正确，措施得力对混凝土的强度增长防止裂缝的出现都有很大的作用。对于常温下施工的混凝土，浇水养护不得少于 7 天，抗渗混凝土不少于 14 天。

过关问题 2：根据《建设工程安全生产管理条例》（国务院第 393 号令）的规定：对达到一定规模的危险性较大的分部（分项）工程编制专项施工方案，并附具安全验算结果，经施工单位技术负责人、总监理工程师签字后实施。请讨论哪些分部分项工程需要编制专项施工方案，对列出的专项方案中哪些部分需要施工单位组组织专家进行论证、审查。

答：(1) 在《建设工程安全生产管理条例》(国务院第393号令) 中规定：对下列达到一定规模的危险性较大的分部（分项）工程编制专项施工方案，并附具安全验算结果，经施工单位技术负责人、总监理工程师签字后实施：

1) 基坑支护与降水工程。

2) 土方开挖工程。

3) 模板工程。

4) 起重吊装工程。

5) 脚手架工程。

6) 拆除、爆破工程。

7) 国务院建设行政主管部门或者其他有关部门规定的其他危险性较大的工程。

(2) 对上述工程中涉及深基坑、地下暗挖工程、高大模板工程的专项施工方案，施工单位还应当组织专家进行论证、审查。

除上述《建设工程安全生产管理条例》中规定的分部（分项）工程外，施工单位还应根据项目特点和地方政府部门有关规定，对具有一定规模的重点、难点分部（分项）工程进行相关论证。

有些分部（分项）工程或专项工程，如主体结构为钢结构的大型建筑工程，其钢结构分部规模很大且在整个工程中占有重要的地位，需另行分包，遇有这种情况的分部（分项）工程或专项工程，其施工方案应按施工组织设计进行编制和审批。

过关问题3：在专项施工方案的内容中，施工顺序和施工方法是其核心内容，请结合本案例中“基坑开挖及护坡工程施工方案”，讨论如何确定分部分项工程的施工顺序和施工方法？

答：**1. 某住宅小区基坑开挖工程施工顺序**

首先开挖中心区域的土方，从场地北侧对称退挖至南侧，最后采用长臂挖掘机坐在基坑帽梁外侧收尾挖土。从底板后浇带将土方开挖分为两段。整体开挖分为三层接力开挖，第一层深度约为2.4~2.6m；第二层深度约为2.3m；第三层主要为承台、地梁、电梯井等部位的土方开挖，采用小型挖掘机进行该部位的土方开挖。最后基底30cm厚的土方采用人工进行清槽。具体步骤如图3-7所示。

2. 土方开挖及基坑排水操作要点

(1) 基坑开挖以履带式液压挖掘机挖土为主，人工修挖为辅。本基坑采用“分层大错台整体退挖”的方式挖土，有效减小土方卸载对支护造成的荷载集中效应。既可以保证基坑安全，又可以形成流水施工，加快挖土速度，保证垫层施工及时穿插。

(2) 土方开挖前应将分层层厚、位置、分段长度、作业面开挖顺序向施工人员做书面技术交底，现场做出明显的标记，使施工人员心中有数，以控制挖土深度、长度，严禁超挖。

(3) 基坑土方开挖施工必须遵循：分区、分层开挖。每挖一层土，土层底面保持大致平整，以利于流水施工展开。

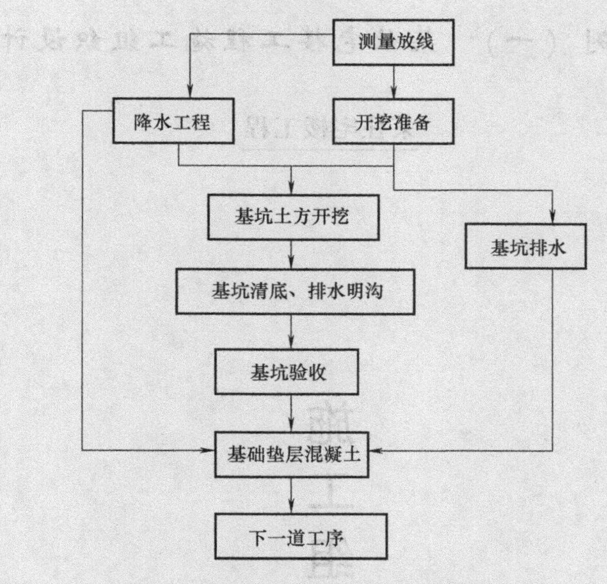

图 3-7　土方开挖的步骤

(4) 机械开挖禁止碰撞工程桩、支护桩、支撑及降水井等结构构件，在上述设施附近的土方采用人工翻挖，配合挖掘机。土方开挖过程中，一定要注意应将基坑内的降水井保留好，做好小旗进行标识，以备在基础施工阶段继续降水。

(5) 基坑内的降水井，一部分应保留至基础底板施工时与底板一同封闭，另一部分保留至主体结构施工至二层以上时封严。

(6) 基坑随深度的加深，应密切注意观察所有降水设备的运行情况，及时排除故障，确保基坑呈现无水状态下作业。当局部有湿土或地面水及排出水影响时，采用设置 400mm×400mm 排水盲沟及集水坑，并应迅速用泵排除积水，使基坑始终处于无水状态。

(7) 土方开挖的同时，应加强对基坑支撑体系水平位移的监测、加强坑底回弹和隆起量的监测、加强对支护桩变形的监测、加强工程桩移位的监测，确保基坑及周边环境的稳定与安全。

(8) 尽量缩短围护结构暴露时间，采取措施加快地下结构部分施工速度。土方开挖满足混凝土结构施作条件后，即展开基础混凝土垫层的施工，并尽快完成底板结构施工，尽量缩短基坑晾槽时间。

(9) 严禁在基坑顶部边缘及附近超载，严禁将开槽土堆放在基坑顶部边缘附近，防止对基坑支护桩、工程桩等产生不良影响。

(10) 接力挖土及开挖休止期间，留土坡度不宜过陡，挖土高差不宜过大，开挖时坡度按照 1∶1 设置（坡度及高差经试开挖后，依据土体稳定情况进行调整），防止土体滑移造成工程桩倾斜。

(11) 本工程由于局部开挖深度较深，存在坑中坑的现象，坑内外高差较大，因此该部位土方开挖前，在基坑周围距基坑 800mm 距离范围内打木桩进行支护，先撑后挖，确保该部位的基坑稳定性。

成果与范例（一） 某住宅楼工程施工组织设计

某住宅楼工程

施工组织设计

招标人（章）：××建筑有限公司

法定代表人或委托代理人（签字或盖章）：______________

日期：201×年×月××日

目　录

第1章 工程概况

1.1 工程简介

某住宅楼工程为多层住宅，楼高十一层，无地下室，局部突出屋面层为设备间、楼梯间。结构形式为全现浇剪力墙结构。本工程建筑结构的安全等级为二级，Ⅱ类场地，中硬土，地面粗糙类别为B类；结构设计耐火等级为二级，建筑抗震设防类别为丙类，抗震设防烈度为6度第一组，设计基本地震加速度值为0.05g，特征周期值为0.35s；剪力墙抗震等级为四级，地基基础设计等级为乙级。±0.000相当于绝对标高，本工程结构设计使用年限为50年。工期为330日历天。

本工程结构计算采用的计算软件为国家建筑科学研究院PKPM CAD工程部编制的微机建筑结构PKPM系列工程CAD系统软件；结构平面计算机辅助设计PM CAD；基础设计软件JC CAD；多层及高层建筑结构空间有限元分析与结构设计软件SATWE；PKPM系列剪力墙设计软件JLQ。

1.2 结构概况

1. 结构混凝土强度等级

各结构混凝土强度等级见表1-1。

表1-1 结构混凝土强度等级

结构部位	强度等级
基础垫层	C10
基础梁	C30
剪力墙、上部结构梁、柱	C25
楼板、楼梯、构造柱	C25

注：电梯井在±0.000以下采用防水混凝土，采用外加剂AEA，内掺量为水泥重量的6%~12%，外加剂的掺量应经试验最后确定，防水混凝土抗渗等级为P6。电梯井底坑钢筋混凝土保护层在内面取25mm，与土接触面取50mm。

2. 钢筋型号及级别

HPB 300钢筋（A）：$f_{yk}=300\text{N/mm}^2$

HRB 400钢筋（B）：$f_{yk}=400\text{N/mm}^2$

HRB 500钢筋（C）：$f_{yk}=500\text{N/mm}^2$

3. 混凝土环境类别及耐久性要求

混凝土环境类别及耐久性要求见表1-2。

表1-2 混凝土环境类别及耐久性要求

部位或构件	环境类别	最大水胶比	最小水泥用量	最大氯离子含量	最大碱含量
地上部分	一类	0.60	225kg/m^3	1%	不限制
地下部分	二b类	0.55	250kg/m^3	0.3%	3.0 kg/m^3

4. 普通混凝土构件纵向受力钢筋（普通钢筋及预应力钢筋）的保护层厚度

钢筋保护层厚度见表1-3。

表 1-3　普通混凝土构件纵向受力钢筋（普通钢筋及预应力钢筋）的保护层厚度

（单位：mm）

环境类别	板、墙		梁		柱	
	C25	C30	C25	C30	C25	C30
一类	15	15	25	25	30	30
二 b 类	25	25	35	35	35	35

注：1. 纵向受力钢筋的混凝土保护层厚度不应小于钢筋的公称直径。
2. 板、墙、壳中分布筋的保护层厚度不应小于上表相应数值减 10mm，且不应小于 10mm。
3. 梁、柱中箍筋和构造柱钢筋的保护层厚度不应小于 15mm。

5. 砌体结构

±0.000 以下砌体结构采用 MU10 页岩多孔砖，M10 水泥砂浆砌筑，并用 M10 水泥砂浆填实。

±0.000 以上砌体结构见表 1-4。

表 1-4　±0.000 以上砌体结构的材料

结构部位	墙厚	墙体材料	胶结料
外墙	190mm	MU7.5 非承重型页岩多孔砖	M7.5 混合砂浆
内墙	120mm	MU7.5 非承重型页岩多孔砖	M5 混合砂浆

1.3　建筑概况

本工程为某住宅楼工程，工程位于××市，属于夏热冬暖地区，建筑高度为 32.2m，建筑工程等级为中型。室外地坪±0.000 相当于黄海高程 92.5m。总建筑面积为 6222.922m^2，其中一层建筑面积为 567.546m^2，共有 44 套房。体能系数为 0.31。

本工程使用的主要图集见表 1-5。

表 1-5　本工程采用的图集

建筑构造用料做法 05ZJ001	平屋面建筑构造 05ZJ201	室外装修及配件 98ZJ901
楼梯栏杆 05ZJ401	内墙装修及配件 98ZJ501	住宅厨房卫生间设施 98ZJ513
常用木门 88ZJ601	PVC 塑料（塑钢）窗 02ZJ702	室外装修及配件 98ZJ901
屋面节能建筑构造 06J204	PVC 塑料（塑钢）门 02ZJ602	厨房卫生间排风道 05ZJ601

综合楼各部位的做法见表 1-6。

表 1-6　综合楼各部位做法

屋面	坡屋面构造做法（从上到下）：波纹装饰瓦，用双股 18 号铜丝将瓦与直径为 6mm 钢丝网绑牢；1∶3 水泥砂浆卧瓦层，最薄处大于等于 20mm（内配Φ 6@ 150×150 钢丝网）；40mm 厚 C20 细石混凝土刚性防水层（内配Φ 6@ 150×150 钢丝网与屋面板预埋件直径 10mm 钢筋头绑牢）；30mm 厚挤塑聚苯乙烯泡沫塑料板；3mm 厚 SBS 改性沥青防水卷材；20mm 厚 1∶3 水泥砂浆找平层，刷基底处理剂一遍；钢筋混凝土屋面板起坡，预埋直径 10mm 钢筋头双向间距 900mm，伸出保温层面 30mm 平屋面构造做法（从上到下）：25mm 厚 1∶4 水泥砂浆；40mm 厚 C20 细石混凝土刚性防水层（内配Φ 6@ 500×500 钢丝网）；30mm 厚挤塑聚苯乙烯泡沫塑料板；3mm 厚 SBS 改性沥青防水卷材；20mm 厚 1∶3 水泥砂浆找平层，刷基底处理剂一遍

（续）

外墙	面砖墙面：8~10mm 厚 45×45 灰色面砖，1：1 水泥砂浆勾缝；5mm 厚 1：1 水泥砂浆加水重 20%白乳胶镶贴；刷水泥砂浆一遍；25mm 厚 1：3 水泥砂浆 涂料墙面：乳胶漆二遍；刷底漆一遍；满刮腻子一遍；12mm 厚 1：3 水泥砂浆；18mm 厚 1：2.5水泥砂浆搓平；刷素浆一遍（内掺水重 3%~5%白乳胶）
楼地面	地面：面层厚度、砂浆配合比为 20mm 厚 1：2 水泥砂浆压面；素水泥浆结合层一遍 厨房、卫生间楼面：20mm 厚 1：2 水泥砂浆抹面压光；素水泥砂浆结合层一遍；60mm 厚 C20 细石混凝土防水层 1%坡，最薄处不小于 30mm 厚
内墙面	室内墙面：15mm 厚 1：1：6 水泥石灰砂浆；5mm 厚 1：0.5：3 水泥石灰砂浆 卫生间墙面：15mm 厚 1：3 水泥砂浆；5mm 厚 1：2 水泥砂浆
顶棚	天棚做法（用于楼梯间）：钢筋混凝土底面清理干净；7mm 厚 1：1：4 水泥石灰砂浆；5mm 厚 1：0.5：3 水泥石灰砂浆 天棚做法（用于厨房、卫生间）：钢筋混凝土底面清理干净；7mm 厚 1：3 水泥石灰砂浆；5mm 厚 1：2 水泥石灰砂浆 其余顶棚：钢筋混凝土底面清理干净；7mm 厚 1：1：4 水泥石灰砂浆；5mm 厚 1：0.5：3 水泥石灰砂浆
门窗	均为成品，有乙级防火窗，推拉窗，平开窗，甲级防火门，推拉门，平开门，夹板门

1.4 安装工程

1.4.1 给排水工程

本项目设有生活给水系统、生活污水系统、雨水排水系统和室内消火栓系统、自动喷淋系统、灭火器配置。

1. 生活给水系统

本工程水源接市政给水管网，从市政给水管网上接入两条进水管，小区低区采用 *DN*100，高区采用 *DN*125，经总水表后接入用地红线，在红线内分别以 *DN*100、*DN*125 的管道沿建筑周边成环状供水管网。

2. 生活污水系统

本工程污、废水采用合流制，住宅排水系统采用专用通气立管排水系统，污水经化粪池处理后，排入市政污水管。

3. 雨水系统

屋面雨水采用传统重力流形式排水，屋面雨水斗采用 87 型雨水斗。屋面雨水经雨水斗和室内雨水管排至室外明沟。

4. 管材

室内生活给水管采用 PP-R 给水管，热熔连接；给水干管和立管采用内筋嵌入式衬塑钢管，卡环式连接；与设备、阀门、水表、水嘴等连接时，应采用专用管件或法兰连接；雨水、污水排水管均采用 PVC-U 复合排水管，专用胶水粘接。

1.4.2 电气工程

1. 供电

本设计电源采用电压为 380/220V，由市电单电源供电。

保护接地系统地下室采用“TN-S”系统，住宅部分采用“TN-C-S”系统，金属线槽（管）敷设的线路，线槽（管）要接地。住户的地线，由电缆竖井的接地的端子引出，其截面面积同相线。对于各层的公共照明回路，竖井内安装一个10A的隔离开关，作为线路检修时用。

2. 安装要求

低压供电系统中的分支回路，其相线、零线及地线要用不同颜色的导线，方便日后维修检查。由电表箱引出的各住户电源线路，须每隔3m做分层分户绑扎，以便辨认。配电箱安装高度为1.8m。

3. 防雷接地

本工程配电系统采用TN-S接地形式，所有电气装置正常不带电的金属部分（配电箱及插座箱外壳、各插座接地孔及金属灯具外壳等）应与PE线可靠焊接（连接）。

1.5　施工条件

1.5.1　气候环境

Y市属季风热带北缘，南亚热带季风气候，受海洋季风调节，全年阳光充足，雨季较长，气候温和，白天夏长冬短，热雨同季，干湿季节分明。年平均气温21.7℃，1月最冷，平均气温12.8℃，年平均降雨量为1300.6mm，年最大降雨量为1970.6mm，年最少降雨量为952.8mm。本工程冬季施工影响不大，关键是做好雨季、夏季施工措施。

1.5.2　地理环境

本工程位于Y市南天门路，交通便利。施工用水、用电由建设单位已接到现场，且能保证本工程的施工需求。因本工程位于Y市，各种材料如水泥、河砂、砾石、商品混凝土等均可从当地市场采购，且能满足工程需求。

1.5.3　生产条件

本项目对本工程项目的劳动力、机具设备、材料及周转材料、施工方法及技术、现场文明施工及环保等方面进行了全面合理的组织、调配、控制工作。

1.5.4　合同条件

本工程施工承包内容：土建、装饰、水电安装等工程图纸设计内容。工程质量合格，工期330日历天。

第2章　施工部署

2.1　工程总目标

2.1.1　质量目标

工程质量全面达到（GB 50300—2013）《建筑工程施工质量验收统一标准》及有关质量验收规范的要求，达到合格标准。

2.1.2　安全目标

杜绝死亡和重伤事故，年度轻伤频率控制在0.1%以内，安全达标。

2.1.3　工期目标

本工程按施工合同工期要求，全面完成合同文件规定的全部工程项目，安排总工期为330日历天。

2.1.4　文明施工目标

严格按文明工地要求及施工平面布置图进行施工管理和JGJ 59—2011《建筑施工安全检查标准》中文明施工检查要求进行检查监督，按“安全文明工地”标准化施工管理。

2.1.5 环保卫生、噪声管理目标

确保在施工期间环境卫生符合有关规定，不污染、不扰民，美化工地。休息时间无噪声干扰。

2.1.6 消防、保卫目标

确保在施工期间按治安综合治理要求达标，工地无火灾事故。

2.1.7 施工方案编制目标

采用科学、合理、先进的施工方案。

2.1.8 服务目标

建造业主满意工程。

2.2 施工组织机构和施工人员配备

2.2.1 施工组织机构体系

成立项目经理部进行现场管理，全面负责本工程的工期、质量、安全、保卫、消防、文明施工的管理工作；项目经理部负责组织施工生产。在项目经理部的领导下，组成各施工队。施工队设队长，全面负责该队的施工工作。各施工班组由班组长率领，工人直接完成施工任务。施工队长、班组长均不脱产，为直接生产工人。

2.2.2 施工人员配备

为了高效、优质地完成工程的施工任务，经公司研究决定，抽调管理经验丰富的工程技术人员和技术素质高的施工人员组成有力的项目经理部和施工操作队伍进场组织施工，项目经理部成员见附表1，劳动力需用量计划见附表2。

2.3 进入本工程的施工机械设备及周转材料

见主要施工机具使用计划表。

2.4 施工准备工作

2.4.1 技术准备

（1）施工前由项目技术负责人组织管理人员认真学习施工图及有关的工程地质资料等相关资料，做好施工准备工作。

（2）施工前对场地及其周围的环境进行认真详细的检查，对现有情况做好记录、标记，施工时采取措施，降低施工噪声，防止扰民及妥善解决污水处理等问题。

（3）编制施工图预算和施工预算。

（4）编制施工组织设计。根据设计图要求，结合工程特点和现场实际情况，优选先进的施工方案和施工机械，编制施工组织设计，做到文明施工。

（5）开工前做好工程技术交底和安全交底工作，实行层层交底，并将书面交底单存档。

（6）根据施工进度计划，提前向公司实验室申请混凝土和砂浆配合比，并及时向队组交底。

（7）工程技术资料准备：按市质量监督站、监理单位以及公司“质量记录单”等有关规定和要求做好开工前准备资料。施工过程中工程资料要随时收集，及时整理，竣工后整理装订成册。

（8）高层建筑施工由于层数多、工程量大、工期长、技术复杂和变化多等特点，不可能通过开工前的一次统筹规划，来指导全过程的施工。因此，应根据工程进展中实际条件的变化，在总的施工部署指导下，进行必要的调整或分阶段地制定切实可行的施工方案，以确

保工程好、快、省、安全地完成。

2.4.2 物资准备

(1) 根据施工进度计划，安排好各种材料、半成品的进场时间。因本工程全面开工，各种材料多，占地多，存量集中，必须事先做好材料仓库及堆放面积和地点的准备工作。

(2) 组织好材料货源，安排好运输计划。由于本工程同时施工，为了不影响施工，必须做好材料进场充分准备。同时，还考虑下雨对材料进场的影响。必须提前做好材料计划及采购工作。对于周转材料，特别是钢管脚手材料需用量大，要提前做好准备。

(3) 做好材料和半成品的检验和试验。各种材料和半成品必须有出厂合格证，水泥和钢筋要按规定取样做物理化学和力学性能试验，防水材料必须做试验，砂石要做含泥量和针片颗粒含量测定，不符合指标者坚决不允许进场使用。

(4) 材料进场把关。按施工总平面布置图组织材料现场堆放，除点数、检尺寸、过秤外还要查看质保书，质保书不合格者严禁进场。

(5) 施工机具准备：根据施工方案和施工进度计划要求，编制施工机具设备需用量计划，为组织运输和确定机具停放场地提供依据。工程一开工，就需平整场地及挖土的机械设备和钢筋加工设备，要提前做好准备。其他机械设备物资供应部门必须提前做好采购工作。

2.4.3 劳动组织准备

(1) 根据本工程规模、结构特点等情况，建立有施工经验、有开拓精神和工作效率高的施工项目领导机构，人员详见“2.2 施工组织机构和施工人员配备”。

(2) 劳动力的组织，通过劳务专业或混合工作队组，按照开工日期和劳动力需要量计划（详见附表2“劳动力计划表”），及时组织工人进场。

(3) 对进场工人进行技术培训，特别对特殊工种进行上岗前技术培训，无上岗证者严禁进场施工。

(4) 做好施工人员现场教育工作，包括安全、防火、文明施工和遵纪守法等教育，特别是安全防火教育，务必使全体施工人员严格遵守业各项规章制度。

2.4.4 施工现场准备

(1) 根据给定永久性坐标和高程，按照建筑总平面布置图要求，进行施工场地控制网测量，设置场区永久性控制测量标桩。

(2) 做好施工现场“四通一平”，即水通、电通、道路畅通、通信畅通和场地平整。按消防要求，设置足够数量的消火栓。

(3) 挖好临时排水沟，场地平整应修整按一定坡度坡向现场的排水沟。

(4) 根据施工总平面图，搭设生活临时设施和生产临时设施。

(5) 做沉降观测标志及实测记录，与建设单位及有关部门处理好现场及周围建筑物的安全隐患问题。

2.4.5 施工检验及试验准备

本工程将试验检验工作委托公司实验室或有资质的实验室进行。

2.4.6 施工临时用水计算

工地临时网路需用管径，可按下式计算

$$d=(4Q/1000\pi v)^{1/2}$$

式中 d——配水管直径（m）；

Q——施工工地用水量（L/s）；

v——管网中水流速度（m/s），取 $v=0.8$（m/s）。

供水管径可按下式计算

$$d=[4\times11/(3.14\times0.8\times1000)]^{0.5}\text{m}=0.132\text{m}=132\text{mm}$$

得临时网路需用内径为132mm的供水管。

2.5 施工段划分及施工顺序安排

2.5.1 施工部署总原则

本工程按基础、主体结构、装饰三个阶段组织施工。按照规范要求及工程实际情况，依次进行基础、主体及围护墙结构施工。安装工程在主体施工阶段进行预留预埋，以及加工准备工作，在后期各项工程施工中穿插进行。前期工程以土建为主，装饰为辅；中期以土建装饰为主，精装饰为辅；后期以精装饰为主，土建装饰为辅；工程后期，土建工作主要移至外围。各专业按照动态计划管理，随时实行平面分段，立体交叉。

2.5.2 各分部工程施工顺序安排

（1）基础、地下结构工程：投点放线→土方开挖→清理坑底→混凝土垫层施工→基础扎筋、支模、浇捣混凝土→墙、柱基扎筋、支模、浇捣混凝土→回填土至室外地坪

（2）主体结构工程：投点放线→复核→绑扎剪力墙、柱钢筋同时安装上一层梁板模板→安装剪力墙、柱侧模同时绑扎上一层梁板钢筋→剪力墙、柱及上一层梁板混凝土浇捣→养护→逐层往上循环作业→……→拆模→投点放线→围护墙砌筑→构造柱和过梁钢筋、混凝土→清理。

（3）室内装饰工程：结构验收→吊线→贴灰饼冲筋→立门窗框→墙面、顶棚抹灰→楼地面工程→安门窗扇→内墙面、顶棚饰面施工→清理。

（4）室外装饰工程：结构面层处理→弹线→贴灰饼→打底抹灰→外墙饰面施工→清理。

（5）给排水工程。

给水、消防管道安装工艺流程：预留、预埋工作→定位放线→管道预制→干管安装→立管安装→支管、消火栓安装→管道试压→管道防腐→管道冲洗→通水试验。

排水管道安装工艺流程：定位放线→管道预制→干管安装→立管安装→支管安装→卡件固定→封口堵洞→灌水试验→满水排泄试验→产品保护→交工使用。

（6）电气工程：测量放线→套管预制加工→随土建施工进度分层分段暗配管→定位放线→支、吊架安装→室内电缆桥架安装、套管敷设→管线补偿、防腐→设备安装、盒箱安装→电缆敷设、管内穿线→系统调试→开关、插座、灯具等装置安装→试运行。

2.6 新技术、新工艺、新材料、新设备采用情况

2.6.1 直螺纹套筒机械连接新技术应用

本工程中直径大于或等于22mm的螺纹钢筋连接采用直螺纹套筒连接技术。该技术被住建部列为国家级科技成果推广项目。这种接头的螺纹精度高，接头质量稳定性好，操作简便，连接速度快等优点。

2.6.2 泵送商品混凝土应用

随着高层建筑的增加和混凝土输送效率的需求，混凝土泵送技术迅速发展，它对混凝土的匀质性、工程质量的提高和现场文明施工起到重要作用，是现场混凝土工艺技术发展重要的体现。

2.6.3　页岩多孔砖应用

页岩多孔砖具有几大优点：页岩节能模数多孔砖与普通 KP、KM 型砖相比，考虑空气的换热阻和普通内外粉刷的页岩质模数砖墙（240mm 厚）的总热阻为 0.762m^2 · K/W，热惰性指标 $D=4.2$，掺尾矿的页岩模数砖墙（240mm 厚）的总热阻为 0.800m^2 · K/W，热惰性指标 $D=4.7$，满足全国规范对墙体平均热阻不小于 0.66m^2 · K/W 要求，所有墙体都可以不必采用额外措施来满足建筑保暖要求。同时模数砖尺寸大表面平整，相应建筑接缝少，可以减少 15%的砂浆用量

应用页岩多孔砖可节约人工 30%。其孔洞率高、容重低，还可以减轻墙体重量。与 KP 型多孔砖相比，模数砖能大大降低工程综合造价，提高建筑的舒适性和耐久性，降低能耗。

2.6.4　“钢筋加支撑”悬挂法控制混凝土板厚度及负筋保护厚度的技术应用

根据新技术新工艺推广应用的要求，为有效控制板负筋保护层厚度，同时又能更好的控制板厚，结合我公司的具体情况，采用“钢筋加支撑”悬挂法控制混凝土板厚度及负筋保护厚度。架体具有制作简单，施工简便，可重复利用等优点，且经工程实际反馈，其应用效果显著。

第3章　施工方案

3.1　施工机械设备的选用

根据工程特点、施工方案等要求，本工程主要施工机械及工具选用情况如下：

(1) 垂直运输机械：设置一台塔式起重机、一台双笼施工电梯，在主体阶段用于钢筋、模板、钢管、砂浆、砌块等材料的运输，在装修阶段用于砂浆及其他装修材料的运输。塔式起重机、施工电梯安装前编制安装拆除方案，经安装单位的技术负责人和项目总监理工程师审批实施。塔式起重机、施工电梯使用应严格按照经过审批的起重机机械垂直运输方案执行。

(2) 水平运输机械：场内水平运输采用自卸汽车、人力手推车或人工直接搬运的方式进行，场外运输采用汽车。

(3) 测量仪器：1 台全站仪（基础施工阶段）、2 台经纬仪、3 台 DS3 水准仪。

(4) 土方施工机械：土方开挖采用 1 台 200 型挖掘机，土方运输采用 5 辆自卸汽车，土方回填 2 台 HW20 打夯机。

(5) 混凝土、砂浆搅拌机械：现场设置 2 台强制式砂浆搅拌机，解决砂浆的搅拌。混凝土全部采用商品混凝土，混凝土的水平、垂直运输采用 2 台 HPT60 型输送泵。混凝土振捣采用 6 台 ZN50 插入式振动器和 3 台 ZW10A 平板式振动器。

(6) 钢筋、模板加工机械：1 台 GJ40-1 钢筋切断机、1 台 WJ40 钢筋弯曲机、1 台 GT6/12 钢筋调直机、3 台 BX1-350 电焊机、2 台木工圆锯等。

3.2　施工过程的难点和重点

将本工程的有关分部分项工程划分为重点工程和难点工程，在施工方法、工艺、设备选择和人员配备方面给予重点考虑。

3.2.1　重点分项工程

(1) 建筑物的轴线网控制、楼层标高控制。

(2) 地下室结构工程。

(3) 剪力墙框架柱结合部位工程。

(4) 框架节点核心区施工。

(5) 异形构件工程。

(6) 后浇带施工。

(7) 外防护脚手架工程。

(8) 外墙砖工程。

3.2.2 难点分项工程

(1) 屋面及卫生间等防水工程。

(2) 不同材料楼面标高协调问题。

(3) 外墙装饰线抹灰工程。

(4) 墙面抹灰防裂。

(5) 塑钢窗抗压防渗。

(6) 细部质量控制。

(7) 成品保护工作。

3.3 主要分部分项工程施工技术、工艺及解决方案

3.3.1 施工测量及沉降观测技术

1. 控制桩的测设

本工程轴线引测控制点由建设单位根据城市规划控制网引测提供。在引测各轴线控制桩前，必须复核建设单位现场提供的引测控制点是否闭合。闭合差符合 GB 50026—2007《工程测量规范》中施工测量的允许误差值的要求，方可进行建筑物轴线控制桩的引测。

建筑物各轴线的控制必须引测到距基坑边外侧 3.0m 以外的位置，且不得放在施工平面布置的临道路和排水沟位置上（具体位置现场确定）。

2. 基坑放线及墙柱、柱定位

基础土方开挖放线应根据基础土方开挖方案图的要求，由定位控制桩量出各放线控制点，然后拉通线放出土方开挖边线，同时引出基坑底边控制点，用以检查土方开挖的边坡放坡及控制挖土是否偏移。墙、柱轴线划分根据平面布置图划分出若干个控制方格网，然后按划分出来的方格网用经纬仪在轴线控制桩引测出方格网的控制点。土方开挖完后捣制垫层后则用经纬仪将基础主要轴线投测于混凝土垫层，交点用红油漆做出明显标志，用来控制基础工程的施工。

3. 主体结构的轴线测设

根据本工程的结构特点分区流水要求，主体结构的轴线测设考虑选择纵、横轴线形成方格控制网作为主体结构施工的轴线测设控制依据，第一层柱施工完成时，选取纵横两个方向可通视的柱，将控制轴线投测在柱的外侧并做出标记。上一层楼的轴线引测控制网从该处用经纬仪和对中仪引上，将控制方格网引测至施工层，经复核控制方格网符合闭合要求后，再根据控制方格网引测出施工层的各轴线位置并做出标记，然后根据轴线和图纸尺寸弹出各柱、梁等的施工控制线。从而达到控制上面楼层轴线和全体结构垂直度的目的。

4. 标高传递

根据建设单位提供的标高引测水平点绝对高程和建筑物的±0.000 绝对高程，把水平基点的高程换算后，按建筑物的±0.000 标高引测到施工现场周边稳固的建筑物或构筑物上，

作为施工标高引测控制点。

在第一层柱各选三个可以丈量的通视点用水平仪精确测定出其统一标高，经复核均无误后作为向上传递标高的引测点，二层以上的各层标高均用50m卷尺由引测点向上丈量引测。丈量到各层的三个标高，一个作为后视点，两个作为复核点进行各楼层施工的抄平点。各楼层为方便记忆和施工，每层均测定出施工层对应于建筑楼面的+0.50m标高。各个引测点和各层引测出的标高应用红油漆做出明显标志并注明引测点的实际标高。

5. 沉降观测

(1) 水准基点的联测。水准基点要与国家水准点进行联测或采用独立高程系统，水准基点间的联测按国家三等水准测量的技术要求进行，采用闭合水准线路。同时每隔3个月要进行一次监测，防止因水准基点的变动而影响观测成果。

(2) 沉降观测。沉降观测按国家四等水准测量的技术要求进行，采用闭合或复合水准线路。

观测周期：首次观测在观测点埋设稳定后进行，主体施工阶段每增加一层荷载观测一次，装饰阶段每月观测一次，沉降趋于稳定后每季度观测一次，直至沉降稳定为止（沉降速度≤1mm/100天）；在施工过程中如建筑物出现裂缝、不均匀沉降等异常情况应增加观测频次每天或几天观测一次，并把观测结果及时反馈给业主和监理。

仪器采用精密水准仪和铟钢水准尺，并经法定计量检定机构检定合格且在有效检定周期内。

观测时要进行往返测，前后视距相等，并做到“三固定”，即观测人员固定、线路固定和固定测站。

(3) 沉降分析。沉降观测原始资料必须及时整理，对超限部分要及时重测，直至满足测量规范要求。数据处理采用沉降分析软件处理，原始数据要进行回归分析。绘制建筑物荷载、时间、沉降量回归曲线，沉降速度曲线和等沉降量曲线图。工程竣工时编制沉降观测成果表，编写沉降分析技术总结。

3.3.2 基坑及基础工程

1. 土方工程（具体详土方工程专项施工方案）

本工程地下室基底标高-2.25m，采用1台反铲挖掘机开挖距基底设计标高30cm时，用人工挖至基底度修整至设计标高。每次开挖的深度不超过2m，长度不超过15m，由基坑边往中间开挖，基坑边坡机械开挖后及时进行人工修整并进行边坡支护，防止雨水渗透软化边坡，距基坑上口边缘1m范围内用80mm的C20细石混凝土封闭，上层边坡施工完成并经验收合格后方可开挖下层下段土方。基坑周边设1.2m高的钢管防护栏杆，防护栏杆晚上要悬挂红色警示灯，并搭设钢管上下人通道，距基坑边1m设20cm高的土堤，防止地表水流入基坑。沿底板外边设排水沟，沟宽300mm，最浅处200mm。基础承台的土方用反铲挖掘机开挖距基底设计标高30cm时，用人工挖至基底度修整至设计标高。

2. 基坑支护（具体详基坑支护专项施工方案）

(1) 坡率法放坡支护构造。施工工艺流程：第一次开挖基坑、修坡→挂钢丝网→预埋泄水管→浇覆水泥砂浆面层→第二次开挖基坑、修坡→挂钢丝网→预埋泄水管→二次浇覆水泥砂浆面层。

(2) 钢筋工程。重点控制好底板上下层钢筋的混凝土保护层和墙、柱插筋的定位。为防止浇筑混凝土时墙、柱插筋移位，柱插筋在加工棚内上、中、下各点焊一道箍筋，形成骨架后整体就位。位置校准后，下端与底板下层钢筋或承台底板钢筋点焊固定，上端与基础底板上层钢筋或地梁骨架点焊固定，并绑扎二道箍筋固定。

3. 模板工程

(1) 垫层、基础梁、独立基础侧模。垫层、基础梁、独立基础四周砌筑120mm厚砖侧模。砖模砌筑时，每边加宽4cm，作为砖模找平和防水保护层厚度。

(2) 外墙底部吊模。基础梁上口300mm高墙体模板采用吊模方式支设。墙体外侧支承在砖模上，内侧模板通过焊接支撑杆支撑在底板钢筋或地梁钢筋骨架上。由于下部吊模高度较大，模板采用止水对拉螺栓加固。模板应涂刷隔离剂，同时，应注意模板的支撑间距，保证其支设牢固，防止在混凝土浇筑过程中发生变形。

(3) 电梯井模板。为保证电梯井的抗渗性能，井底、井壁与基础梁一起浇筑。井壁模板采用吊模方式支设，木枋支撑加固。

4. 混凝土墙工程

混凝土重点要控制好基础梁混凝土施工、采用吊模支设部分混凝土的浇筑以及混凝土的裂缝控制。

(1) 基础梁混凝土施工。

1) 基础梁采用商品混凝土浇筑，泵送至浇筑地点。浇筑时，应保持浇筑的连续性，防止出现冷缝。为了节省布管时间，相邻浇筑带的浇筑方向相反。外墙底部应待基础梁混凝土初凝、具有一定强度后浇筑，并控制好混凝土的坍落度和振捣时间，不得过振或漏振，防止其出现蜂窝、“烂根”等缺陷。

2) 基础梁表面采用“二次收面”施工工艺，即在混凝土面层振捣时，先按标高要求，初步用长尺刮平；初凝前再按标高找平，并在纵横两个方向用铁辊交叉滚压数遍，以闭合收缩裂缝，最后用木抹子抹平压实。基础梁采用草袋+塑料薄膜的方法进行保温、保湿养护。

3) 基础梁混凝土采用保温蓄热法养护，采取覆盖塑料薄膜与草袋或麻袋的方法对混凝土进行养护。根据温差情况及降温速率增减保温层的厚度，特别是混凝土升温和早期降温过程中要加强保温、保湿养护，可覆盖双层或多层保温养护；在降温中期可采取单层保温养护。

(2) 基础混凝土墙工程。基础混凝土内外墙采用“清水混凝土”施工工艺施工。混凝土内外墙同时施工，由于内外墙混凝土品种不一样，采用双层密目钢板网分隔。

1) 钢筋工程。剪力墙插筋在施工中应加强保护，防止污染；在进行上部施工前，将受污染钢筋清理干净。钢筋采用电渣压力焊焊接或绑扎搭接，绑扎中重点应控制好横竖向钢筋的间距，拉筋应按设计要求绑扎牢靠，确保两排筋之间的距离。同时控制好钢筋的保护层，防止钢筋、扎丝外露。

2) 模板工程。内外墙模板采用胶合板支设，按照“对号立模→分块贴缝→拼装就位→加固校正”的顺序进行施工。模板配制时要求阴角部位制作定型模板，现场拼装时板块之间拼缝认真，模板缝粘贴海绵条，防止漏浆。

为满足外墙及水池壁的防水要求，使用止水对拉螺栓加固。为了便于割除对拉螺栓，且保护剪力墙混凝土不受损坏，在两侧加塑料堵头或胶合板制成的堵头。

内墙则可采用普通对拉螺栓穿塑料套管加固，以便于对拉螺栓再利用。

3) 混凝土工程。为保持外墙混凝土浇筑的连续性，防止出现冷缝。外墙混凝土从后浇带处开始，依次呈阶梯形向前推进，斜面自然分层，一次平顶，至浇筑结束。在施工中，要防止漏振，并重点做好对施工缝的处理，防止施工缝夹渣或接缝不严。混凝土养护方法采用YH-1新型养护液进行养护。

3.3.3　主体结构工程

1. 施工顺序

为了加快施工速度，将操作工人划分成两个小组，一个小组负责竖向构件——柱、墙的施工，另一个小组负责水平构件——梁、板的施工，两个小组的工作相互搭接，穿插进行。

(1) 竖向构件的施工顺序。所有竖向构件的施工均按给定的顺序开展工作，尤其是各检查验收程序，且应当办理的有关手续。

(2) 水平构件的施工顺序。在框架结构中，竖向构件的定位放线工作结束后，紧接着就进行水平构件的定位放线工作。当竖向构件施工的同时，水平构件的支架搭设等工作就可以插入，只要从中间向四周进行，留出竖向构件的工作面即可。

2. 施工方法

(1) 模板工程（设计计算书详见专项设计）。

1) 柱模方案（略）

2) 墙、暗柱模方案。墙模安装方法：支模之前先把墙边线及标高线弹好、支撑架操作平台搭好、预留门洞安设好，再按施工图要求的截面尺寸、高度分块拼装模板，拼装模板时应将接缝错开，待钢筋通过验收、预埋线管安装完毕后再把墙模内顶撑（间距与对拉杆同、长度与墙厚同）绑牢，接着把已钻好对拉螺杆孔模板临时就位竖起固定，然后穿上对拉螺杆，再将两面模板合拢靠紧绑上大横杆，检查并校正其垂直度、轴线位置，经检查无误后套上蝴蝶扣拧紧（注意保持螺杆内部长度一致，以免先后受力不均导致螺杆单根受力不足，最终引起链锁式断裂），最后与相邻柱群或四周支架连接固定。

3) 梁支模方案。模板采用18mm厚胶合板，梁侧模外侧的次楞用2条50mm×80mm木枋作水平向压条，主楞采用80mm×50mm木枋作为外主楞，间距为300mm；梁侧板两端悬臂不允许大于300mm也不小于100mm。梁底用50mm×80mm木枋作搁栅，梁底木搁栅间距300mm；底支撑钢管与立杆用钢管支撑；梁支撑立杆用钢管 $\phi48\times3.5$ 搭设双排钢管排架，排距不大于1000mm；梁立柱的纵向间距不大于600mm；梁底支撑钢管与立杆用双扣件连接抗滑，立杆支撑架架步高小于1.5m；梁排架与板排架连成满堂脚手架整体，纵横双向拉结，满堂脚手架四边与中间每隔4排支架由底至顶连续设置一道纵向剪刀撑，高于4m的满堂脚手架，其两端与中间每隔4排立杆从顶层开始向下每隔2步设置一道水平剪刀撑。满堂脚手架从顶层往下每隔2步用钢管抱箍与浇筑好的混凝土柱和主体拉结（以三层中200mm×400mm的梁为代表进行验算，层高为2.9m）。

4) 板支模方案。楼板模板采用18mm厚胶合板，板底搁栅采用50mm×80mm杉木枋；木搁栅间距300mm，木搁栅置于纵向水平钢管支撑上。板钢管支架立柱采用钢管满堂脚手排架，脚手排架间距为800mm×800mm，顶部大横杆和立杆采用双扣件连接。立杆支架步距小于1.5m，板排架与梁排架连成满堂脚手架整体，纵横双向拉结，满堂脚手架四边与中间每隔4排支架由底至顶连续设置一道纵向剪刀撑，高于4.5m的满堂脚手架，其两端与中间每隔4排立杆从顶层开始向下每隔2步设置一道水平剪刀撑。满堂脚手架从顶层往下每隔2步用钢管抱箍与浇筑好的混凝土柱和主体拉结。

5）楼梯支模方案。材料选择：楼梯底模采用 12mm 厚竹胶合板拼装。次楞采用 60mm×100mm 杉木枋，主楞采用 ϕ48×3.5 钢管，次楞间距为 250mm，主楞间距为 0.8m。支撑主楞的立杆采用 ϕ48×3.5 满堂架钢管，立杆间距为 0.8m×0.8m。立杆与顶层大横杆之间采用双扣件连接。楼梯模板支撑示意图如图 3-1 所示。

支撑架搭设要求与梁板搭设要求一致（模板支撑系统详见附图 2）。

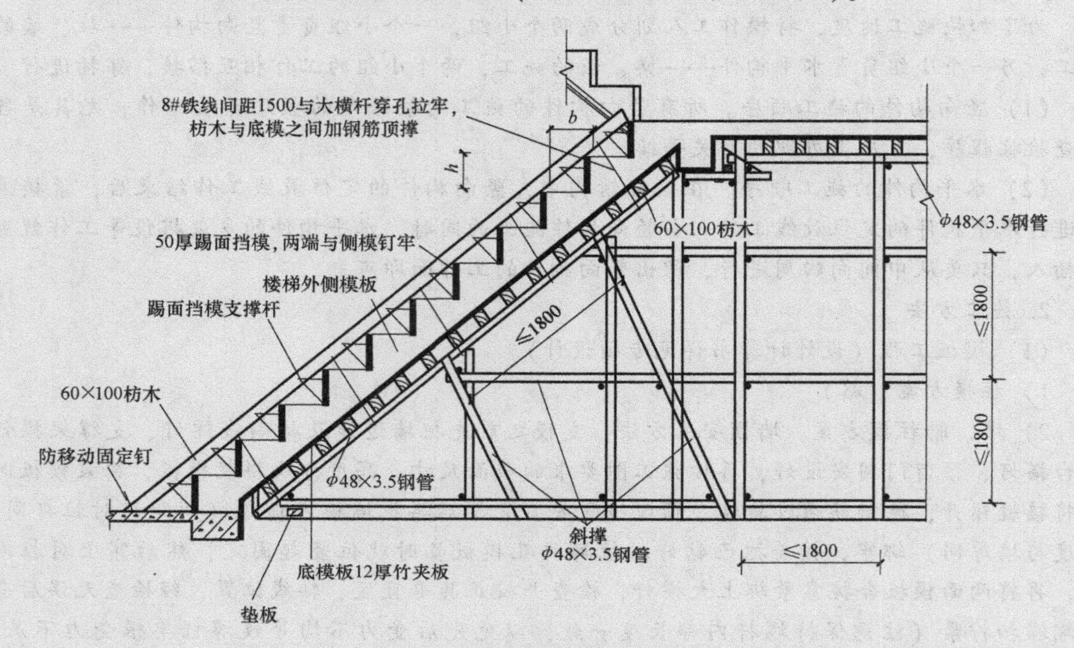

图 3-1　楼梯模板支模示意图

6）后浇带支模方案。后浇带同跨内附近模板及支架应单独搭设，后浇带同跨内附近模板在后浇带未浇灌前不得拆除，每道后浇带捣完后应做好覆盖与防止钢筋生锈措施。

7）柱与梁交接处支模方案。

① 模板设计时，应绘制梁柱交接处的模板图。

② 梁混凝土未浇捣前，距离梁底不小于 1m 的范围内的柱模板柱箍严禁拆除。

③ 梁柱交接处用钢丝网片隔开不同强度等级的混凝土。

④ 支模时，应控制好梁底柱模板的标高，严禁超出梁底模和用小块模板拼至梁底。

⑤ 在箍筋加密区范围严格按设计图和施工规范要求进行加密箍筋。

⑥ 钢筋分项工程施工完，首先进行自检，自检合格后，填写“报验申请表”相关资料报送项目监理机构，相关人员验收合格后，方可封侧模和浇捣混凝土。

⑦ 浇捣之前，应将模板内的杂物清理干净。

⑧ 浇捣混凝土时，应先浇注强度等级较高的柱子部位的混凝土，在柱子混凝土初凝前浇注强度等级较低的梁混凝土，如图 3-2 所示。

⑨ 根据分项工程特点，制定相应的安全技术措施。

8）厕所反边支模方案（卫生间混凝土反边施工方案）。由于反边混凝土与楼面梁板混凝土一次性浇筑时，卫生间混凝土反边的轴线偏差和截面尺寸偏差很难控制，往往会出现因

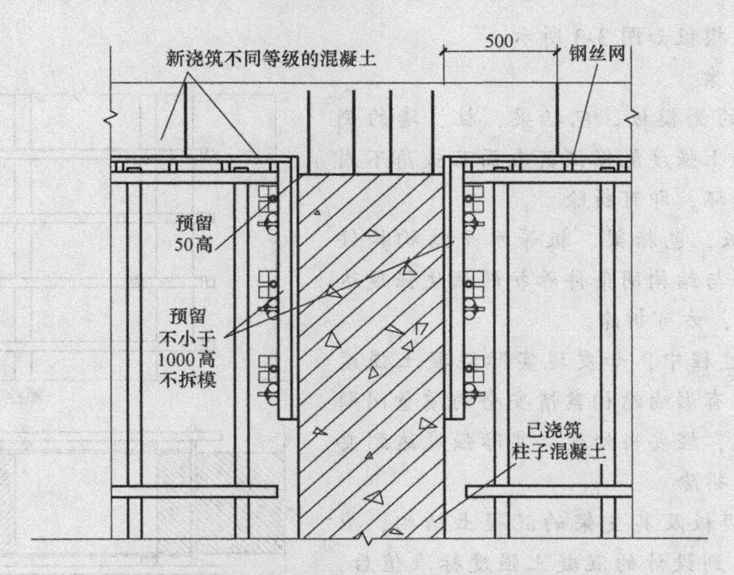

图 3-2　梁柱接头和梁柱不同强度等级混凝土的处理

混凝土反边的轴线和截面尺寸偏差过大而返工的现象。为了减少返工，保证反边混凝土质量，本工程卫生间混凝土反边拟采取后施工的方法，即在浇筑楼层梁板混凝土时未同时浇筑卫生间隔墙混凝土反边，反边混凝土在后期施工中再重新放线支模进行浇筑。

9）圈梁支模方案。

① 在需要安装水平拉杆的位置侧砌小砌块或者预留安装孔，利用小砌块孔洞进行支模，不得在小砌块块体上打凿安装洞。

② 砖墙砌筑至圈梁底100mm时，应选择尺寸偏差符合规范要求的砖砌筑。若平整度达不到要求，特别是反手墙，与模板接触部位必须进行抹灰处理。

③ 墙面面贴双面胶后再安装模板。

④ 模板安装分项工程完工后，必须经相关人员检查合格后，方可浇捣混凝土。

⑤ 浇捣混凝土之前，应将模板内的杂物清理干净。

⑥ 模板拆除后应采用C20混凝土将孔洞填实。

10）构造柱支模方案。

① 在需要安装水平拉杆的位置侧砌小砌块或者预留安装孔，利用小砌块孔洞进行支模，不得在小砌块体上打凿安装洞。

② 砖墙砌筑至构造柱边100mm时，应选择尺寸偏差符合规范要求的砖砌筑。若平整度达不到要求，特别是反手墙，与模板接触部位必须进行抹灰处理。

③ 墙面面贴双面胶后再安装模板。

④ 模板安装分项工程完工后，必须经相关人员检查合格后，方可浇捣混凝土。

⑤ 浇捣混凝土之前，应将模板内的杂物表理干净。

⑥ 模板拆除后应采用C20混凝土将孔洞填实。

⑦ 根据分项工程特点，制定相应的安全技术措施。

⑧ 模板根部与楼板交接必须接缝严密，严禁漏浆。若平整度达不到要求，从模板内边缘往外抹100mm的水泥砂浆。

内墙构造柱模板如图 3-3 所示。

11) 拆模方案。

① 不承重的侧模板，包括梁、柱、墙的侧模板，只要混凝土强度能保证其表面及棱角不因拆除模板而受损坏，即可拆除。

② 承重模板，包括梁、板等水平结构构件的底模，应根据与结构同条件养护的试块强度达到表 3-1 的规定，方可拆除。

③ 在拆模过程中，如发现实际混凝土强度并未达到要求，有影响结构案情安全的质量问题时，应暂停拆模，经妥当处理，实际强度达到要求后，方可继续拆除。

④ 已拆除模板及其支架的混凝土结构，应在混凝土强度达到设计的混凝土强度标准值后，才允许承受全部设计的使用荷载。

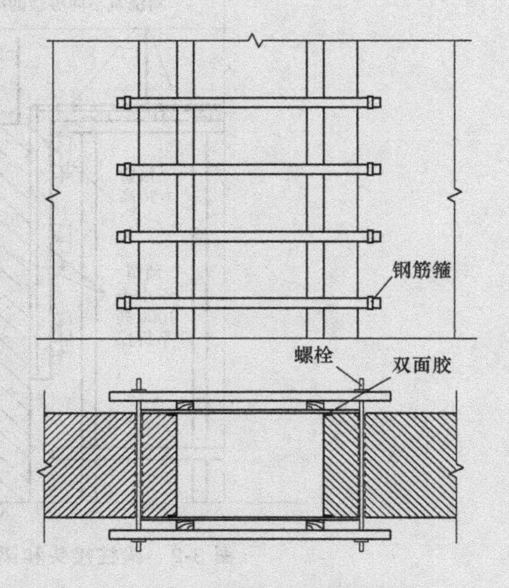

图 3-3 内墙构造柱模板

⑤ 拆除芯模或预留孔的内模，只有在混凝土强度能保证不发生塌陷和裂缝时，方可拆除。

⑥ 拆模之前必须有拆模申请，并根据同条件养护试块强度记录达到规定时，技术负责人可批准拆模。

⑦ 对于大体积混凝土，除应满足混凝土强度要求外，还应考虑保温措施，拆模之后要保证混凝土不超过 20℃，以免发生温差裂缝。

⑧ 各类模板拆除的顺序和方法，应按先支的后拆、后支的先拆，先拆非承重的模板，后拆承重的模板及支架的顺序进行拆除。

⑨ 拆除的模板必须随拆随清理，以免钉子扎脚、阻碍通行发生事故。

⑩ 拆除时下方不能有人，拆模区应设警戒线，以防有人误入被砸伤。

表 3-1 现浇结构拆模时所需混凝土强度

项次	构造类型	结构跨度/m	按达到设计混凝土强度标准值的百分率计(%)
1	板	≤2	50
		>2 且≤8	75
2	梁	≤8	75
		>8	100
3	悬臂构件	≤2	75
		>2	100

⑪ 拆除的模板向下运送传递，要上下呼应，不能采取猛撬以致大片塌落的方法拆除，用塔式起重机吊运拆除的模板时，模板应堆码整齐并捆牢，每次吊运的材料不能超过限载。

(2) 钢筋工程。

1) 钢筋进场应有出厂合格证，并应有抽样检验合格报告，每一批钢材进场后，只有经抽样检验并确定符合要求后，方可使用。本工程设计要求热轧钢筋的抗拉强度实测值与屈服强度实测值的比值不应小于1.25，且钢筋的屈服强度实测值与强度标准值的比值不应大于1.3，因此，从材料采购到使用全过程要严格按设计要求施工，对于检验达不到要求的钢材，一律做退场处理，并办理相关手续。

2）钢筋要堆放现场指定的场地内，钢筋堆放要进行挂牌标识，标识要注明使用部位，规格、数量、尺寸等内容。由于本工程的使用的钢筋同时有HPB235、HRB335两种级别的钢材，其表面形状不完全相同，所以要做好做好显著的区分标示，并对施工班组做好交底，严禁混用。钢筋原材和加工好的钢筋，根据钢筋的牌号分类堆放在枕木或砖砌成的高30cm间距2m的垄上，以避免污垢或泥土的污染。严禁随意堆放。

3）钢筋连接。钢筋接头要相互错开，每个截面的接头要求不得超过50%。梁柱钢筋接头位置按规范要求设置。

① 竖向钢筋连接：$\phi14$以下的钢筋采用绑扎搭接；$\phi14$及以上的钢筋采用电渣压力焊焊接；

② 水平钢筋连接：$\phi12$及以下的钢筋采用绑扎搭接；$\phi14 \sim \phi20$的钢筋采用对焊焊接；$\phi22$及以上的钢筋镦粗直螺纹连接。

③ 直螺纹钢筋加工制作：凡参与接头施工的操作工人、技术管理和质量管理人员，匀应参加技术规程培训，操作工人应经考核合格后持证上岗。

钢筋直螺纹加工在现场进行，加工钢筋锥螺纹时，应采用水溶性切削润滑液，不得用机油作为润滑液或不加润滑液套丝。操作工人应按要求逐个检查钢筋丝头外观质量。按要求上紧力上紧接头，并按规范规定进行接头抽样检查，检查结果要求合格。

④ 直螺纹接头、电渣压力焊及对焊钢筋接头均严格按规范规定要求进行取样检验，检验结果必须合格方可进行下一道工序。

4）钢筋的配料由专职钢筋工长编制钢筋下料单，由项目技术负责人审核签字进行下料加工。

5）钢筋绑扎前，应按各部位的钢筋保护层厚度制作不同保护层垫块（用1∶2水泥砂浆制成30mm×30mm垫块）。在绑扎安装钢筋的过程中，边绑扎钢筋边垫设保护层垫块。

6）柱子钢筋绑扎。

① 箍筋的接头（弯钩叠合处），应交错布置在四角纵向钢筋上，箍筋转角与纵向钢筋交叉点均应扎牢（箍筋平直部分与纵向钢筋交叉点可间隔扎牢），绑扎箍筋时绑扣相互间应成八字形。

② 下层柱的钢筋露出楼面部分，宜用工具或柱箍将其固定，以利上层柱的钢筋搭接。

7）梁板钢筋绑扎。

① 纵向受力钢筋采用双层排列时，两排钢筋之间垫以直径大于或等于25mm的短钢筋，以保持其设计距离。

② 箍筋的接头弯钩叠合处，应交错布置在两根架立钢筋上，其余同柱。

③ 框架节点处钢筋穿插十分稠密时，应特别注意梁顶面主筋间距的净距要有30mm，以利灌筑混凝土。

④ 板、次梁、主梁交叉处，板的钢筋在上，次梁的钢筋居中，主梁的钢筋在下，当有圈梁或垫梁时，主梁的钢筋在上。

⑤ 楼板、雨篷、挑檐、阳台悬臂板等的钢筋网绑扎与基础相同，但板上部的负筋使用公司统一规定的临时支架，防止被踩踏，严格控制负筋位置。

(3) 混凝土工程。混凝土采用商品混凝土，应严格控制配合比，进场时应加强抽样检查，控制其质量。混凝土采用泵送，按照常规浇筑方法进行施工，但应注意泵管的布置方案，做到既满足施工方便，又保证混凝土施工的连续性。

1) 施工工艺流程：作业准备→混凝土搅拌→混凝土运输→柱、剪力墙混凝土浇筑与振捣→养护→梁、板、楼梯混凝土浇筑与振捣→养护。

2) 泵送混凝土要求：本工程混凝土采用商品混凝土，混凝土输送采用泵送，在现场布置 2 台 HBT60 固定式混凝土输送泵。泵管布置尽量增长水平硬管，减少弯管、锥形管，遇有 90°弯管时，尽量采用大弯管，以最大限度地降低泵送管道的总阻力。泵管由钢管制成，末端配用软管。配管注意事项：管径要适当，管连接牢靠，管路密封良好。混凝土泵送人员应严格遵守操作规程，防止空气吸入管内增大阻力，以防止混凝土拌合物离析和堵管。泵送前，应先开机用水湿润整个管道，而后送出水泥砂浆（配比 1∶1）1m^3，使输送管壁处于充分滑润状态，再开始泵送混凝土。混凝土应保证连续供应，以确保泵送连续进行，尽可能防止停歇，万一不能连续供料，可放慢泵送速度，以确保连续泵送。当发生供应脱节不能连续泵送时，泵机不能停止工作，应每隔 4~5 分钟使泵正反转两个冲程，把料从管道内抽回重新拌和，再泵入管道，以免管道内拌合料结块或沉淀；同时开动料斗中的搅拌器，搅拌 3~4 转防止混凝土离析。当泵送停歇超过 45 分钟或混凝土离析时，应立即重新泵送。在泵送混凝土时应使料斗中保持一定量的混凝土，否则易吸入空气，致使转换开关阀间混凝土逆流，形成堵塞，这时需将泵机反转，把混凝土退回料斗，除去空气后再正转泵送。在泵送时，应每 2 小时换一次水洗槽里的水，并检查泵缸的行程，如有变化应及时调整，此时，还应随时观察泵送效果，若喷出混凝土像一根柔软的柱子，直径微微放粗，石子不露，且不散开，证明泵送效果尚佳；若喷出一半就散开，说明和易性不好。在高温条件下施工，应在水平输送管上覆盖湿草帘，以防止直接日照，并要求每隔一定时间洒水润湿，这样能使管道内的混凝土不致因吸收热量而失水，导致管道堵塞，影响泵送。泵送结束后，要及时进行管道清洗。

3) 剪力墙混凝土浇筑。

① 基础柱、墙的混凝土强度等级相同，可以同时浇筑。

② 基础剪力墙混凝土浇筑前，先清除浮浆及松散石子，用水冲洗保持湿润，用相同等级水泥砂浆先铺 15mm 厚一层，然后继续浇筑混凝土。用铁锹入模，不应用料斗直接灌入模内。

③ 浇筑墙体混凝土应连续进行，间隔时间不应超过 2 小时。浇筑时，要将泵管中混凝土喷射在溜槽内，由溜槽入模。注意随时用布料尺杆丈量混凝土浇筑厚度，分层厚度为振捣棒作用有效高度的 1.25 倍，因此必须预先安排好混凝土下料点位置和振捣器操作人员数量。

④ 振捣棒移动间距应小于 40cm，每一振点的延续时间以表面泛浆为度，为使上下层混凝土结合成整体，振捣器应插入下层混凝土 5~10cm。振捣时注意钢筋密集及洞口部位，为防止出现漏振，必须在洞口两侧同时振捣，下料高度也要大体一致。大洞口的洞底模板应开口，并在此处浇筑振捣。

⑤ 混凝土墙体浇筑完毕之后，将上口甩出的钢筋加以整理，用木抹子按标高线将墙上

表面混凝土找平。

4）柱子混凝土浇筑。

① 柱浇筑前底部应填5~10cm厚与混凝土配合比相同的减石子砂浆，柱混凝土应分层浇筑振捣，使用插入式振捣器时每层厚度不大于50cm，振捣棒不得触动钢筋和预埋件。

② 柱高超过2m时，应采用串筒或在模板侧面开洞口安装斜溜槽分段浇筑。每段高度不得超过2m，每段混凝土浇筑后将洞模板封闭严密，并用箍箍牢。

③ 柱混凝土的分层厚度应当经过计算确定，并且应计算每层混凝土的浇筑量，并用混凝土标尺杆计量每层混凝土的浇筑高度，混凝土振捣人员必须配备充足的照明设备，保证振捣人员能够看清混凝土的振捣情况。

④ 柱混凝土应一次浇筑完毕，如需留施工缝时应留在主梁下面。

⑤ 在与梁板整体浇筑时，应在柱浇筑完毕后停歇1~1.5小时，使其初步沉实，再继续浇筑。

⑥ 浇筑完后，应及时将伸出的搭接钢筋整理到位。

5）梁、板混凝土浇筑。

① 梁、板应同时浇筑，浇筑方法应由一端开始用“赶浆法”，即先浇筑梁，根据梁高分层浇筑成阶梯形，当达到板底位置时再与板的混凝土一起浇筑，随着阶梯形不断延伸，梁板混凝土浇筑连续向前进行。

② 和板连成整体高度大于1m的梁，允许单独浇筑，其施工缝留在板底以下2~3mm处。浇捣时，浇筑与振捣必须紧密配合，第一层下料慢些，梁底充分振实后再下第二层，用“赶浆法”保持水泥浆沿梁底包裹石子向前推进，每层均应振实后再下料，梁底及梁侧部位要注意振实，振捣不得触动钢筋及预埋件。

③ 梁柱节点钢筋较密时，此处宜用小粒径石子同强度等级的混凝土浇筑，并用小直径振捣棒振捣。浇筑悬臂板时，应注意不使上部负弯矩筋下移，当铺完底层混凝土后，应随即将钢筋提到设计位置，再继续浇筑。

④ 浇筑楼板混凝土时虚铺厚度应略大于板厚，用平板式振动棒垂直浇筑方向来回振捣，厚板可用插入式振捣器顺浇筑方向振捣，并用铁插尺检查混凝土厚度。振捣完毕后用长木抹子抹平，施工缝处或有预埋件及插筋处用木抹子找平。浇筑板混凝土时不允许用振捣棒铺摊混凝土。

6）楼梯混凝土浇筑。从楼梯段下部向上浇筑，先振实底板混凝土，至达到踏步位置时，再与踏步混凝土一起浇筑，不断连续向上推进，并随时用木抹子将踏步上表面压实抹平。

7）养护。混凝土浇筑完后，应在12小时以内加以适当覆盖和浇水养护，正常气温每天浇水不少于2次，养护期一般不少于7天。

8）后浇带施工。

① 支撑体系各立柱间采用钢管加斜撑连成整体以及后浇带每边双排，确保稳定性。

每根梁下采用双钢管立柱支撑体系。立柱顶端之间垫150mm×200mm的枕木，改善楼板的受力条件。

② 后浇带部位钢筋防污染、腐蚀。所有后浇带处的钢筋保护方法为：先缠绕一层纸，再缠绕一层防雨纸胶带。为防止底板后浇带处积水，配置真空吸水泵随时抽水。

③ 后浇带施工。后浇带在主楼封顶30天后封闭。后浇带采用补偿收缩混凝土，混凝土强度比原结构设计高一级。补偿收缩混凝土施工要点：补偿收缩混凝土用UEA膨胀剂；因采用泵送混凝土，运送距离较远，为防混凝土在运输中坍落度损失太大，在混凝土中掺加适量减水剂。浇筑前，与老混凝土的接触面应充分湿润，保湿12~24小时。浇筑时，混凝土分层、快速、连续一次浇筑完成，用插入式振动器振捣密实，不能漏振、过振或欠振。浇筑后抹面修整在硬化前1~2小时进行，终凝后2小时即用草袋覆盖、洒水养护，养护时间不少于15天，使混凝土经常保持湿润状态。

(4) 砌体工程。

1) 基础外墙采用外墙用190mm厚MU10烧结页岩多孔砖，M10水泥砂浆砌筑。内墙、楼梯间及标准层分户墙采用120mm厚页岩多孔砖砌筑，M7.5混合砂浆砌筑，在不大于5m之间设构造柱。

2) 砌筑前，将基层表面找平，并认真做好放线、排砖工作，确定好门窗洞口及构造柱的位置。墙体采用单面挂线砌筑，施工中，尽量减少留槎，避免留直槎。砌筑时，重点要控制好马牙槎的砌筑、墙体拉结筋的设置、水平灰缝的厚度及平直度、灰浆的饱满度。

3) 施工操作控制要点：

① 砌块排列时，上下皮砌块的搭接长度一般为砌块的1/2，不得小于砌块高的1/3，也不应小于150mm，如果搭接错缝长度满足不了规定的要求，宜采取压筑钢筋网片的措施，具体构造按设计规定。

② 按规范要求设置拉结筋，保证墙体与框架柱之间的可靠连接。

③ 页岩多孔砖砌筑前应浇水润湿，禁止干砖块上墙。砖块灰缝均匀饱满，水平灰缝不大于15mm，竖缝不大于20mm。砌好的页岩多孔砖要及时灌缝和勾缝。

④ 马牙槎“先退后进”，吊线控制进退尺寸，使马牙上下一致。

⑤ 页岩多孔砖要用专用工具进行切割，不得用瓦刀任意砍劈。

⑥ 在砌完上部砌块时，应对下部已砌筑好的砌块隔皮进行补缝、勾缝，以保证灰缝砂浆密实，与砌块之间黏结牢固。

⑦ 构造柱与上部结构连接采用电锤打结构胶锚固，将构造柱的主筋与锚固后的钢筋有效的连在一起。

3.3.4 脚手架工程（具体详脚手架工程专项施工方案）

本工程外架采用双排扣件式钢管脚手架、悬挑式外脚手架。

1. 悬挑双排架搭设要求。

(1) 悬挑式脚手架由一层开始搭设，外架每次搭设高度16.8m，即每次搭设为6层，每次各从8层梁板开始做槽钢水平悬挑梁进行外架悬挑（详见悬挑脚手架计算复核）。

(2) 钢管规格采用外径48mm，壁厚3.5mm的焊接钢管，钢管、扣件、脚手板、安全网的材质符合JGJ 130—2011《建筑施工扣件式钢管脚手架安全技术规范》规范要求。

(3) 槽钢的布置要求：

无阳台处：采用18a号槽钢，间距与立杆纵距相同，悬挑部分为1.2m，在建筑主体内的长度为1.6m；转角处采用扇形布置槽钢，如图3-4a所示。

有阳台处：采用18a号槽钢，间距与立杆纵距相同，悬挑部分为1.6m，在建筑主体内的长度为3.2m，槽钢布置，如图3-4b所示。

槽钢在建筑主体内距其末端部 150mm 和 350mm 处设两根直径为 18mm 的圆钢“几”字形卡环固定，卡环锚入混凝土一定要压在楼板下层钢筋下面，并保证两侧 30cm 以上搭接长度。卡环安装和楼板混凝土浇筑同时进行。

(4) 水平悬挑梁采用上部布置钢丝绳进行整体拉结，间距同立杆的跨距，如图 3-4 所示。

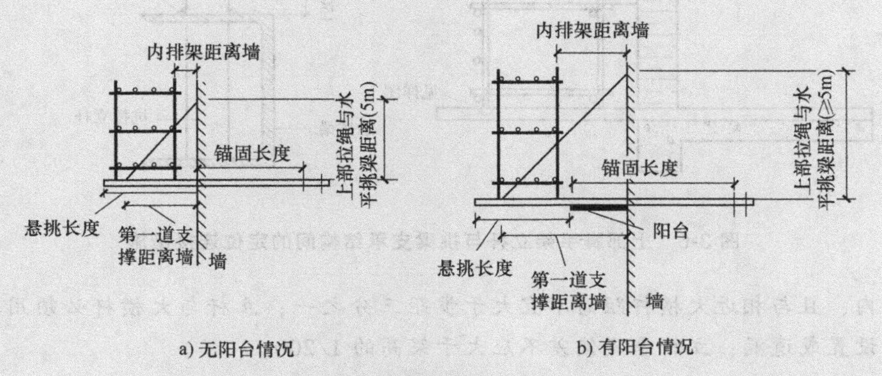

图 3-4　悬挑脚手架

支撑距离墙 1.4m，上部拉绳点与悬挑梁的支点距离 ≥5m，钢丝拉绳的吊环直径需 D 不小于 22mm，钢丝绳选用 6×19+1 钢丝绳，钢丝绳公称抗拉强度 1400MPa，直径 20mm。吊环的节点连接如图 3-5 所示。

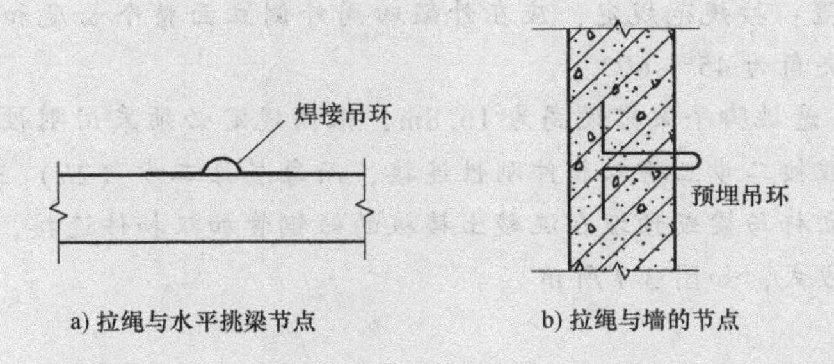

图 3-5　吊环节点

吊环取的抗拉强度为 $[f] \geqslant 50\text{N/mm}^2$ 的钢筋。焊缝的受拉强度必须大于吊环的抗拉强度。

(5) 水平悬挑梁必须保证有足够的锚固强度和截面抗屈服能力，水平悬挑梁的纵向间距与上部脚手架立杆的纵向间距相同，立杆直接支承在悬挑梁上。上部脚手架立杆与挑梁支承结构应有可靠的定位连接措施，以确保上部架体的稳定。通常采用在挑梁上焊接 150~200mm、外径 3.5mm 的钢管支座，立杆套坐其上，并同时在立杆下部设置扫地杆，如图 3-6 所示。

(6) 立杆横间距 $L_b = 0.85\text{m}$，纵距 $L_a = 1.2\text{m}$；悬挑双排外脚手架搭设内，外立杆采取对接接长，内外大横杆采取对接接长；有变形的杆件和不合格的扣件不能使用，扣件拧紧程度要适当，随时校正杆件垂直、水平偏差，避免误差过大。相邻立杆接头位置应错开布置在

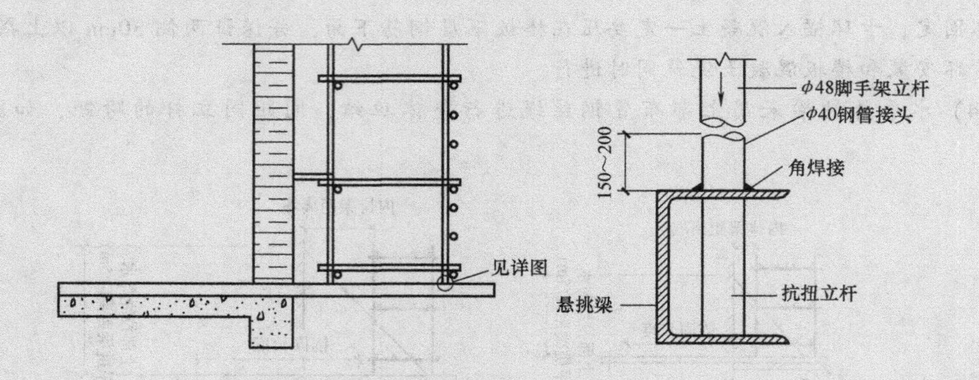

图 3-6 上部脚手架立杆与挑梁支承结构间的定位连接措施

不同步距内，且与相近大横杆距离不宜大于步距三分之一；立杆与大横杆必须用扣件扣紧，不得隔步设置或遗漏；立杆垂直偏差不应大于架高的1/200。

(7) 悬挑双排外脚手架搭设顺序：水平悬挑→纵向扫地杆→立杆→横向扫地杆→小横杆→大横杆（搁栅）→剪刀撑→连墙件→铺脚手板→扎防护栏杆→扎安全网。

(8) 大横杆步距 $h=1.8\text{m}$，小横杆贴近立杆布置并搭于大横杆之上，用直角扣件扣紧，每块脚手板下设小横杆，且不大于 $L_a/2$；即应按五根考虑，间距 $L_a/2=0.75\text{m}$；小横杆置于大横杆之上用直角扣件扣紧，在使用过程中不得拆除紧贴立杆的小横杆。

(9) 剪刀撑设置：按规范规定，应在外架四周外侧立面整个长度和高度连续设置剪刀撑，剪刀撑与地面夹角为45°～60°。

(10) 连墙件。悬挑脚手架搭设高为16.8m，根据规定必须采用刚性连墙件与建筑物可靠连接。因此本工程按二步三跨双扣件刚性连接，而每层每二步（$2h$）三跨（$3L_a$）用横杆钢管将外架内、外立杆与梁或预埋在混凝土楼板的短钢管加双扣件连接，也可采用与柱子用钢管和扣件锁紧的方式，如图3-7所示。

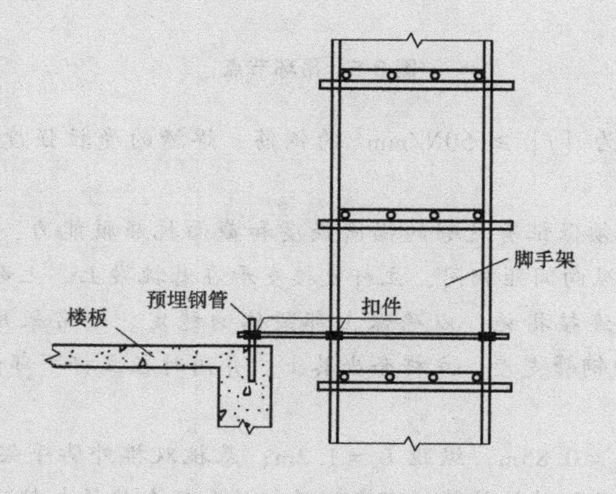

图 3-7 脚手架与建筑物的连接

(11) 作业层、平台的挡脚板、栏杆搭设。每层（挑）搭设16.8m，脚手架10步（$N_2 = H/h = 16.8\text{m}/1.8\text{m} = 9.33$），考虑到作业层栏杆搭设后不拆移动，保持外架外立面整体美观，每步架均设防护栏杆。

(12) 竹脚手板铺设。第一步架及架顶一步的外脚手架满铺一层脚手板，作业层中间层不大于12m满铺一层脚手板，整个架体还须在二层操作层满铺脚手板，并在满铺脚手板层拉一道安全平网，每步脚手架外侧设置1.2m高的安全防护栏及一道不小于0.18m高踢脚板。悬挑双排外脚手架外立杆内侧立面满挂一层符合安检标准的密目式（2000目）安全围网进行全封闭。

(13) 外架用的预埋件必须用二根直径8mm的钢筋与在建工程的防雷接地网搭焊，与整幢建筑物楼层内避雷系统连成一体的措施。接地冲击电阻小于或等于30Ω。

(14) 结构施工支模架不得与外架连接，严禁悬挂起重设备，商品混凝土输送管不得与外架连接，其管道走向位置另搭架体，确保输送管支设牢固。作业层上的施工荷载应控制在本方案所计算的限载范围内，不得超载。

2. 高层建筑钢管脚手架的拆除

(1) 拆除脚手架必须有拆除方案，并认真向操作人员进行安全技术交底。拆除时应设警戒区，设置明显标志，并有专人警戒。

(2) 拆除顺序自下而下进行，不能上下同时作业。连墙件必须与脚手架同步拆除。一般不允许分段、分立面拆除，如因施工需要必须分段分立面拆除时，应在暂不拆除的两端加设连墙件和横向水平支撑。

(3) 工人必须站在临时设置的脚手板上进行拆卸作业，并按规定使用安全防护用品。

(4) 拆除工作中，严禁使用榔头等硬物击打、撬挖，拆下的扣件应放入袋内，拆下的扣件和配件应及时运至地面，严禁高空抛掷。

3.3.5　屋面及防水工程

1. 基层处理

基层处理十分重要，是保证防水层与基层表面结合牢固，不空鼓和密实不透水的关键，在做找平层前，先将屋面混凝土表面用水清洗干净，混凝土表面凹凸不平处，应剔成慢坡形，浇水洗净，用素灰和水泥砂浆找平。比较光滑混凝土表面应先刷毛，并清洗干净，混凝土表面麻面和松动的石子应剔除、清洗干净。弯角处用素灰和水泥砂浆做成弧形。基层处理要达到使基层表面保持潮湿、清洁、平整、坚实、粗糙的目标。

2. 板块隔热层施工方法

铺设要求：铺设板状保温材料的基层应平整、干燥、干净。板状保温材料应防止雨淋受潮，要求板形完整，不碎不裂。

具体做法：采用铺砌法进行铺设，铺设时干铺的板状保温材料，应紧靠在需保温的基层表面上，并应铺平垫稳。分层铺设的板块，上下层接缝应相互错开，板间缝隙应用同类材料嵌填密实。

3. 松散型找坡层施工方法

采用铺压法施工，即将松散材料按试验部门规定的虚铺厚度，摊铺到结构层上，找平，然后按要求适当压实到设计规定的厚度。每层虚铺厚度不宜大于150mm。铺压时不得过分压实，以免影响保温效果。铺好后应及时铺抹找平层。

4. 水泥砂浆找平层施工方法

(1) 彻底清除屋面结构层上面的松散杂物，凡凸出基层的混凝土疙瘩、钢筋头、落地砂浆等都用凿子凿去，并用水冲洗干净。

(2) 根据设计坡度要求拉线找坡抹灰饼，顺排水方向抹冲筋，冲筋间距1.5m左右为宜。

(3) 将基层洒水湿润，刷水胶比为0.4~0.5纯水浆一遍，随刷随铺砂浆，并用2m长刮尺拍实，再用木抹子磨平。

(4) 待砂浆开始收水时，用铁抹子收光（最后一次压光，应在砂浆初凝后终凝前完成）。

(5) 沟边、女儿墙脚、柱脚、烟囱脚、水池脚等应抹成圆弧。

(6) 找平层铺设凝固后，即可浇水养护，养护时间不小于7天。干燥后即可进行防水层施工。

5. 卷材防水层施工方法

(1) 清理基层。将施工部位的基层清扫干净。

(2) 刷冷底子油。水泥砂浆找平层必须干燥，然后满涂冷底油，涂刷要均匀，不得漏刷，涂刷后表面保持清洁。

(3) 铺贴附加层。在雨水口、檐沟、烟囱根部、阴阳角等部位预先用改性卷材或涂膜贴一层增强加层。

(4) 铺屋面卷材。根据设计要求改性沥青卷材可以采用空铺、点粘、满粘法施工，并要按施工规范要求。

1) 对设有分格缝的屋面，对分格缝用防水油膏嵌填，并铺贴一层卷材附加层（200mm宽，单边粘贴）。

2) 对设有保温层的屋面，应在保温层和找平层中留置排气槽，要求排气槽纵横贯通，每36m^{2}设一排气孔，并与排气槽相通。在排气槽上铺贴一层卷材附加层（不少于200mm宽）。

3) 屋面坡度小于3%时，卷材宜平行屋脊铺贴；屋面坡度在3%~5%时，卷材可平行或垂直屋脊铺贴；屋面坡度大于15%或屋面振动时，卷材宜垂直铺贴；女儿墙超过1m时，卷材必须垂直铺贴。

4) 卷材铺贴。平行于屋脊的铺贴，是从檐口开始往上铺。将喷火枪（或喷灯）调整就绪，然后对准卷材与基层的交界面（喷枪与卷材的距离保持50~100m），当卷材表面热熔胶熔化并发黑有光泽时，进行滚动粘贴。卷材向前滚动时，要求边缘有热熔胶溢出，并用小刀刮平封实。在卷材滚动过程中，须对卷材压实，不许空鼓。

5) 卷材的搭接宽度（含短边和长边）：采用满粘法80mm；空铺、点粘、条粘法均100mm。

6) 卷材之间（即边接缝）粘接时用喷枪对准上下层卷材烧至熔化，然后用力挤压边缘有热熔胶溢出，用刮刀修平封实。

7) 卷料施工时，对屋面所有管道、烟囱口、水落口等节点周围及转角处剪开的卷材用密封胶封牢。

3.3.6 外墙装饰工程

外墙装饰分底灰12mm、18mm厚找（抹）平、饰面漆或面砖；外墙保温采用外墙内保温做法（由外层内侧结构层起为无机保温砂浆 EVB30mm 厚+耐碱玻璃纤维抗裂砂浆5mm 厚）。

1. 外墙涂料施工

（1）涂饰程序和作业条件。

1）涂饰程序。外墙基层处理后，喷涂时一般均应由上而下，分段分步进行涂饰，分段分片的部位应选择在门、窗、拐角、水落管等处，因为这些部位易于掩盖。

2）作业条件。外墙面涂饰时，脚手架已搭设完毕；墙面孔洞已修补；门窗设备管线已安装，洞口已堵严抹平；涂饰样板已鉴定合格；不涂饰的部位已遮挡等。

（2）喷涂施工方法。喷涂施工对涂料稠度、空气压力、喷射距离、喷枪运行中的角度和速度等方面均有一定的要求。涂料稠度必须适中，太稠，不便施工；太稀，影响涂层厚度，且容易流淌。空气压力在 $0.4 \sim 0.8\mathrm{N/mm^2}$ 之间选择确定，压力选得过低或过高，涂层质感差，涂料损耗多。喷射距离一般为 40~60cm，喷嘴离被涂墙面过近，涂层厚薄难控制，易出现过厚或挂流等现象；喷嘴距离过远，则涂料损耗多。喷枪运行中喷嘴中心线必须与墙面垂直，喷枪应与被涂墙面平行移动，运行速度要保持一致。运行过快，涂层较薄，色泽不均；运行过慢，涂料黏附太多，容易流淌。喷涂施工，要连续作业，一气呵成，争取到分格缝处再停歇。

外墙喷涂一般为两遍，较好的饰面为三遍。罩面喷涂时，喷离脚手架 10~20cm 处，往下另行再喷。作业段分割线应设在水落管、接缝、雨罩等处。

喷涂阴角与表面时应一面一面分开进行；要注意喷枪移动方法；喷涂挑檐或阳台时尽量使喷枪与挑檐或阳台成一直角。

（3）水性外墙建筑涂料不能冒雨进行施工，预计有雨时应停止施工。风力四级以上时，不用进行喷涂施工。施工气温最低不得低于涂料的最低成膜温度。涂料的贮存管理应按规定要求进行，过高或过低的存放温度都会影响涂料的物化及施工性能，涂料的使用时间应在涂料贮存期之内。

2. 外墙面贴砖

（1）施工工艺流程：基层处理→吊垂直、套方、找规矩→贴灰饼→抹底层砂浆→弹线分格→排砖→浸砖→镶贴面砖→面砖勾缝与擦缝。

（2）操作要点。

1）基层处理。首先将凸出墙面的混凝土剔平、凿毛，并用钢丝刷满刷一遍，然后将墙面清扫干净，浇水湿润。为增强底层抹灰与基层的黏结力，刷 801 胶素水泥浆一遍，配合比为 801 胶：水=1：4。

2）吊垂直、套方、找规矩、贴灰饼。从顶层开始用特制的大线坠绷钢丝吊垂直，然后根据面砖的规格尺寸分层设点、做灰饼。横线则以楼层为水平基准交圈控制，竖向以四周大角和通天柱为基线控制，应全部是整砖。每层打底灰时以此灰饼作为基准点进行冲筋，使底层灰做到横平竖直。同时要注意找好突出檐口、腰线、窗台、雨篷等饰面的流水坡度。

3）抹底层砂浆。底层砂浆分二遍进行，第一遍厚度宜为 5mm，抹后用扫帚扫毛；待第一遍六至七成干时，即可抹第二遍，厚度约为 10mm，随即用木杠刮平，木抹搓毛，终凝后浇水养护。

4）弹线分格。待基层灰六至七成干时即可按图纸要求进行分格弹线，同时进行面层贴标准点的工作，以控制面层出墙尺寸及墙面垂直度、平整度。

5）排砖。根据大样图及墙面尺寸进行横竖排砖，以保证面砖缝隙均匀，符合设计图要求，注意大面和通天柱子、垛子排整砖以及在同一墙面上的横竖排列均不得有一行以上的非整砖。非整砖行应在次要部位，如窗间墙或阴角处等。但亦要注意一致和对称。如遇突出的卡件，应用整砖套割吻合，不得用非整砖拼凑镶贴。

6）浸砖。外墙面砖镶贴前，首先要将面砖清扫干净，放入净水中浸泡2小时以上，取出待表面晾干或擦干净后方可使用。

7）镶贴面砖。在每一分段或分块内的面砖，均为自下向上镶贴。在最下一层砖下皮的位置先稳好靠尺，以此托住第一皮面砖。在面砖外皮上口拉水平通线，作为镶贴的标准。

镶贴时，先在抹灰基层刷素水泥浆一遍，然后在砖背面抹4~8mm厚1:1水泥砂浆加水重25%（小方砖）或35%（抛光玻化砖）的801胶镶贴，贴上后用灰铲柄轻轻敲打，再用钢片开刀调整竖缝，并用小杠通过标准点调整平面垂直度。

8）面砖勾缝与擦缝。用1:1水泥砂浆勾缝，先勾水平缝再勾竖缝，勾好后要求凹进面砖外表面2~3mm。面砖缝子勾完后用布或棉丝蘸稀盐酸擦洗干净。

3.3.7 室内装饰工程

1. 楼地面工程

（1）水泥砂浆楼面施工。

1）工艺流程：基层处理→测标高、弹线→洒水湿润→抹灰饼和冲筋→搅拌砂浆→刷水泥浆结合层→铺水泥砂浆面层→木抹子搓平→铁抹子压第一遍→第二遍压光→第三遍压光→养护。

2）基层处理：先将基层上的灰尘扫掉，用钢丝刷和錾子刷净，剔掉灰浆层和灰渣层，用10%的火碱水溶液刷掉基层上的油污，并用清水及时将碱液冲净。

3）测标高、弹线：根据墙上+50cm水平线，往下量测量出面层高并弹在墙上。

4）洒水湿润：用喷壶将地面基层均匀洒水一遍。

5）抹灰饼和冲筋：根据房间内四周中墙上弹的面层标高水平线，确定面层抹灰厚度，然后拉水平线开始抹灰饼（5cm×5cm），横竖间距1.5~2.0m，灰饼上平面即为地面面层标高。如果房间较大，为保证整体面层平整度，还须抹冲筋。冲筋做法是：将水泥砂浆铺在灰饼之间，宽度与饼宽相同，用木抹子拍成与灰饼上表面相平一致。

6）刷水泥浆结合层：在铺设水泥细石之前，应涂刷1:0.5水泥浆一层，其水胶比为0.4~0.5（涂刷之前要将抹灰饼的余灰清扫干净，再洒水湿润），不要涂刷面积过大，随刷随铺面层砂浆。

7）铺水泥砂浆面层：涂刷水泥浆之后紧跟着铺水泥细石，在灰饼之间（或冲筋之间）将细石浆铺均匀，然后用木刮杠按木刮杠刮平后，同时将利用过的灰饼（冲筋）敲掉，并用细石浆填平。

8）木抹子搓平：木刮杠刮平后，立即用木抹子搓平，从内向外退着操作，并随时用2m靠尺检查其平整度。

9）铁抹子压第一遍：木抹子抹平后，立即用铁抹子压第一遍，直到出浆为止。当砂浆过稀表面有泌水现象时，可均匀撒一遍干水泥和砂（1:1）的拌合料（砂子要过3mm筛），再用木抹子用力抹压，使干拌料与砂浆紧密结合为一体，吸水后用铁抹子压平。如有分格要求的地面，则在面层上弹分格线，用劈缝溜子开缝，再用溜子将分缝内压平、直、光。上述操作均在水泥砂浆初凝之前完成。

10）第二遍压光：面层细石浆初凝后，当人踩上去有脚印但不下陷时，用铁抹子压第二遍，边抹压边把坑凹处填平，要求不漏压，表面压平、压光。有分格的地面压过后，应用溜子溜压，做到缝边光直、缝隙清晰、缝内光滑顺直。

11）第三遍压光：在水泥细石终凝前（人踩上去稍有脚印）进行第三遍压光。当铁抹子抹上去不再有抹纹时，用铁抹子把第二遍抹压时留下的全部抹纹压平、压实、压光（必须在终凝前完成）。

12）养护：地面压光完工后24小时，铺锯末或其他材料覆盖洒水养护，保持湿润，养护时间不少于7天。当抗压强度达5MPa时方可上人。

（2）地面细石混凝土施工方法。

1）施工准备。材料及主要机具如下：

① 水泥：应采用强度等级42.5级以上硅酸盐水泥、普通硅酸盐水泥和矿渣硅酸盐水泥。

② 砂：粗砂，含泥量不大于5%。

③ 石子：粗骨料用石子的最大粒径不应大于面层厚度的2/3。细石混凝土面层采用的石子粒径不应大于15mm。

④ 主要机具：混凝土搅拌机，平板振捣器、斗车、小水桶、半截桶、笤帚、2m靠尺、铁滚子、木抹子、平锹、钢丝刷、凿子、锤子、铁抹子。

2）操作工艺。细石混凝土工艺流程：找标高、弹面层水平线→基层处理→洒水湿润→抹灰饼→抹标筋→刷素水泥浆→浇筑细石混凝土→抹面层压光→养护。

① 找标高、弹面层水平线：根据墙面上已有的水平标高线，量测出地面面层的水平线，弹在四周墙面上，并要与房间以外的楼道、楼梯平台、踏步的标高相呼应，贯通一致。

② 基层处理：先将灰尘清扫干净，然后将黏在基层上的浆皮铲掉，用碱水将油污刷掉，最后用清水将基层冲洗干净。

③ 洒水湿润：在抹面层之前一天对基层表面进行洒水湿润。

④ 抹灰饼：根据已弹出的面层水平标高线，横竖拉线，用与豆石混凝土相同配合比的拌合料抹灰饼，横竖间距1.5m，灰饼上标高就是面层标高。

⑤ 抹标筋：面积较大的房间为保证房间地面平整度，还要做冲筋也称为（标筋）。冲筋的做法是：以做好的灰饼为标准抹条形标筋，用刮尺刮平，作为浇筑细石混凝土面层厚度的标准。

⑥ 刷素水泥浆结合层：在铺设细石混凝土面层以前，在已湿润的基层上刷一道1：（0.4~0.5）（水泥：水）的素水泥浆，不要刷的面积过大，要随刷随铺细石混凝土，避免时间过长水泥浆风干导致面层空鼓。

⑦ 浇筑细石混凝土。

细石混凝土搅拌：细石混凝土面层的强度等级应按设计要求做试配，当设计无要求时，不应小于C20；由试验室根据原材料情况计算出配合比，试配时应用搅拌机进行搅拌均匀，坍落度不宜大于30mm。按国家标准GB 50204—2015《混凝土结构工程施工质量及验收规范》的规定制作混凝土试块，每一层建筑地面工程不应少一组，当每层地面工程建筑面积超过 1000m² 时，每增加 1000m² 各增做一组试块，不足 1000m² 按 1000m² 计算。当改变配合比时，也应制作相应试块。

面层细石混凝土铺设：将搅拌好的细石混凝土铺抹到地面基层上（水泥浆结合层要随刷随铺），紧接着用 2m 长刮杠顺着标筋刮平，然后用滚筒（常用的为直径 20cm，长度 60cm 的混凝土或铁制滚筒，厚度较厚时应用平板振动器）往返、纵横滚压，如有凹处则用同配合比混凝土填平，直到面层出现泌水现象，此时撒一层干拌水泥砂（1：1＝水泥：砂）拌合料，要撒匀（砂要过 3mm 筛），再用 2m 长刮杠刮平（操作时均要从房间内往外退着走）。

⑧ 抹面层、压光。

a. 当面层灰面吸水后，用木抹子用力搓打、抹平，将干水泥砂拌合料与细石混凝土浆混合，使面层达到结合紧密。

b. 第一遍抹压：用铁抹子轻轻抹压一遍直到出浆为止。

c. 第二遍抹压：当面层砂浆初凝后，地面面层上有脚印但走上去不下陷时，用铁抹子进行第二遍抹压，把凹坑、砂眼填实抹平，注意不得漏压。

d. 第三遍抹压：在面层砂浆终凝前，即人踩上去稍有脚印，用铁抹子压光无抹痕时，可用铁抹子进行第三遍压光，此遍要用力抹压，把所有抹纹压平压光，达到面层表面密实光洁。

⑨ 养护：面层抹压完 24 小时后进行浇水养护（有条件时可覆盖塑料薄膜养护），每天不少于 2 次，养护时间一般不少于 7 天（房间应封闭养护，期间禁止进入）。

（3）楼地面贴地砖。

1）施工工艺流程：基层处理→抹底层砂浆→弹线、找规矩、弹好铺砖控制线→铺砖→拔缝、修整→灌缝、擦缝→养护→踢脚板安装。

2）基层清理：将混凝土楼面上的砂浆污物清理干净，如有油污用 10% 火碱水刷净，用清水将碱液冲净。

3）抹底层砂浆：刷素水泥浆一道：将基层浇水湿透，撒素水泥面，扫帚扫匀，随扫浆随铺灰。

4）找规矩、弹线：根据已确定后的砖数和缝宽在地面上沿房间纵横两个方向弹出控制线（每隔 4 块砖弹一控制线），并严格控制好方正。

5）铺砖：从门口开始，纵向先铺几行砖，找好位置及标高，以此为标筋拉线、铺砖，从里向外退向铺，每砖跟线。

6）用素水泥浆擦缝、勾缝。

7）铺好地砖后，常温 48 小时覆盖锯末浇水养护。

8）铺地砖须一次铺设一间或一个部位，接槎放在门口的裁口处。

9）踢脚板施工：使用与地面块材相同的块材作为踢脚板，立缝与地面缝对齐，铺设时在房间阴角两头各铺贴一块砖，出墙厚度和高度符合设计要求，并以此砖上棱为标准挂线。铺贴时，砖背面朝上，抹黏结砂浆，保证能粘满整块砖，及时粘到墙上，使砖上棱跟线并拍实，随之将挤出砖的砂浆刮去，将砖面擦干净。

2. 墙面装饰施工

（1）内墙面抹灰。

施工工艺流程：基层处理→浇水湿润基层→找规矩→做灰饼→设冲筋（标筋）→做护角→抹底层灰和中层灰→抹窗台（踢脚板或墙裙在内）→抹面灰→清理→保护。

1）基层处理、浇水湿润。抹灰前将墙面挂的废余砂浆、灰尘、污垢、油渍等清除干净。对缺棱掉角的墙，用1：3：9水泥白灰膏混合砂浆掺水泥重20%的801胶拌匀分层抹平，每遍控制厚度宜为7~9mm，待灰层凝固后浇水养护。抹灰前应用喷壶自上而下浇水湿润湿透，一般在抹灰前2d进行，每天不少于2次。

2）找规矩。根据设计图纸要求的抹灰等级，按照基层平整垂直情况，用一面墙做基准先用方尺规方。房间面积较大时，先在地上弹十字中心线，然后按基层面平整度弹出墙角线。随即在距阴角100mm处吊线并弹出铅垂线，再按地上弹出的墙角线往墙上翻引弹出阴角两面抹灰层厚度控制线。

3）做灰饼、设置冲筋。套方找规矩做好后，以此做灰饼。操作时先贴上灰饼再贴下灰饼，再用靠尺板找好垂直与平整。灰饼用1：3水泥砂浆做成5cm×5cm。用与抹灰层相同的砂浆抹冲筋，操作时在上下灰饼之间做宽约30~50mm的灰浆带，并以上下灰饼为准用压尺杠推刮平；阴阳角的水平冲筋应连起来，并相互垂直。冲筋做好后，待稍干后才能进行底层抹灰作业。

4）做护角。室内墙面、柱面的阳角和门窗洞口的阳角的做法是：根据砂浆和门窗框边离墙面的空隙，用方尺规方后，分别在阳角两边吊直和固定好靠尺板，用1：3水泥砂浆打底与贴灰饼找平，待砂浆稍干后再用素水泥浆抹成小圆角。用1：2水泥砂浆做明护角（比冲筋高2mm），用阳角抹子推出小圆角，最后用靠尺板在阳角两边50mm以外位置，以40°斜角将多余砂浆切除、清理，其高度不应低于2m，并且过梁底部要规方。门窗口护角做完后，应及时用清水刷洗门窗框上的水泥浆。

5）抹底灰和中层灰。抹灰前，应刷素水泥浆一遍，等结硬后才进行底层抹灰作业，以增强底层灰与墙体的附着力。接着用1：1：6水泥石灰砂浆抹一遍，厚度约5mm，不得漏抹，要用力压，使砂浆挤入细小缝隙内。紧接着分层装档，压实抹平，与冲筋一平，再用大靠尺板垂直水平刮各一遍，并且用木抹子搓毛。然后全面进行质量检查，检查底子灰是否抹平整，阴阳角是否规方整洁，并用2m长标尺板检查墙平整度和垂直度情况。地面、踢脚板等应及时清理干净。

6）抹预留孔洞、配电箱、槽、盒。设专人把墙面上预留孔洞、配电箱、槽、盒周边5cm宽的底灰砂浆清除干净，洒水湿润，改用1：1：4水泥混合砂浆把孔洞、箱、槽、盒边抹方正、光滑、平整。

7）抹罩面灰。当底子灰约有六七成干时，即可抹罩面灰（当底子灰过干时应充分浇水湿润）。罩面灰二遍成活，控制厚度不得大于3mm，宜两人同时操作，即一人先薄薄刮一遍，另一个人随即抹平压光，按先上后下的顺序进行，再压实赶光，用钢皮抹子通抹灰一遍，最后用塑料抹子顺抹子纹压光，随即用毛刷蘸水将罩面灰污染处清理干净。

（2）顶棚面抹灰。

施工工艺：搭设里脚手架→基层处理→弹线、套方、找规矩→抹底灰→抹中层灰→抹罩面灰。

1）基层处理：对施工过于光滑的板底应凿毛，并用钢丝刷满一遍，再浇水湿润；或将抹灰前混凝土表面用茅柴帚刷水，然后刮一遍水胶比为0.37~0.40的水泥浆。

2）根据墙上+0.50m水平控制线，用粉线在四周墙面与顶棚交接处弹出水平线，作为顶棚抹灰的水平标准。对于面积较大的楼盖顶棚或质量要求较高的顶棚，宜通线设置标准墩。

3）底、中层抹灰。抹灰顺序一般是由前往后退，抹灰层每层厚度约为6mm，抹后用软刮尺刮平赶匀，随刮随用长毛刷将抹印顺平，再用木抹子搓平，顶棚管道周围用小工具顺平。

抹灰时，厚薄应掌握适度，随后用软刮尺赶平。如平整度欠佳，应再补抹和赶平，但不宜多次修补，否则容易搅动底灰而引起掉灰。如底层砂浆吸水快，应及时洒水，以保证与底层黏结牢固。

在顶棚与墙面的交接处，一般是在墙面抹灰完成后再补做；也可在抹顶棚时，先将距顶棚20~30cm的墙面同时完成抹灰，方法是用铁抹子在墙面与顶棚交角处添上砂浆，然后用木阴角器抽平压直即可。

4）抹罩面灰。待底灰约六、七成干时，即可抹面层砂浆，如停歇时长，底层过分干燥则用水湿润。涂抹时先分两遍抹平，压实厚度不应大于2mm。待面层稍干，“收身”时（即经过灰匙压抹，灰浆表层不会变为糊状时）要及时压光，不得有铁板印痕、气泡、接缝不平等现象。顶棚与墙边梁相交的阴角应成一条直线，梁端与墙面，梁边相交应成垂直线。施工中阴角每处应弹或拉二道线检查，如果超标准，用同类砂浆修补。

3. 门窗工程

塑钢门窗安装。塑钢窗门窗的型材在工厂加工制作。在工厂加工作业中方型线材加工后及时在其中部间隔一定距离及两端部镶入型材以保证其不变形。塑钢门窗加工形成现场尺寸规格后，拉到施工现场进行组合安装。塑钢窗的窗框安装在主体结构基本结束后进行，塑钢窗的窗扇安装在室内外装修基本结束后进行。

1）窗框安装。

检查洞口：窗框采用后塞口法，窗框与结构之间的间隙尺寸应根据不同的饰面材料而定。

放线：按室内地面弹出的+0.500m线和垂直线，标出窗框安装的基准线，作为安装时的标准，要求同一立面的窗在水平与垂直方向应做到整齐一致。

窗框就位：按照弹线位置将窗框立于洞内，调整正、侧垂直度、水平度和对角线合格后，用对拔木楔做临时固定，木楔应垫在边、横框能够受力部位，以防窗框由于被挤压而变形。

窗框固定：窗框固定通过锚固板与墙体连接实现，锚固板一端与墙体采用膨胀螺丝固定，一端固定在门窗框的外侧。

填缝：外框与洞口墙体采用弹性连接，分层填入软质材料，框边留5~8mm深的槽口，待洞口饰面完成并干燥后，清除槽内的浮灰，嵌填防水密封胶。

2）窗扇安装。推拉窗扇安装：将配好的窗扇分内扇和外扇，先将外扇插入上滑道的外槽内，再使之自然下落到对应的下滑道的外滑道内，然后用同样的方法安装内扇。

3）玻璃安装。

玻璃裁割：按照窗扇、窗框的内口实际尺寸，合理计划用料，裁割玻璃，分类堆放整齐，底层垫实、垫平。

安装就位：撕开窗框的保护胶纸，安装玻璃。玻璃单块尺寸较小时，可用双手夹住就位；如果单块玻璃尺寸较大，常用玻璃吸盘。玻璃就位后，前后垫实，使缝隙一致，镶口压条，拧上十字圆头螺丝。玻璃安装就位后，其边缘不得和框、扇及其连接件相接触，所留间隙应符合国家有关标准规定。

玻璃固定与密封：玻璃就位安放于型材镶嵌玻璃的凹槽内，应及时用胶条固定。用1cm左右长的橡胶块，将玻璃挤住，然后用打胶筒注入密封胶。注胶使用胶枪，要注得均匀、光滑。注入的深度不宜小于5mm。注胶后必须得保证在24天内不受震动，以保证窗扇的密封和牢固。

3.3.8　给水工程

1. 预留套管、支架预埋与安装

根据本工程的特点，给水管道安装前的预留与预埋工作主要包括管道穿过建筑物墙体、楼板处的预留洞和管道支架的预埋件。

（1）预留套管：依据土建给出的建筑轴线和+0.500m线为套管定位，在钢筋上或墙上画出定位线，再将预制好的套管依线定位，用钢丝固定在钢筋上，并用纸团将套管两头封塞严实，在土建合模前再做一次复查，核查坐标、标高，平正合格后方可浇筑混凝土。

（2）支架预埋：给水管道支架主要包括吊架、托架和卡架，使用的管道支架应采用管材生产厂家的配套支架产品，按全国通用给水排水标准图集进行安装。当土建施工进行到绑扎钢筋时，根据给定的轴线和标高线按设计要求的埋件位置进行预埋件安装。

（3）支架安装：若在土建中没有留孔洞和预埋钢板的填充墙或混凝土构件，在管道安装前，应按设计要求定出支架的位置。根据按管道的标高，按同一水平直段两点间的距离和坡度大小，算出两点间的高差，然后在两点间拉直线，按照支架的间距，在墙上或柱子上画出每个支架的位置，用射钉或膨胀螺栓紧固支架。

2. PP-R、PE复合给水管加工与连接

（1）加工。管材切割一般使用管子剪或管道切割机，切割后管材断面应垂直于管轴线，去除毛边和毛刺。管材与管件连接端面必须清洁、干燥、无油。

（2）电热熔连接。先用卡尺和合适的笔在管端测量并绘制出热熔深度，熔接弯头或三通时，按设计图要求，应注意其方向，在管件和管材的直线方向上用辅助标志标出其位置。连接时，无旋转地把管端导入加热套内，插入到所标志的深度，同时无旋转地把管件推到加热头上，并达到规定标志处。接通热熔工具电源，达到加热时间后，立即把管材与管件从加热套与加热头上同时卸下，迅速无旋转地直线均匀插入到所标深度，使接头处形成均匀凸缘。刚熔接好的接头还可校正，但严禁旋转。

3. 热镀锌钢管管道加工、连接

（1）管道预制加工。按设计图画出管道分路、管径、变径、预留管口、阀门位置等施工草图，在实际安装的结构位置做上标记，按标记分段量出实际安装的准确尺寸，记录在施工草图上，然后按草图上的尺寸进行预制加工。管道断管用砂轮锯。

（2）镀锌管连接。

1）螺纹连接。套螺纹前，先将管内杂物清除干净，然后按管径尺寸分次套螺纹3~4次。根据施工现场测绘草图，将已套螺纹的管材装配管件。装配时应将连接管件试旋

螺扣，（一般用手带入3扣为宜），合适后进行正式连接，在螺扣处涂铅油、缠麻后带入管件，然后用管钳将管件拧紧，使螺扣外露2~3扣，去除麻头，擦铅油，编号放到适当位置等待调直。将已装好的管段，在安装前进行调直。在管段预制前、安装前做好防腐。

2）法兰连接。按设计要求和工作压力选用标准法兰盘，法兰的安装应垂直于管子中心线，其表面应相互平行。法兰连接衬垫不得凸入管内，其外边缘接近螺栓孔为宜，并不得安放双垫或偏垫。紧固法兰的螺栓直径、长度应一致，螺母应安装在法兰的同侧，对称拧紧，紧固好的螺栓外露螺扣应为2~3扣，并不应大于螺栓直径的1/2。

3）沟槽连接。沟槽连接时，应采用机械截管，截面应垂直于管轴线，管外壁端面用机械加工1/2壁厚的圆角，用专用滚槽机压槽。压槽时管段应保持水平，钢管与滚槽机正呈90°，压槽时应持续渐进。连接时，应先检查橡胶密封圈是否匹配，涂润滑剂，并将其套在一根管段的末端；将对接的另一根管段套上，将胶圈移至连接段中央，将卡箍套住在胶圈外，并将边缘卡入沟槽中，将带变形块的螺栓插入螺栓孔，最后将螺母旋紧。

4. 管道安装

（1）埋地干管安装。埋地干管安装一般从给水引入管穿墙处开始，先铺设地下室内部分，待土建施工结束后，再进行室外连接管的安装。埋地干管铺设应在未经扰动的原土或在土建回填土夯实后重新开挖。开挖沟槽前，应根据设计图规定的管道位置、标高和土建给出的建筑轴线及标高线，确定埋地干管的准确位置和标高。干管安装时，进口端头应临时加好丝堵供试压用。埋地管道必须经水压试验合格后方可进行覆土回填。安装前，应将管内杂物清除干净，按上述连接方法的要求进行操作，抹上铅油好麻，用管钳按编号依次上紧，螺扣外露2~3扣，安装完后找直找正，复核甩口的位置、方向及变径无误，清除麻头，所有管口要临时加好丝堵。

（2）立管安装。立管卡安装好后，根据干管和横支管画线，测出各立管的实际尺寸，在施工草图上进行编号记录，在地面上进行加工组装，经检查和调直后可进行安装。立管安装顺序由下往上，层层连接，经检查管件的朝向准确无误后即可固定立管。

（3）支管安装。支管安装从立管甩口处依次逐段进行安装，有阀门时应将手轮卸下再安装，根据管段长度加上临时固定卡，并核定不同卫生器具的预留口的高度、位置是否正确，找平找正后用支管卡件固定，去掉临时固定卡。如支管装有水表，应先装上连接管，试压后交工前拆下连接管，安装水表。

5. 管道试压

管道系统安装完后进行综合水压试验。水压试验时放净空气，充满水后进行加压，当压力升到规定要求时停止加压，进行检查，如各接口和阀门均无渗漏，持续到规定时间，观察其压力下降在允许范围内，通知有关人员验收，办理交接手续。

6. 管道消毒、冲洗

管道冲洗有消毒前后对新安装管道进行冲洗。消毒前的冲洗，主要是对管道内的杂物进行冲洗；消毒后的冲洗，主要是排除消毒时高浓度的含氯水，使水中的余氯等卫生指标符合规定值。冲洗水的压力应大于管道中的工作压力，冲洗水的流速一般不小于1.0m/s，应连续冲洗，直至出水浊度与冲洗进水口处相同为止。管道消毒一般用20~30mg/L含游离氯的水充满管道，浸泡24小时以上，然后再冲洗，直至取样化验合格为止。

3.3.9　排水工程

(1) 在土建主体结构工程过程中，应配合土建做好管道穿越墙壁、楼板等结构的预留孔洞、预埋套管和预埋件工作。

(2) 预制加工及管道接口粘接。根据施工图要求并结合实际情况，按预留口位置测量尺寸，绘制加工草图。根据草图量好管道尺寸，进行断管。断口要平齐，用铣刀或刮刀除掉断口内外飞刺，外棱铣出15°。管道粘接前，插口处应用板锉锉成15°~30°坡口，坡口完成后，应将残屑清除干净。粘接时应对承口做插入试验，不得全部插入，一般插至承口的3/4深度。试插合格后，用棉布将承口需粘接部位的水分、灰尘擦拭干净，如有油污需用丙酮除掉。用毛刷涂抹胶黏剂时，先抹承口，后涂抹插口，随即用力垂直插入。插入粘接时将插口稍做转动，以利胶黏剂分布均匀，约2~3分钟即可粘接牢固，并应将挤出的胶黏剂擦净。

(3) 干管安装。首先根据设计图要求的坐标、标高预留槽洞或预埋套管。埋入地下时，按设计坐标、标高、坡向、坡度开挖沟槽并夯实。采用托吊管安装时按应按设计坐标、标高、坡向做好托、吊架。施工条件具备时，将预制加工好的管段，按编号运至安装部位进行安装。各管段粘接时必须按粘接工艺依次进行。全部粘接后，管道要直，坡度均匀，各预留口位置准确。安装立管需装伸缩节，伸缩节应距地坪或蹲便台70~100mm。干管安装完后即做闭水试验，出口用充气橡胶堵封，以不渗漏、水位不下降为合格。地下埋设管道应先用细砂回填至上表面100mm，上覆过筛土，夯实时勿碰损管道。托吊管粘牢后再按水流方向找坡度。最后将预留口封严并堵洞。

(4) 立管安装。首先按设计坐标要求，将洞口预留或后剔，洞口尺寸不得过大，更不可损伤受力钢筋。安装前清理场地，根据需要支搭操作平台。将已预制好的立管运到安装部位。首先清理已预留的伸缩节，将锁母拧下，取出U形橡胶圈，清理杂物。复查上层洞口是否合适。立管插入端应先画好插入长度标记，然后涂上肥皂液，套上锁母及U形橡胶圈。安装时先将立管上端伸入上一层洞口内，垂直用力插入至标记为止（一般预留胀缩量为20~30mm）。合适后即用抱卡紧固于伸缩节上沿。然后找正、找直，并测量顶板距三通口中心是不符合要求。穿楼板的管段须做防水处理，无误后即可堵洞，并将上层预留伸缩节封严。

高层建筑考虑管道胀缩补偿，可采用法兰柔性管件，但在承插口处要留出胀缩补偿余量。

(5) 支管安装。首先剔出吊卡孔洞或复查预埋件是否合适。清理场地，按需要支搭操作平台。将预制好的支管按编号运至场地。清除各粘接部位的污物及水分。将支管水平初步吊起，涂抹胶黏剂，用力推入预留管口。根据管段长度调整好坡度，合适后固定卡架，封闭各预留管口并堵洞。

3.3.10　电气工程

1. 电线管敷设

暗管敷设的施工程序为：施工准备→预制加工管煨弯→测定盒箱位置→固定盒、箱→管路连接→变形缝处理→地线跨接。

(1) 测量放线、定位。按照施工图，用小线和水平尺测量出配电箱、开关箱、开关盒、插座盒、接线盒的准确位置和各段管线的长度，并应标注出准确尺寸。

(2) 套管预制加工。钢管采用切割机切割，操作时用力要均匀、平稳、不能过猛。套管套螺纹时，先将管子固定在台虎钳或龙门压架上，钳紧。根据管子的外径选择好相应的板牙，将绞板轻轻套在管端，调整绞板的三个支承脚，使其紧贴管子，调好后手握绞扳，平稳向里推，带上2~3扣后，再站到侧面按顺时针方向转动套螺纹扳，开始时速度应放慢，套螺纹时应注意用力均匀，以免发生偏螺纹、啃螺纹的现象，螺扣即将套成时，轻轻松开扳机，开机退板。管路弯曲时，小于*DN*25管径的套管调直一般采用手扳弯管器，*DN*25及其以上的管子用液压弯管器。

(3) 管与箱、管与管的连接。钢管与盒的连接一般情况采用螺母连接。管与管的连接采用丝接。

阻燃硬塑料管与箱等器件用插入法连接，在连接处结合面应涂专用胶黏剂，接口应牢固密封。管与管之间的连接用套管连接，套管长度为管外径的1.5 ~3倍，管与管的对口处应位于套管的中心。

(4) 盒、箱定位及固定。根据设计图的要求，以土建放线为基准，拉线找平，根据标高确定墙体上的盒箱位置，并用线坠确定盒箱的垂直度。坐稳盒、箱，加筋进行固定，根据盒、箱的大小，确定所加筋的数量。在浇注混凝土前，要把盒、箱封堵好，并且使盒、箱应紧贴模板，然后再进行混凝土的浇注。

(5) 套管暗敷设。

1) 楼板内管路敷设。现浇混凝土楼板内的管路敷设：在模板支好后，根据施工图要求及土建放线进行划线定位，确定好管、盒的位置，待土建底筋绑好，而顶筋未铺时敷设盒、管，并加以固定，土建顶筋绑好后，应再检查管线的固定情况，并对盒进行封堵。管线应分层、分段进行，先敷设好已预埋于墙体等部位的管子，再连接与盒相连接的管线，最后连接中间的管线，并应先敷设带弯的管子，再连接直管。

2) 砖墙内的管线敷设。在土建砌筑墙体前，根据现场放出的线，确定盒、箱的位置，并根据预留管位置确定管线路径，进行预置加工。准备工作做好后，将管线与盒、箱连接，并与预留管进行连接，管路连接好，可以开始砌墙，在砌墙时应调整盒、箱口与墙面的位置，使其符合设计及规范要求。

2. 室内电缆桥架安装及电缆敷设

(1) 施工工艺流程：画线定位→固定件安装→桥架支撑件安装→梯架托盘线槽安装→金属桥架的接地保护→敷设电缆。

(2) 桥架支撑件安装：桥架支撑件应符合设计要求，并进行防腐处理。支架与吊架在安装时应挂线或弹线找直，用水平尺找平，以保证安装后横平竖直。

(3) 梯架、托盘、线槽安装。

1) 梯架、托盘、线槽用连接板连接，用垫圈、弹簧垫、螺母紧固，螺母应位于梯架、托盘、线槽外侧。

2) 桥架与电气柜、箱、盒接茬时，进线和出线口处应用抱脚连接，并用螺丝紧固，末端应加装封堵。

3) 桥架经过建筑物的变形缝（伸缩缝、沉降缝）时，桥架本身应断开，槽内用内连接板搭接，一端不需固定。

(4) 金属桥架的接地保护。

1) 桥架全长应为良好的电气通路。镀锌制品的桥架搭接处用螺母、平垫、弹簧垫紧固后可不做跨接地线。

2）桥架在建筑变形缝处要做跨接地线，跨接地线要留有余量。

（5）室内电缆桥架上敷设电缆。

1）室内电缆桥架敷设的电缆不应有黄麻或其他易燃材料外护层，否则在室内部分的电缆应剥除麻护层，并对铠装加以防腐处理。

2）在有腐蚀或特别潮湿的场所宜选用塑料护套电缆。

3）电缆敷设前应清扫桥架，检查桥架有无毛刺等可能划伤电缆的缺陷，并予以处理。

4）电缆在桥架上可以无间距敷设，应分层敷设且排列整齐，不应交叉。

5）桥架内电缆应在首端、尾端、转弯及每隔50m处设有编号、型号及起止点等标记。标记应清晰齐全，挂装整齐，且桥架内电缆占用桥架空间面积率应为40%~50%。

3. 管内穿线

工艺流程：施工准备→选择导线→穿带线→清扫管路→放线及断线→导线与带线的绑扎→带护口→导线连接→导线焊接→导线包扎→线路检查绝缘摇测。

（1）配线。导线的选择必须符合设计要求，不得随意改变其规格及截面，应保证使用要求。相线、中性线及保护接地线的颜色应加以区分，中性线为淡蓝色，用黄绿色相间的导线为保护地线。

（2）扫管。穿线之前，应对管路进行扫管，将布条的两端牢固的绑扎在带线上，进行来回拉动带线，将管内杂物排出。

（3）穿带线。带线常规选用直径1.2~2.0mm的钢丝，先将钢丝的一端弯成不封口的圆圈，用穿线器将带线穿插入管路内，在管路的两端均应留有100~150mm的余量。当线路较长和转弯处较多时，可在敷设管路之前穿好带线。

（4）放线、断线和导线绝缘层剥切。放线时导线应置于放线架上。剪切导线时应考虑导线的预留长度，盒内导线预留长度应为150mm，配电箱内的导线预留长度应为箱体周边长的1/2，分支处的导线可不剪断而直接穿过。绝缘导线连接前，应将导线端头的绝缘层剥切掉，但不能伤及导线，绝缘层的剥离长度应按有关要求进行。

（5）管内穿线。在穿线前先检查管口的护口是否齐整，如有遗漏和破损均应补齐和更换。当管路边长或转弯较多时，在穿线的同时往管内吹入适量的滑石粉。导线穿管作业常规应由两人操作，将绝缘导线绑在线管一端的钢丝上，由一人从另一端拉引导钢丝，另一人进行送线。动作要协调一致，防止硬送硬拉。严格按设计要求控制管内的导线根数。

（6）导线连接。配线导线与设备、器具的连接应符合以下要求：导线截面为10mm^{2}及以下的单股铜芯线可直接与设备、器具的端子连接；导线截面为2.5mm^{2}及以下多股铜芯线的线芯应先拧紧搪锡或压接端子后再与设备、器具的端子连接；单芯铜质导线应绞合两回路以上，然后把两线头的前端折回压紧；照明器具的灯具线必须在配线上缠五回以上，然后将粗线折回压紧。

4. 配电箱安装

（1）施工程序：施工准备→配电箱检查→弹线定位→安装配电箱→绝缘检测→验收。

（2）施工准备。配电箱安装所需机具满足施工需要、材料充足、人员配备齐全，同时完成配电箱安装技术交底。

（3）配电箱检查验收。配电箱安装前，要按设计图检查其箱号、箱内回路号，并对照安装设计说明进行检查，满足设计规范要求。

(4) 配电箱安装。先将箱体放在预留洞内，找好标高及水平尺寸，并将箱体固定好，然后用水泥砂浆填实周边并抹平齐，待水泥砂浆凝固后再安装盘面和贴脸。当箱底与外墙平齐时，应在外墙固定金属网后再做墙面抹灰，不得在箱底板上抹灰。安装盘面要求平整，周边间隙均匀对称，箱门平正，螺丝垂直受力均匀。

5. 防雷及接地装置安装工程

(1) 施工程序：利用基础钢筋网作为接地极→选引下线的钢筋并标识→做均压环→引下线连接→避雷带安装→避雷连线焊接、安装→接地电阻测试→降阻措施。

(2) 接地极制作。

1) 从地下室至竖井的桥架上敷设一根-40×4的镀锌扁钢，将变电所接地与竖井内接地相连，强弱电竖井内均垂直敷设两条、水平敷设一条-40×4的镀锌扁钢。

2) 采用直径12mm的热镀锌圆钢做避雷带，沿屋面女儿墙、屋脊、屋檐敷设，采用热镀锌卡式支架固定，支架其间距为1m，转弯处0.5m。

3) 避雷带引下线，利用柱子内两根主筋引下，主筋焊接连通，并与桩台外圈环形接地连接线连成一体，连接线采用-40×4的扁钢。桩基、承台、构造柱焊接规范，不错位。

(3) 防雷装置。

1) 本工程按二类防雷建筑物采取措施，屋顶设置避雷带作为防雷接闪器，利用建筑物结构柱子内二根通长钢筋（直径不小于16mm）作为引下线，避雷带与主钢筋应可靠焊接。柱内接地钢筋全面采用焊接，楼板钢筋与圈梁钢筋及引下线柱子钢筋连接做等电位均压环，桩基、承台板钢筋及护坡钢筋和室外人工水平接地极及施工电气接地极连接做综合接地装置，其接地电阻要求小于1Ω。

2) 各接地单元与综合接地装置连接采用M型等电位连接，进入建筑物的各种金属导体均就近与人工水平接地极相连，做总等电位连接。

3) 为防侧雷击，本工程十层楼以上建筑物四周金属门窗、栏杆等导体就近与圈梁或柱内钢筋连接，接闪器附近的电气设备金属外壳与引下线相连，使所有外露可能遭雷击的导体连成等电位连接体。防雷接地装置做法参见图集D562和86SD566及86SD563。

(4) 接地端子预埋。

1) 测量接地电阻端子。引下线距地0.5m处的户外地面上焊-40×4的扁钢一段，作为接地电阻测试极，并做暗装测试盒。

2) 接地电阻要求不大于1Ω，当最终测试电阻如不能满足要求时，可补打接地极至接地电阻符合要求。

(5) 接地装置的检查验收。接地装置施工完成后，应及时请建设单位、监理公司及质量监督单位有关人员核定接地体材质、位置、焊接质量是否符合施工规范规定，并做好隐蔽工程记录，注明接地体和接地线的实际走向，最后用接地摇表测接地电阻。

3.3.11 节能工程（详建筑节能工程施工专项方案）

在施工过程中，我项目经理部将严格执行相关规程、规范、标准等。为完成好本工程的建筑节能工程，根据本工程的特点，我项目经理部将把以下环节作为建筑节能工程的质量控制点：

(1) 建筑节能工程使用的材料、设备应符合施工图设计要求及国家有关标准的规定。严禁使用国家明令禁止和淘汰使用的材料、设备。

(2) 材料和设备进场时应对其品种、规格、包装、外观和尺寸进行验收，并应经监理工程师（建设单位代表）检查认可，并形成相应的质量记录。材料和设备应有质量合格证明文件、说明书及相关性能检测报告；进口材料和设备应按规定进行出入境商品检验。

（3）建筑节能材料所使用材料的燃烧性能等级和阻燃处理，应符合设计要求和国家现行标准 GB 50222—2017《建筑内部装修设计防火规范》和 GB 50016—2014《建筑设计防火规范》的规定。

（4）建筑节能工程使用的材料应符合国家现行有关材料有害物质限量标准的规定，不得对室内外环境造成污染。

3.4 复杂环节技术措施

3.4.1 冬季施工措施

本工程所在地 Y 市，地处低纬度地区。全年受海洋暖湿气流和北方冷气团的交替影响，是国内气温较高、降水较多的地区，属于亚热带季风气候。年平均气温 21.7℃，1 月最冷，平均气温 12.8℃，极端最低气温 -2.1℃；7 月最热，平均气温 28.2℃，极端最高气温 40.4℃。上述气温条件不符合冬期施工条件，故冬期施工可按常规的方法进行施工。

3.4.2 雨期施工措施

1. 雨期施工准备工作

（1）雨期施工前认真组织有关人员分析雨期施工生产计划，根据雨期施工项目编制雨期施工措施，所需材料要在雨期施工前准备好。特别在汛期来临前，做好材料备料工作，以防由于汛期影响材料的供应。

（2）建立防汛领导小组，制定防汛计划和紧急预案措施。

（3）项目夜间均设专职的值班人员，保证昼夜有人值班并做好值班记录，同时要设置天气预报员，负责收听和发布天气情况。

（4）做好施工人员的雨期施工培训工作，组织相关人员进行一次全面检查施工现场的准备工作，包括施工材料、临时设施、临电、机械设备、外架防护等项工作。

（5）检查施工现场及生产生活基地的排水设施，疏通各种排水渠道，清理雨水排水口，保证雨天排水通畅。

（6）现场道路两旁设排水沟，保证不滑、不陷、不积水。清理现场障碍物，保持现场道路畅通。道路两旁一定范围内不要堆放物品，且高度不宜超过 1.5m，保证视野开阔，道路畅通。

（7）施工现场、生产基地的仓库、搅拌站等应在雨期施工前进行全面检查和整修，保证道路不塌陷，房间不漏雨，场区不积水。

（8）在雨期到来前，做好各高耸井架、脚手架防雷装置，质量检查部门在雨期施工前要对避雷装置做一次全面检查，确保防雷。

（9）雨期所需材料、设备和其他用品，如水泵、抽水软管、草袋、塑料布、苫布等由材料部门提前准备，水泵等设备应提前检修。

（10）雨期前对现场配电箱、闸箱、电缆临时支架等仔细检查，需加固的及时加固，缺盖、罩、门的及时补齐，确保用电安全。

（11）安排好雨期施工项目，不宜在雨期施工的工序，如电线、电缆敷设、管道保温、油漆、焊接等，尽量避开雨天施工。如工期紧张，无法避开时，做好现场安全防护，并做好安全技术交底。

2. 土方填筑雨期施工

(1) 填筑黏土时，当降雨量达 10mm 时，应停止施工，快速压实工作面表层的松土，使工作面较为平整且有一定的坡度利于排水，做好料场的排水工作。

(2) 雨后填土时，应将表层松散的、含水量大的土挖去，压实后再继续施工。

(3) 施工配备足够数量的抽水机械。

3. 混凝土工程雨期施工

(1) 模板隔离层在涂刷前要及时掌握天气预报，以防隔离层被雨水冲掉。

(2) 遇到大雨应停止浇筑混凝土，已浇筑部位应加以覆盖。若不能中断的，应采用挡雨措施，保护材料、运输设备及正在浇筑的混凝土面，使其不受下雨的影响，已浇灌的混凝土应立即振动密实。

(3) 雨期施工时，应加强对混凝土粗细骨料含水量的测定，及时调整用水量。

(4) 大面积的混凝土浇筑前，要了解 2~3 天的天气预报，尽量避开大雨。混凝土浇筑现场要预备大量防雨材料，以备浇筑时突然遇雨进行覆盖。

(5) 模板支撑下回填土要夯实，并加好垫板，雨后及时检查有无下沉。

(6) 采取有效技术措施，防止水泥受潮或淋雨，防止混凝土、砂浆受雨淋含水过多而影响工程质量。在支模、扎筋、浇筑混凝土施工时，可采取搭设可移动式雨篷的办法进行。对已浇筑混凝土的部位要用料布铺好。

(7) 雨后继续施工时，应对受雨水冲击面进行处理，排除积水，清除浮碴，接缝处按施工缝处理，施工缝施工措施详见混凝土工程质量保证措施。

3.4.3 高温天气施工措施

在夏季高温季节，为保证工程质量，保证广大职工的安全与健康，防止各类事故的发生，确保夏季施工顺利进行，拟采取以下几点措施，重点做好安全生产和防暑降温工作。具体措施如下：

(1) 由项目经理负责对施工现场管理和职工生活管理，做到责任到人，切实改善职工食堂、宿舍、办公室、厕所的环境卫生，定期喷洒杀虫剂，防止蚊蝇滋生，杜绝常见病的流行。关心职工，特别是生产第一线和高温岗位职工的安全和健康，对高温作业人员进行就业和入暑前的体格检查，凡检查不合格者不得在高温条件下作业。认真督促检查，做到责任到人，措施得力，确实保证职工健康。

(2) 做好用电管理，夏季是用电高峰期，定期对电气设备逐台进行全面检查、保养，禁止乱拉电线，特别是对职工宿舍的电线及时检查，加强用电知识教育。做好各种防雷装置接地电阻测试工作，预防触电和雷击事故的发生。

(3) 加强对易燃、易爆等危险品的储存、运输和使用的管理。在露天堆放的危险品采取遮阳降温措施，严禁烈日曝晒，避免发生泄露，杜绝一切自燃、火灾、爆炸事故。

(4) 高温期间根据生产和职工健康的需要，合理安排生产班次和劳动作息时间，对在特殊环境下（如露天、封闭等环境）施工的人员，采取诸如遮阳、通风等措施或调整工作时间，早晚工作，中午休息，防止职工中暑、窒息、中毒和其他事故的发生。炎热时期派医务人员深入工地进行巡回防治观察，一旦发生中暑、窒息、中毒等事故，立即进行紧急抢救或送医院急诊抢救。

3.4.4　夜间施工措施

(1) 夜间施工在现场设置充足的照明设备，保障安全和保证质量。

(2) 夜间施工必须由项目经理同意，会同专职安全员、电工以及技术人员确定施工路线，并设置警戒灯。

(3) 工作面由电工架设照明设施。

(4) 邻边及洞口处设置警戒灯。

(5) 每次夜间施工，由项目经理统一协调配备人员。

(6) 食堂为夜间施工人员准备夜餐。

(7) 确保施工部位照明的同时，确保安全防护工作，谨防夜间施工安全事故发生。

(8) 项目部安排夜间施工管理人员值班表，做到值班管理人员、值班工长、班组长跟班作业。

(9) 事先做好保养、维护工作，防止因机械故障制造噪音。

(10) 对所有员工进行班前教育，做到施工过程中尽可能地减少对居民休息的影响。

(11) 对探照灯进行适当的遮挡，防止强光直接照射附近居民住宅楼。

(12) 事先挂出告示牌，说明情况，取得附近居民谅解，同时应成立协调小组，及时与有关部门、居民沟通，发现问题及时采取相应措施。

第4章　施工进度计划和各阶段进度的保证措施

4.1　施工进度目标的确定

本工程的合同要求工期为330日历日。为保证进度目标的实现，将本工程各施工控制节点确定如下：

(1) 土方开挖及基坑支护：工期2天。

(2) 基础施工：工期42天。

(3) 主体结构：工期324天。

(4) 屋面工程施工：工期30天。

(5) 室外装饰工程施工：工期50天。

(6) 室内装修工程施工：工期221天。

4.2　总进度控制计划的制定

根据进度目标和确定的各控制节点，采用计算机辅助管理的方法进行模拟、计算和调整后得到本工程的总控制网络计划（关键线路法），详见附图1。

4.3　保证进度目标实现的措施

4.3.1　组织保障措施

(1) 明确各级进度控制人员，严格执行网络计划管理，施工中采用四级网络计划进行工期控制。

1) 一级计划：以施工控制进度作为指令性计划。此计划确定关键项目控制点，以此来控制工期，任何单位（任何人）不能以任何理由和借口予以变动。

2) 二级计划：月计划，以月为单位编制，应很详细、具体，分项、分部位、分工序编排，流水穿插，顺序明确。此计划执行半月后，检查情况，再向后补充10天计划，计划期仍为一个月，如此连续又称旬流动计划。

3）三级计划：即周计划，一般以形象进度形式表达，按两周流动。

4）四级计划：即日计划，由施工队针对现场情况，每日安排。每天下午5点以协调会和碰头会形式检查当日工作，安排次日工作，解决施工现场机具、材料、技术、质量、人力等方面的问题，平衡人、财、物使用。

(2) 项目经理负责与业主/监理工程师的联络、沟通，协调各专业施工队，各单项工程施工之间的工作。

(3) 建立周生产例会制度（或定期生产碰头会）以及时解决工程施工中出现的问题，并部署下周施工生产。

4.3.2 合同保障措施

(1) 引进竞争机制，选用高素质的各专业施工队伍，严格按合同管理力度，确保工程进度和质量要求。

(2) 在施工责任合同中，均明确各自的进度控制责任和权利。

(3) 在布置任务时，做到明确任务的同时明确完成时间。

4.3.3 经济保障措施

(1) 将进度快慢与经济效益挂钩，对各责任单位明确完成任务的不同时间要求所对应的不同经济收入。

(2) 对于关键线路上的工序，凡提前者给予经济奖励。

(3) 对于拖延工期者，除给予罚款处罚外，还应指令其自费赶上工期目标要求（以第三层计划所规定的完成时间作为控制目标）。

4.3.4 技术保障措施

(1) 严格单项工程管理，采用均衡流水施工（详见施工流水段划分），合理安排工序，上道工序完成后，及时插入下道工序施工。

(2) 合理采用垂直、水平运输机械，以满足材料垂直运输和水平倒运需求。

(3) 利用计算机技术进行动态管理，加快进度计划的指导性、可用性。

(4) 采用成熟的科技成果，向科学技术要速度、要质量，通过新技术的推广应用来缩短各工序的施工周期，从而缩短工程的施工工期。

(5) 采用先进的施工工艺和设备与材料，加大周转材料与人力的投入，向时间要效益。

第5章 施工现场平面布置

5.1 施工总平面布置的原则及依据

5.1.1 布置原则

为了加强施工现场的管理，现场的施工平面布置根据现场实际情况及建设单位的要求，按基础、主体、装饰分三阶段进行相应的总体布置。

施工现场的布置具体原则：

(1) 严格安排和管理，要场容整齐清洁，保证道路的合理畅通及满足材料运输方便。

(2) 按施工阶段划分施工区域和场地，保证道路的合理畅通及满足材料运输方便。

(3) 符合施工流程及分段施工要求，减少各施工段之间及机械场地等方面干扰。

(4) 各种生产设施便于工人操作符合安全防火要求，防止污染，以创造良好的劳动条件、工作环境和生活环境，从而提高劳动生产率，保证各项工程均衡、有节奏地进行。

5.1.2 布置依据

(1) 招标文件有关要求、《建设施工安全检查标准》、桂建质〔2006〕22号及南建质安〔2009〕11号文规定。

(2) 现场红线、临界线、水源、电源位置，以及现场勘察成果。

(3) 总平面图、基坑支护开挖图、建筑平面、立面图。

(4) 总进度计划及资源需用量计划。

(5) 总体部署和主要施工方案。

(6) 安全文明施工及环境保护要求，××市安全文明工地标准。

5.1.3 施工供电、供水线路布置

本工程施工供电及供水平面布置详见施工总平面布置图（附图2）。临时供电线路安装必须符合规范要求，施工现场要满足消防要求。

5.2 主要生产、生活设施布置

5.2.1 现场围蔽

现场四周用砌块砌围墙，高为1.8m，大门、门卫、现场的布置和规划依据公司形象标准进行布置和设置。

现场大门采用钢大门，开启方式为平开。门柱砖砌并粉刷成特定造型，每个大门一侧设门卫室（定型产品），大门外侧在凸显位置挂单位名称和工程名称牌。

围墙的表面处理的颜色、图案和标语应经过业主代表的审批；一般情况在考虑业主企业形象宣传需要的前提下，使用公司的企业形象识别规范规定的图案和颜色，但尺寸和内容必须符合政府的有关规定，并经业主代表审批。

围墙壁和大门的表面围护定期修补和重新刷漆，并保证所有的乱涂乱画或招贴广告随时被清理。临时围墙和大门设置必要的灯光照明，满足施工现场安全保卫和美观的要求。

5.2.2 生产、办公及生活设施布置

(1) 施工现场搭设的生产、办公、生活用地均应经过业主代表审批同意，所有的这类设施都为防水的，并且在工程竣工后拆除和恢复地表原状。在工程开工前，所有的临时设施的布置、数量、材质、使用期间等需要报监理工程师审批。

(2) 生产区。

1) 钢筋堆场及加工场。钢筋堆场及加工场分为钢筋堆放、钢筋加工棚、钢筋调直场地和钢筋半成品及成品堆场。内设加工操作平台，钢筋切断机、钢筋弯曲机和钢筋对焊机等设备。

2) 周转材料堆场。周转材料堆场设有模板、钢管等周转材料；模板加工现场设置木工棚，采用钢管扣件搭设，加工棚内设电锯、电刨。

钢管和大型工具堆放区，要与槽边有1~2m的距离，防止边坡坍塌。

3) 搅拌站。本工程混凝土采用商品混凝土，零星混凝土、墙体砌筑和抹灰所用砂浆采用现场搅拌。现场砂浆搅拌区分三部分：搅拌棚、砂堆场、水泥库。搅拌棚后台设计量器具，满足计量要求。

(3) 办公区。所有办公用房将选用彩钢板活动房（轻钢骨架、彩钢板围护），地面铺贴地面砖。办公区设置项目部办公室、项目经理办公室、资料室、医务室、会议室等，以及建设单位驻现场代表和监理单位办公室。办公室及会议室安装空调，统一配备桌椅，资料室配备电脑、打印机，项目部办公室配备对讲机、电话等必备的办公器材。

(4) 生活区。所有生活用房将选用彩钢板活动房（轻钢骨架、彩钢板围护），生活区设置食堂、卫生间等设施。

(5) 具体布置位置详见施工总平面布置图（附图2）。

第6章　资源配置计划

6.1　劳动力需用量计划（见附表1）

6.2　主要机具需用量计划（见附表2）

附　表

附表1　劳动力需用量计划

（单位：工日）

工　种	按工程施工阶段投入劳动力情况					
	施工准备	基础工程	主体工程	装饰工程	室外和总平工程	清理、验收
泥工		20	50	20	10	
混凝土工	20	3	30	15	8	
木工		60	60	20	3	5
钢筋工		50	80			
抹灰工	10			80	6	5
装修工				70	6	45
电焊工		5	10	5		
防水工		15	20	30	5	6
机械工	4	10	18	20	6	
油漆、腻工	4			50	20	10
水电工	3	6	45	40	5	4
暖通工		4	12	14		6
测量工	6	6	6	6	6	6
架子工			10	10		
塑钢窗工				15		4
普工	6	25	45	45	12	24

附表2　主要机具需用量计划

序号	设备名称	型号规格	数量	产地	制造年份	额定功率/kW	生产能力	用于施工部位	备注
1	平板拖车		2	柳州	2009		满足要求	基础、主体、装修	
2	反铲挖掘机	CT330C	1	日本	2009	$1.2m^3$	满足要求	土方工程	
3	反铲挖掘机	CT320C	1	日本	2009	$1m^3$	满足要求	土方工程	
4	推土机	TY160	1	天津	2008	149	满足要求	场平工程	
5	自卸汽车	东风	5	柳州	2009		满足要求	土方工程	
6	蛙式打夯机	HW60	2	柳州	2009		满足要求	土方回填	
7	空压机	$12m^3/min$	1	徐州	2010		满足要求	喷锚施工	
8	抽水机		3	江苏	2010		满足要求	基础、地下室	
9	塔式起重机	TCT5013	1	北京	2009	41.1	满足要求	基础、地下室、主体、装修	
10	井架		1	南宁	2009	7.5	满足要求	主体、装修	
11	施工电梯	SCD100	1	上海	2009	10.5	满足要求	基础、地下室、主体、装修	
12	高效数控钢筋弯箍机	先锋	1	天津	2008	15	满足要求	基础、地下室、主体	
13	钢筋弯曲机	QJ40-1	1	徐州	2009	3	满足要求	基础、地下室、主体	

（续）

序号	设备名称	型号规格	数量	产地	制造年份	额定功率/kW	生产能力	用于施工部位	备注
14	钢筋切断机	GQ5-40	1	徐州	2009	4	满足要求	基础、地下室、主体	
15	钢筋调直机	GT4/14	1	徐州	2009	7.5	满足要求	基础、地下室、主体	
16	电焊机		3	江苏	2009	22	满足要求	基础、地下室、主体	
17	闪光对焊机		2	江苏	2009	30	满足要求	基础、地下室、主体	
18	电渣压力焊机		4	江苏	2009	25	满足要求	地下室、主体	
19	直螺纹套丝机	TS-40	2	北京	2008	3	满足要求	基础、地下室、主体	
20	台式电锯		4	广西	2009		满足要求	基础、地下室、主体	
21	手提电锯		30	广西	2009		满足要求	基础、地下室、主体	
22	电刨		8	广西	2008		满足要求	基础、地下室、主体	
23	手电钻		10	广西	2009		满足要求	基础、地下室、主体	
24	砂浆搅拌机	UJ325	2	广西	2009	2	满足要求	基础、地下室、主体、装修	
25	混凝土搅拌机	JDY350	1	徐州	2010	7.5	满足要求	基础、地下室、主体、装修	
26	平板式振动器	P2-50	3	广西	2010	1.1	满足要求	基础、地下室、主体	
27	插入式振动器	ZK-50	6	广西	2010	1.5	满足要求	基础、地下室、主体	
28	汽车混凝土泵		1	徐州	2009		满足要求	基础、地下室、主体	
29	混凝土输送泵		2	徐州	2009		满足要求	基础、地下室、主体	
30	商品混凝土运输车		10	徐州	2009		满足要求	基础、地下室、主体	
31	磅秤	TGT-500	2	河南	2010		满足要求	基础、地下室、主体、装修	
32	柴油发电机		1	抚顺	2009	200	满足要求	基础、地下室、主体、装修	
33	电焊机	BX1-300	2	南京	2009		满足要求	主体、装修	
34	砂轮切割机	SQ-40-1	3	上海	2009		满足要求	主体、装修	
35	电钻		8	江西	2009		满足要求	主体、装修	
36	焊钉枪		5	南京	2009		满足要求	主体、装修	
37	电动焊机		12	进口	2009		满足要求	主体、装修	
38	喷浆泵		3	徐州	2010		满足要求	主体、装修	
39	高压无气喷涂机		2	徐州	2009		满足要求	装修	
40	冲击电钻		6	江西	2009		满足要求	装修	
41	石材切割机		7	江西	2008		满足要求	装修	
42	瓷片切割机		15	江西	2008		满足要求	装修	
43	手提磨边机		12	江西	2009		满足要求	装修	
44	射钉枪	SHD66-3	4	沈阳	2009		满足要求	装修	
45	塑钢窗型材切割机	LS1400	2	进口	2009		满足要求	装修	
46	砂轮切割机		2	成都	2010		满足要求	装修	
47	电动剪刀	回 J1J-2	3	江苏	2009	0.23	满足要求	装修	
48	型材切割机	J3G-400 型	2	江苏	2009	2.2	满足要求	装修	
49	电动曲线锯	回 JIQZ-3	2	江苏	2010	0.23	满足要求	装修	

（续）

序号	设备名称	型号规格	数量	产地	制造年份	额定功率/kW	生产能力	用于施工部位	备注
50	电动圆锯	12in	1	江苏	2009	1.9	满足要求	装修	
51	往复锯	φ115mm	2	进口	2009	0.72	满足要求	装修	
52	干式地表打磨机		3	进口	2009		满足要求	装修	
53	手提式打磨机		8	进口	2009		满足要求	装修	
54	大功率吸尘机		3	进口	2008		满足要求	装修	
55	电锤	ZIC1-22	2	长春	2009	0.57	满足要求	水电及设备安装	
56	电动套丝机	I1T-R6	2	成都	2008	2	满足要求	水电及设备安装	
57	液压弯管机	F-18	6	成都	2009	2	满足要求	水电及设备安装	
58	电动葫芦	1t、2t	2	上海	2008	3	满足要求	水电及设备安装	
59	砂轮机	SQ-40-1	2	莱州	2009	2.21	满足要求	水电及设备安装	
60	直流焊机	380V	2	北海	2009	15	满足要求	水电及设备安装	
61	电动卷扬机	1t	1	上海	2009	4	满足要求	水电及设备安装	
62	电动滚槽机	GC-30	1	广东	2009	2	满足要求	水电及设备安装	
63	手动葫芦	2t	1	上海	2009	3	满足要求	水电及设备安装	
64	手动弯管器	15~50	8	广东	2009		满足要求	水电及设备安装	
65	氧割设备		4	北京	2010		满足要求	水电及设备安装	
66	电阻表	ZC25-4-1000/500	1	上海	2007		满足要求	水电及设备安装	
67	接地电阻测试仪	ZC-S-1-10-100Ω	1	上海	2008		满足要求	水电及设备安装	
68	剪板机	4×2000	2	河北	2006	5.5	满足要求	通风及设备安装	
69	电动剪刀	J1J-2	1	上海	2007	0.23	满足要求	通风及设备安装	
70	手动折方机	WS-15	1	陕西	2007	2	满足要求	通风及设备安装	
71	薄板卷圆机	YB-2	2	陕西	2007	5.5	满足要求	通风及设备安装	
72	角向磨光机	SIMJ125	2	上海	2007	0.58	满足要求	通风及设备安装	
73	联合咬口机	YEL-12	1	德国	2006	4	满足要求	通风及设备安装	
74	单平咬口机	YZD-1.5	3	德国	2007	4	满足要求	通风及设备安装	
75	电动拉铆枪	PIM-5	3	沈阳	2007		满足要求	通风及设备安装	
76	全站仪	SET2B/C	1	进口	2007		满足要求	测量工程	
77	经纬仪	TDJ2E	2	北京	2008		满足要求	测量工程	
78	水准仪	DS1	2	北京	2009		满足要求	测量工程	
79	红外线外墙放线仪		2	北京	2009		满足要求	测量工程	
80	计算机	联想	2	上海	2010		满足要求	办公	
81	打印机	佳能	2	上海	2010		满足要求	办公	
82	数码摄像机	SONY	1	日本	2010		满足要求	办公	
83	对讲机		8	浙江	2010		满足要求	办公	

附　图

附图1　施工进度横道图（请登录 www. chinamie. org/erwei/1. zip 下载）

附图2　施工总平面布置图（请登录 www. chinamie. org/erwei/1. zip 下载）

成果与范例（二） 基坑开挖及降水工程专项施工方案

基坑开挖及降水工程

专项施工方案

招标人(章)：××建筑有限公司

法定代表人或委托代理人（签字或盖章）：______________

日期：2017 年×月××日

第1章　施工安排

1.1　人员组织

人员组织安排见表1-1。

表1-1　项目部主要管理人员一览表

序号	姓名	职务	职责
1	×××	项目经理	全面领导、管理
2	×××	项目总工	技术质量管理
3	×××	土建工长	土建施工管理
4	×××	土建工长	土建施工管理
5	×××	电气工长	安装施工管理
6	×××	水暖工长	安装施工管理
7	×××	安全员	现场安全、文明施工管理
8	×××	合约经理	合同管理及预算
9	×××	物资经理	材料采购管理
10	×××	质量检查员	施工质量管理
11	×××	预算员	合约预算管理
12	×××	材料员	现场材料管理
13	×××	会计	财务管理
14	×××	材料员	现场材料管理
15	×××	安全员	安全管理
16	×××	质检员	质量管理

(1) 项目各岗位管理人员各负其责，从技术、质量、安全、环境各方面保证工程顺利开展。

(2) 本工程基础土方开挖拟采用一个土方专业施工单位，由主体一次结构施工单位配合开挖。

1.2　施工重点难点

经过对本工程图纸资料的分析及现场实际情况，本工程的难点及施工关键如下：

(1) 开挖场地临海，地下水位较高，土方开挖之前的基坑降水工作尤为关键，开挖前要先行降水，待水位降至设计要求的深度（3m）以下时，方可进行开挖。

(2) 由于土方开挖正逢冬季，受气温影响，人员操作行动可能变慢，故挖土过程中，要确保机械与人员之间的协调配合，设专人指挥挖掘机及工人的跟槽施工等。

(3) 做好土方开挖期间的基坑支护体系的监控工作，发现位移较大时即刻采取应急措施。

(4) 基坑内底板、地梁、承台等标高变化较多，为避免超挖错挖，轴线及标高点的引测控制必须及时准确。

(5) 基坑开挖后坑内仍有部分地下水未排干净，可采用坑内暗排配合明排方式降水。

(6) 基坑内工程桩和降水井较多，开挖过程必须做好保护工作。

1.3 工程实施条件分析

1. 有利条件分析

(1) 工程卸土地点较近，能保证土方及时运出。

(2) 周边无建筑物或其他公共设施，有利与工程施工。

(3) 场地基本实现“四通一平”的条件。

2. 不利条件分析

(1) 现场场地狭窄，场地南侧无临时道路，施工现场不能形成环形道路，给车辆行驶带来了很大的不便。

(2) 场外道路正在施工，不确定因素较多，工地大门可能随时需要进行挪动或拆除。

第2章 施工进度计划

基础土方开分两段，各段施工进度安排见表 2-1

表 2-1 施工进度计划

序号	分段	起止时间	工期/天
1	一段	2018年2月7日~2018年2月11日	5
2	二段	2018年2月12日~2018年2月16日	5

第3章 施工资源配置计划

3.1 施工准备计划

3.1.1 技术准备

(1) 认真熟悉设计施工图，做好图纸会审。

(2) 对施工人员进行有针对性专项施工方案技术交底。

(3) 做好测量放线及定位工作，对周围邻近建筑物布置沉降及位移观测点。

(4) 地下障碍物调查：根据业主提供的场区地下管线、构筑物的详细位置及不明地下障碍物进行现场探测工作（包括其深度、位置及走向），做好定位标志，并向施工技术人员做书面和现场的确认交底。

(5) 技术文件准备计划，见表 3-1。

表 3-1 技术文件准备计划表

序号	文件名称	文件编号	配备数量	持有人
1	建筑地基基础工程施工技术标准	ZJQ08—SGJB202—2005	1	××
2	建筑地基基础设计规范	GB 50007—2011	1	××
3	建筑地基工程施工质量验收标准	GB 50202—2018	1	××
4	岩土工程勘察报告	工号:K2012—2081、勘察号:B2012—171	1	××
5	某生态城绿色施工手册		1	××
6	某生态城信息大厦工程施工图纸	工号 2012—144T011	1	××

(6) 班组技术交底计划，见表 3-2。

表 3-2　班组技术交底计划表

序号	技术交底内容	交底人	审批人	交底班组	完成时间
1	土方开挖技术交底	××	××	××实业发展有限公司（土方施工单位）	2018 年 1 月 20 日
2	桩头破除安全技术交底	×××	×××	××建筑劳务有限公司（一次结构施工单位）	2018 年 1 月 20 日

（7）关键部位控制及监测计划，见表 3-3。

表 3-3　关键部位控制及监测计划表

序号	关键部位	质量监控方案	监测依据	监测方法	监测周期	责任人
1	基坑支护桩、帽梁、支撑梁	基坑开挖前在帽梁上设置控制点，监测挖土过程中帽梁的位移及标高的变化情况	GB 50202—2018《建筑地基工程施工质量验收标准》、本工程支护结构施工图	采用全站仪、水准仪观测	1 天	×××
2	降水井水位情况及降水井数量	对每个降水井进行编号，定期观测降水井内的水位变化及井的数量是否减少等	本工程基坑支护设计施工图	目测、丈量等	1 天	××

（8）工程技术资料收集计划，见表 3-4。

表 3-4　工程技术资料收集计划表

序号	资料名称	资料内容	资料提交人	资料审核人	完成时间
1	土方开挖检验批验收记录	土方开挖检检验批	××	××	2018 年 2 月 16 日
2	基槽验收记录	基槽验收	×××	××	2018 年 2 月 16 日

3.1.2　现场准备

（1）帽梁及支撑梁混凝土浇筑完毕，并达到一定强度。

（2）降水井施工完毕，地下水水位降已至设计要求标高以下。

（3）在四通一平的基础上，根据降水及现场道路要求接好电源及水源。

（4）平整材料存放场地，搭好施工临时设施。

（5）沿基坑帽梁周圈布设 300mm 宽排水沟，帽梁以上的边坡采用细石混凝土做好护坡处理，基坑边坡外的基坑四周做硬化路面。

（6）基坑四周准备好临边防护。

（7）两台塔吊已经进场并安装完成。

3.1.3　其他准备

（1）本工程由于地处空旷地带，不存在扰民现象。

（2）依据甲方提供的土方堆放场地，确定好场外运输路线。

（3）对施工现场地上、地下障碍物进行全面调查，并制定排障计划和处理方案。

1）了解周边情况，向业主领取施工场地地下管网线路、障碍物等正式资料。

2）与交通、城建、市政、市容、环保等政府相关部门联系，尽快办理渣土外运手续，落实弃土场地。

3）提前制定基坑开挖施工方案，绘制基坑土方开挖图，确定开挖路线、顺序、边坡坡度、出土路线等。

4）及时复核甲方提供的平面坐标控制点及水准基准点，发现问题随时沟通。

5）对施工场地及车辆行走路线做出必要的规划，对不适于车辆行走的软土地段采取相应措施，如进行垫碎石、渣土、钢板或地面硬化处理。

6）由于不受交通所限，夜间施工时要配备足够的夜间照明设备。现场配备活动灯架五个，每个灯架安装镝灯500W，均向槽内照射。卸土场地，运土道路及其他危险地段也要安装必要的散光灯和警戒灯。

7）机械设备运进现场，进行维护检查、试运转，使处于良好的工作状态。

3.2 各项资源配置计划

3.2.1 劳动力配置计划

土方开挖施工队伍采用××实业发展有限公司，该土方队伍长期在某生态城进行土方施工作业，对该区域的土质比较了解，同时，施工管理能力较强。同时安排专人进行基坑变形观测，与基坑支护第三方监测单位协调配合完成相应的工程监测任务。

挖土阶段劳动力配备计划，见表3-5。

表3-5 挖土阶段劳动力计划表

工种	人数/人	进场日期	备注
测量工	2	2018年2月7日	
机械工	15	2018年2月7日	
力工	15	2018年2月7日	
瓦工	10	2018年2月7日	
架子工	5	2018年2月7日	
电工	2	2018年2月7日	
合计	49	2018年2月7日	

3.2.2 施工机械、设备需要量计划

基槽开挖总土方量约为32000m³。根据进度计划安排，挖土持续时间为10天，每天的开挖量为3200m³，确定采用PC220型挖掘机（斗容量1m³），反铲最大挖深5.80m，台班产量200m³。

1. 计算挖土机需用数量

$$N=\frac{Q}{Q_{\mathrm{d}}TCK_{\mathrm{t}}}$$

式中 N——挖土机需用台数；

Q——土方量（m³）；

Q_{d}——挖土机台班产量，取200m³；

T——工期（d）；

C——每天工作班数（台班），取三班制；

K_{t}——时间利用系数，一般为0.8~0.85。

本例取$K_{\mathrm{t}}=0.8$，则有

$$N=\frac{Q}{Q_{\mathrm{d}}TCK_{\mathrm{t}}}$$

$$=32000/(200\times10\times3\times0.8)台=6.7台$$

取 $N=7$ 台，即本阶段组织7台PC200挖掘机展开施工。

2. 计算自卸汽车需用数量

经计算得20t自卸汽车台班生产率为173m³/台班·辆，本工程每日土方运输量为3200m³，则有

$$N=\frac{3200m^3/台班}{173m^3/台班\cdot辆}=18.5辆$$

根据上述计算结果，共需配置20t自卸汽车19辆，可满足施工要求。

机械设备需用量计划，见表3-6。

表3-6　机械设备需用量计划表

项次	设备名称	规格型号	数量	用途
1	挖掘机	PC220	7台	基槽挖土
2	自卸汽车	20t	19辆	土方运输
3	经纬仪	DJJ2-2	1台	基坑监控及轴线投放
4	水准仪	DZS3-1	1台	标高引测
5	塔尺	5m	2支	标高引测
6	钢卷尺	50m	2把	标高引测/或量距
7	LED镝灯	500W	5只	现场照明
8	小节能灯	100W	10只	坑底照明
9	照明电箱		5个	现场及坑底照明
10	动力电箱		5个	抽水用电箱
11	水泵	1.3kW	40台	基坑抽水
12	小电缆		若干	移动电源
13	无齿锯		8台	截桩头
14	空压机		5台	截桩头

3.2.3　物资需用量计划

挖土阶段物资需用量计划，见表3-7。

表3-7　挖土阶段物资需用量计划表

物资名称	物资数量	单位	进场时间
塑料布	2000	m^2	2018年2月7日
保温棉毡	2000	m^2	2018年2月7日
铁锹	50	把	2018年2月7日
砖	20000	块	2018年2月7日
水泥	40	t	2018年2月7日
砂子	300	m^3	2018年2月7日
石子	80	m^3	2018年2月7日
钢管	20	t	2018年2月7日

根据施工前编制的材料需用量进场计划，安排地下室施工物资及时进场，使后续工序能连续施工。

第4章 施工方法及工艺要求

本工程土方开挖原则：首先开挖中心区域的土方，然后开挖周围部位的土方。土方开挖采用对称退挖的开挖方式，总体分为三层开挖。

4.1 土方开挖顺序

首先开挖中心区域的土方，然后从场地北侧对称退挖至南侧，最后采用长臂挖掘机座在基坑帽梁外侧收尾挖土。从底板后浇带将土方开挖分为两段。整体开挖分为三层接力开挖，第一层深度约为2.4~2.6m；第二层深度约为2.3m；第三层主要为承台、地梁、电梯井等部位的土方开挖，采用小型挖掘机进行该部位的土方开挖。最后基底30cm厚的土方采用人工进行清槽。

4.2 基槽土方开挖工艺流程

基槽土方开挖工艺流程如图4-1所示。

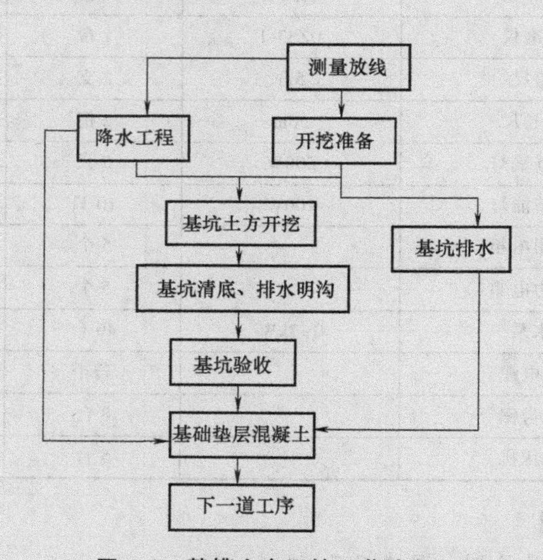

图4-1 基槽土方开挖工艺流程

4.3 土方开挖操作要点

（1）基坑开挖以履带式液压挖掘机挖土为主，人工修挖为辅。本基坑采用“分层大错台整体退挖”的方式挖土，遵照设计分层厚度不大于2.6m的原则，垂直方向分2层错台开挖，地梁、承台、电梯井及集水坑等个别标高下沉部位采用三层退台开挖。为有效减小土方卸载对支护造成的荷载集中效应，将错台距离控制在20m以上。本开挖方式既可以保证基坑安全，又可以形成流水施工，加快挖土速度，保证垫层施工及时穿插。

（2）土方开挖前应将分层层厚、位置、分段长度、作业面开挖顺序向施工人员做书面技术交底，现场做出明显的标记，使施工人员心中有数，以控制挖土深度、长度，严禁超挖。

（3）基坑土方开挖施工必须遵循：分区、分层开挖。挖每一层土，土层底面保持大致平整，以利于流水施工展开。

(4) 机械开挖禁止碰撞工程桩、支护桩、支撑及降水井等结构构件，在上述设施附近的土方采用人工翻挖，配合挖掘机。土方开挖过程中，一定要注意应将基坑内的降水井保留好，做好小旗进行标识，以备在基础施工阶段继续降水。

(5) 基坑内的降水井，一部分应保留至基础底板施工时与底板一同封闭，另一部分保留至主体结构施工至二层以上时封严。

(6) 基坑随深度的加深，应密切注意观察所有降水设备的运行情况，及时排除故障，确保基坑在无水状态下作业。若有局部湿土或地面水及排出水的局部影响，应采用400mm×400mm排水盲沟及集水坑，并迅速用泵排除积水，使基坑始终处于无水状态。

(7) 在最后一层开挖中应特别注意，当机械挖土离坑底标高30cm左右时，一律改用人工修整坑底，确保混凝土垫层能铺在原状土层上。

(8) 土方开挖的同时，应加强对基坑支撑体系水平位移的监测，加强坑底回弹和隆起量的监测，加强对支护桩变形的监测，加强工程桩移位的监测，确保基坑及周边环境的稳定与安全。

(9) 要时刻监测现场西南交两台400kV·A变压器的位移及线杆垂直度偏差情况，如有变形过大或突变，要立即采取相应措施及疏散人员。定期监测塔式起重机的位移及垂直度偏移情况，做好偏移记录，发现问题及时联系塔式起重机厂家进行处理。

(10) 尽量缩短围护结构暴露时间，采取措施加快地下结构部分施工速度。土方开挖满足混凝土结构施工作业条件后，即展开基础混凝土垫层的施工，并尽快完成底板结构施工，尽量缩短基坑晾槽时间。

(11) 合理安排开挖时间及顺序，确保按照分段分层一个作业面要么不开挖，一旦开挖确保一个工作面的完整（即不影响下道工序的施工），杜绝“半吊子”工序的出现。

(12) 对开挖过程中发现的暗塘、暗浜等不良地质，要及时向现场监理工程师、代建单位、建设单位及设计院等汇报，研究处理方法，最终按设计要求进行处理，严禁隐瞒不报。

(13) 注意施工前需要做好地面排水和降低地下水位的工作。挖土方工程完工前，应提前与建设、监理、质监、设计等部门取得联系，及时验槽，不要因某个部门的工作延误，耽误工期。

(14) 严禁在基坑顶部边缘及附近超载，严禁将开槽土堆放在基坑顶部边缘附近，以防止对基坑支护桩、工程桩等产生不良影响。

(15) 土方开挖过程中，为了防止工程桩位移，挖土车辆及挖掘机严禁在一侧无土悬空的工程桩附近行走或作业；每根工程桩周围土方应均匀开挖到底，并及时破除桩头。

(16) 接力挖土及开挖休止期间，留土坡度不宜过陡，挖土高差不宜过大，开挖时坡度按照1∶1设置（坡度及高差经试开挖后，依据土体稳定情况进行调整），防止土体滑移造成工程桩倾斜。

(17) 由于现场场地狭小，车辆行驶主干道位于现场东侧及北侧，道路中心距基坑约为11m，出土口收口阶段要考虑挖土机等设备在坑边运行时对基坑支护的影响，视情况采取路基箱或垫钢板等措施，分散集中压力。

(18) 本工程由于局部开挖深度较深，存在坑中坑的现象，坑内外高差为2.7m，该部位土方开挖前，在基坑周围距基坑800mm距离范围内打木桩进行支护，先撑后挖，确保该部位的基坑稳定性。承台侧壁采用 370mm 厚砖胎膜砌筑。支护形式如图 4-2 所示。

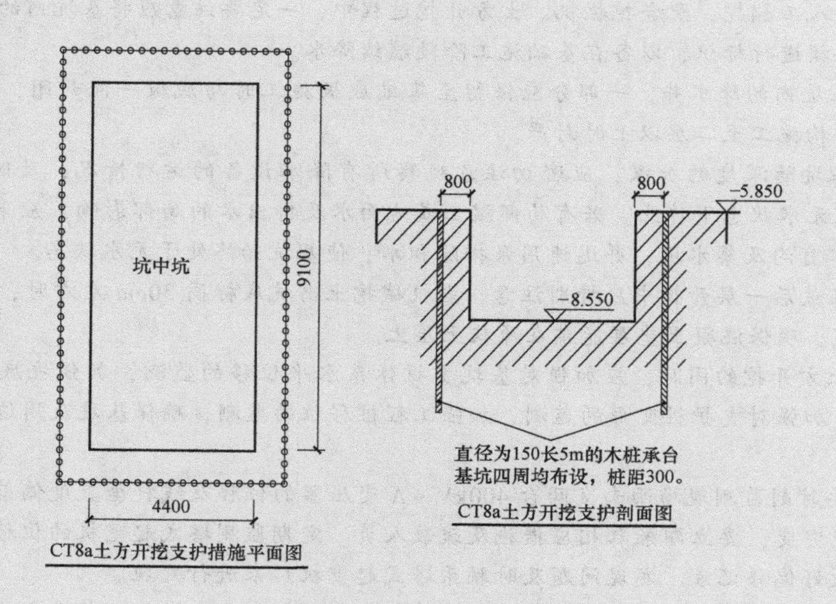

图 4-2 坑中坑土方开挖支护示意图

第5章 降水方案

本工程降水采用潜水泵抽水，由降水井抽出的水经沉淀池沉淀后排入场地南侧空地处。每个井的抽水不能间断，在现场安排四个电工 24 小时巡视抽水，同时密切观察观测井的水位变化情况，如遇特殊情况及时汇报并做出处理。在土方开挖过程中保护好降水井，不得人为的破坏。降水井可根据实际情况在混凝土垫层施工完毕后封闭一部分，为了避免地下水压过大造成基础底板上浮现象，将另一部分降水井留置至主体结构施工至二层时进行封闭。

土方开挖前，地下水水位要降至基坑下 3m（支护设计要求）。

坑底盲沟宜向坑中央内移，利用基础梁及承台进行明排水，盲沟宜与有效的降水井（集水井）连通构成降水系统。

1. 降水监测

（1）在抽水开始后预降期内（暂估 15 天），在水位未达到设计降水深度以前，每天观测三次水位、水量；当水位已达到设计降水深度，且趋于稳定时，每天观测一次水位、水量。降水后期，5~10 天观测一次水位、水量。

（2）在开始抽水后对周边有关道路进行沉降观测，如发现异常，应及时通报，并根据具体情况采取措施。

2. 排水盲沟布设

基槽开挖完毕后，若槽内水过多，则采用盲沟排水的方法降水。

3. 水位观测

水位观测记录，见表 5-1。

表 5-1　水位观测记录

观测：　　　　　　　　　　　　记录：　　　　　　　　　使用仪器：　　　　　　　　编号：

工程名称： 观测日期： 自：　　年　　月　　日起 至：　　年　　月　　日止			观测井点布置简图：	
观测井点	观测日期	上次水位/m	本次水位/m	说明

项目四

投标文件的编制

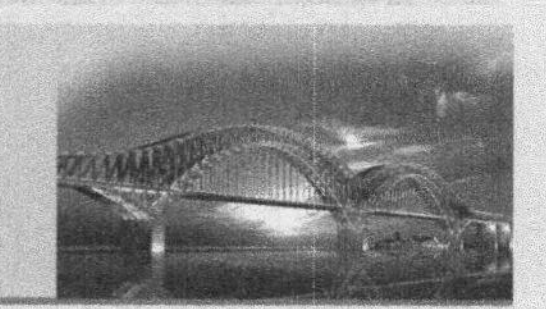

任务一　投标报价文件编制的准备工作

过关问题1：招标信息是招标公告、招标预告、中标公示、招标变更等公开招投标行为的总称，施工单位通过阅读招标信息了解拟招标的工程情况、服务范围、标段划分、资质要求等。请讨论：投标人可以通过哪些渠道获得招标信息？

答：施工单位获得施工项目招标信息的途径主要有：

1. 报刊、网络等发布招标信息的媒介

《招标投标法》规定：招标人采用公开招标方式的，应当发布招标公告，依法必须进行招标项目的招标公告，应当通过国家指定的报刊、信息网络或者其他媒介发布。

各地方人民政府依照审批权限审批的依法必须招标的民用建筑项目的招标公告，可在省、自治区、直辖市人民政府发展计划部门指定的媒介上发布。

2. 其他渠道

应注意浏览相关报刊和网站，及时搜集招标信息，而且还应该注意搜集国家和省市发展改革委员会的信息，预先了解国家或地区的投资动向和发展规划，为企业进入市场做好准备。

还应经常与建设管理部门、业主、设计院、咨询机构接触，以了解相关项目的信息。我国部分招标信息发布媒介的名单及其他的信息渠道见表4-1。

表4-1　我国招标信息发布媒介部分目录及其他信息渠道

指定媒介	国家发改委指定媒介	《中国日报》、《中国经济导报》、《中国建设导报》和中国采购与招标网（www. chinabidding. com. cn）
	北京市	《人民日报》、《中国日报》、中国采购与招标网（www. chinabidding. com. cn）、北京市投资项目在线审批监管平台（tzxm. beijing. gov. cn）
	天津市	《今晚报》、天津招标网（tianjin. bidchance. com）
	重庆市	《重庆商报》、重庆市建设项目及招标网（www. cq. cei. gov. cn）
	河北省	《河北日报》、《河北工人报》、《河北经济日报》、河北省招标投标综合网（www. hebeibidding. com. cn）
	陕西省	《陕西日报》、《陕西信息报》、《陕西工人报》、《三秦都市报》、陕西省采购招标网（shanxi. gc. zb. com）
	江苏	《中国日报》、《中国经济导报》、《中国建设报》、《江苏经济报》、中国采购与招标网、中国招标网

（续）

指定媒介	四川	《中国日报》、《中国经济导报》、《中国建设报》、中国采购与招标网
	……	……
	中国工程建设网	www.chinacem.com.cn
	中国机电设备招标信息网	www.jidianzb.com
	中国招标信息网	www.cnbidding.com
	中国建设招标信息网	www.jszhaobiao.com
	政府采购招标信息网	www.ccgp.gov.cn
	中国政府采购招标信息网	www.zbxinxi.com
	华夏工程信息网	www.bid-china.com
	……	……
其他媒介	国家发改委	www.sdpc.gov.cn
	财政部	www.mof.gov.cn
	住房和城乡建设部	www.mohurd.gov.cn
	国家铁路局	www.nra.gov.cn
	交通运输部	www.mot.gov.cn

过关问题2：投标准备阶段，施工单位对招标文件的研读对后期投标报价工作有着重要的影响。如果在研读中，发现设计施工图与清单项目特征描述不符，作为投标人，应该怎么办？如果发现工程量清单漏项，应该怎么办？

答：（1）根据GB 50500—2013《建设工程工程量清单计价规范》的规定，工程量清单项目特征是确定项目综合单价的重要依据。投标人投标报价时应依据招标文件中分部分项工程量清单项目的特征描述，确定清单项目的综合单价。

在招投标过程中，当出现招标文件中分部分项工程量清单特征描述与设计图不符时，投标人应以分部分项工程量清单的项目特征描述为准，确定投标报价的综合单价。当施工中施工图或设计变更与工程量清单项目特征描述不一致时，发、承包双方应按实际施工的项目特征，依据合同约定重新确定综合单价。因此，当施工图与工程量清单项目特征描述不符发生工程变更时，要确定承包商和发包人认可的新的综合单价，以利于承包商获益。

（2）投标人投标报价之前，应确认招标文件中工程量清单是否与设计施工图相符，对于工程实体项目变化与措施项目变化，应加以区别对待。

1）清单漏项引起的工程实体项目变化。在招投标阶段，承包商对比分析设计施工图和工程量清单，发现分部分项工程量清单漏项，应合理预期施工阶段产生的工程变更，有效利用不平衡报价，在保证中标的前提下为工程变更发生时增加承包商净收益提供前提。按照变更项目确定的三原则（①合同已有适用项目综合单价的，执行原合同综合单价；②合同中有类似项目综合单价的，参照合同中的综合单价执行；③合同中既没有适用项目又没有类似项目综合单价时，由承包人提出合理的综合单价，经发包人确定后执行）以及相对应的综合单价确定方法，提高或降低合同中已有项目的综合单价，实现变更项目综合单价相对于一般报价水平的提高，增加承包商利润。

2）清单漏项引起的措施项目变化。通过分析措施项目清单的分类，依据GB 50500—

2013《建设工程工程量清单计价规范》中 4.7.4 款，可以得出分部分项工程量清单漏项可能造成措施项目变化的情况分两种：

① 清单漏项造成分部分项工程费低于实际发生费用，因而造成与实体工程量有关的措施项目工程量低于实际工程量，即清单漏项会造成按分部分项工程量清单方式采用综合单价的可以计算工程量的措施项目低于实际发生的措施项目，施工过程中工程变更发生后，应相应增加该部分的措施项目工程量。如混凝土、钢筋混凝土模板及支架费、脚手架费，应随相应分部分项工程项目工程量的调整进行调整。

② 清单漏项造成不能计算工程量的以“项”为计量单位的措施项目发生变化。

针对第一类措施项目的变化，工程变更发生时，承包商在进行变更报价时应进行措施项目的报价，在准确计量新增措施项目工程量的基础上，提高该部分措施项目的单价成为承包商创收的重要机会点。

过关问题 3：根据招标项目的具体情况，招标人可以组织投标申请人踏勘项目现场，为什么现场踏勘要由招标人统一组织？如果投标人无法参加现场踏勘应如何处理？

答：现场踏勘是指招标人组织投标申请人对工程现场场地和周围环境等客观条件进行的现场勘察，招标人根据招标项目的具体情况，可以组织投标申请人踏勘项目现场，但招标人不得单独或者分别组织任何一个投标人进行现场踏勘，这一原则是为了避免各投标申请人所获得的信息不对等，杜绝投标人与招标人串标的可能。

投标人到现场调查，可进一步了解招标人的意图和现场周围的环境情况，以获取有用的信息并据此做出投标策略以及投标报价。招标人应主动向投标申请人介绍所有施工现场的有关情况。招标人组织现场踏勘的目的是避免合同履行过程中，投标人以不了解现场情况为理由，推卸应该承担的合同责任。如果因投标人自身原因，无法参与现场踏勘，其后因不了解现场情况所出现的一切纠纷及损失，应由投标人负全部责任。

过关问题 4：施工单位在现场踏勘时，应重点关注哪些方面的信息收集？

答：现场踏勘重点及踏勘质量的不同，将会对组织设计、实施方案和投标的报价产生决定性的影响，因此需要认真对待。现场踏勘就是要全面了解项目现场的情况，把对报价和将来实施时可能存在的影响因素考虑周全，只有这样才能避免施工时出现大量的变更和索赔纠纷。现场踏勘的主要内容及关键问题见表 4-2。

表 4-2 现场踏勘的主要内容及关键问题

<table>
<tr><th>主要方面</th><th>具体内容</th><th>关键问题</th></tr>
<tr><td rowspan="6">地理条件</td><td>1. 项目所在地及附近地形地貌与设计图是否相符</td><td rowspan="6">项目所在地自然地理条件。项目所在地的自然地理条件将直接影响工期及施工安全性。例如，实际施工中，有时需要在雨天施工，如果施工现场的道路没有浇筑混凝土，雨后导致道路泥泞、坑坑洼洼，经常陷车，不仅施工效率非常低下，而且施工成本也非常高。</td></tr>
<tr><td>2. 项目所在地的河流水深、地下水情况、水质等</td></tr>
<tr><td>3. 项目所在地近年的气象情况，如最高最低气温、降雪量、冬季时间、风向、风速、台风等</td></tr>
<tr><td>4. 当地特大风、雨、雪、灾害情况</td></tr>
<tr><td>5. 地震灾害情况</td></tr>
<tr><td>6. 自然地理：修筑便道位置、高度、宽度标准，运输条件及水、陆运输情况</td></tr>
</table>

（续）

主要方面	具体内容	关键问题
施工条件	1. 工程所需的建筑材料在当地的料源及分布情况 2. 场内外交通运输条件，现场周围道路桥梁通过能力，便道、便桥修建位置、长度、数量 3. 施工供电、供水条件，外电架设的可能性（包括数量、架支线长度、费用等） 4. 新建生产、生活房屋的场地及可能租赁民房的情况，租地单价 5. 当地劳动力来源、技术水平及工资标准情况 6. 当地施工机械租赁、修理能力	1. 场内外交通运输条件。交通不好，一切工作都会受到限制，所以现场踏勘的第一件事情就是要弄清楚红线内和红线外的交通情况，弄清楚材料进出路线是否通畅，有几个出入口和出入口大小，道路转弯半径等。此外，对于红线外市政交通情况，施工单位进场施工后，需要购买运输施工材料，场外交通是否能够被临时占道，当地交通部门是否有时间限制或者甲方能否协调相关关系等，这些都将影响到施工效率。 2. 水电等施工条件。施工现场的水电情况是必须要弄清楚的，比如要明确接驳口从哪里来，费用谁来收，是否是需要独立装表等。若各单位都使用同一个表，日后账算不清，会引起矛盾
价格条件	1. 工程所需的各种材料，在当地市场的供应数量、质量、规格、性能能否满足工程要求及其价格情况 2. 当地买土地点、数量、单价、运距 3. 当地各种运输、装卸及汽柴油价格 4. 当地主副食供应情况和近3~5年物价上涨率 5. 保险费情况	1. 当地市场供应的各类材料及运输费用。施工中的一些材料需要施工人员自行采购并运输、装卸，因此，在现场踏勘时，应确认当地的供应地点、运输距离及相关价格 2. 当地的消费物价。施工单位要负责项目上施工人员的基本生活保障问题，因此要在现场踏勘时了解当地物价，并预测未来涨幅
安全条件	1. 医疗设施 2. 救护工作 3. 环保要求 4. 废料处理 5. 保安措施	1. 医疗救护条件。现场踏勘时应了解当地的医疗条件，以确保施工现场发生意外时可以及时就医 2. 废料及环保要求。施工单位应采取合理措施保护施工现场环境，对施工作业中引起的废物污染采取具体可行的防范措施，因此，现场踏勘时应特别留意相关标准

过关问题5：对于潜在投标人在阅读招标文件和现场踏勘中提出的疑问，招标人可以举行投标答疑活动。投标答疑活动应如何组织？假设你是施工单位的投标人，在答疑会上，你会问什么问题？应如何规避答疑活动中可能出现的各种风险？

答：（1）对于潜在投标人在阅读招标文件和现场踏勘中提出的疑问，招标人可以书面形式或召开投标预备会或答疑会的方式解答，但需同时将解答以书面方式通知所有购买招标文件的潜在投标人。投标预备会或答疑会由招标人组织并主持召开，目的在于招标人解答投标人对招标文件和在踏勘现场中提出的问题，包括书面的和在答疑会上口头提出的问题。答疑会结束后，由招标人整理会议记录和解答内容（包括会上口头提出的询问和解答），以书面形式将所有问题及解答内容向所有获得招标文件的投标人发放。问题及解答纪要需同时向建设行政监督部门备案，该解答的内容为招标文件的组成部分。为便于投标人在编制投标文件时，将招标人对问题的解答内容和招标文件的澄清或修改的内容编写进去，招标人可根据情况酌情延长投标截止时间。

（2）答疑的重点是对投标文件中未说明清楚的问题进行澄清、对现场踏勘时所无法了解的情况进一步确认，投标人在参加投标答疑时，可以询问：

1）招标文件中工程量清单漏项，或清单项目特征描述与施工图不符之处。

2）对于合同条款中的不合理之处，可以提出质疑；对于含糊不清的重要合同条款，如工程范围不清楚、招标文件和施工图相互矛盾、技术规范明显不合理等问题，均可要求业主或招标人澄清解释。

3）对于现场踏勘时无法确认的各类情况，可以要求业主进一步说明。例如：场外交通是否能够被临时占道，当地交通部门是否有时间限制，或者招标人能否配合投标人协调相关关系，施工现场水电费用如何计算，当地的物价水平等。

（3）答疑会时应注意提问的技巧，不要轻易让竞争对手从投标人提出的问题中窥探出投标人的设想、施工方案；关于业主或招标人的澄清或答复，不能以口头答复为依据来确定标价，应以书面文件为准，为之后的纠纷提供有效的法律依据。

任务二　投标报价询价单的编制

过关问题1：询价是投标报价的基础，它为投标报价提供可靠的依据。投标报价之前，投标人必须通过各种渠道对工程所需的各种材料、设备、劳务等的价格、质量、供应时间、供应数量、纳税情况等进行系统全面的调查。请讨论：投标人在进行询价时可采用的渠道有哪些？

答：投标人可以从以下渠道获取价格信息：

（1）政府定期或不定期发布的信息价。对于材料价格，虽然政府不再进行任何参与，但建筑业在国民经济中占的比例特别大，政府造价管理部门定期或不定期发布信息价，用于指导企业快速计价。因此，投标人可以在这些价格信息上查阅所需的材料价格。但造价部门提供的信息价格一般为经过市场调查综合取定的综合价格，在使用时应充分注意价格的特征。

（2）已施工工程材料的购买价。在工程量清单计价的招投标中，招标人不指定价格来源的途径，但招标文件中指定一个或若干个材料的厂家或品牌，如某厂家或品牌的材料在已施工的工程中有的，查阅相应的价格，并结合市场材料价格指数，计算出当期的材料价格，可用于投标报价。

（3）到厂家或供应商上门询价。到厂家或供应商上门询价是最直接的询价方式，它使投标人能直接了解到厂家或供应商的材料报价和一次的供应量，在询价过程中可以与厂家或供应商面议，双方达成一致的材料报价。该方式适用于数量较大或价格较高的材料，以及专项的建筑装饰材料，如钢筋、水泥、防护密闭门等。

（4）各种信息网站上发布的信息价。为了扩大销售渠道，大多数的厂家或供应商都会将材料的价格在自己的网站或建材网上发布，但通过网站查询的价格，由厂家提供的一般为出厂价，由供货商或经销商提供的一般为销售价格（批发价），因此，在使用时要考虑，该价格是否包含运输到工地的运输费，以及材料采购保管费等费用。

（5）自行进行市场调查。自行进行市场调查是适用于在政府指导价信息或信息网站查不到的材料厂家、品牌，厂商的产品由代理商代理的情况，这就要求要多去材料市场了解各种材料的单价，多进行资料积累。

（6）劳务市场或劳务公司。这主要针对劳务询价：一种是成建制的劳务公司，相当于劳务分包，一般费用较高，但工人素质较可靠，工效较高，承包商的管理工作较轻；另一种是劳务市场招募零散劳动力，可根据需要进行选择，这种方式虽然劳务价格低廉，但有时工人素质达不到要求或工效降低，且承包商的管理工作较繁重。投标人应在对劳务市场充分了解的基础上决定采用哪种方式，并以此为依据进行投标报价。

(7) 工程咨询公司。通过咨询公司所得到的询价资料比较可靠，但需要支付一定的咨询费用。

过关问题2：材料价格对综合单价的形成有重要影响。在材料询价时，有些材料数量不多且能判定不是主材，为提高效率可直接估价，而有些材料则必须通过市场询价。试说明：材料询价应主要针对哪些材料？各项材料的询价应遵循什么顺序？材料询价时，应重点询问哪些信息？

答：(1) 首先有部分材料的询价时间是比较长的，比如配电箱、自控系统、消防系统等的相关材料，这些材料有个特点，需要看设计施工图或需要二次深化设计。询价人员应该主动联系技术人员，要这些系统的设计施工图，并把这些资料尽早发给供应商，以争取时间。

上述材料基本妥当以后，第二步应该着手询价主要设备，如空调箱、水泵、热交换器等。由于这些设备金额较大，供应商报价后，分析和谈判需要花费一定的时间。

其他种类的材料，由于规格型号多，但金额不大，报价时间很短，如风口风阀、水阀等，如果时间允许的话，可以等技术人员把规格型号、数量汇总后再开始询价。

(2) 材料询价一般应包含以下内容：工程的名称和位置，以及现场的地址；材料的规格、等级以及质量；材料的数量；初步的交货计划；运输方式，重点说明任何限制因素或交货约束条件、任何影响交货次数的交通限制条件；交付要求；报价单提交的截止日期；报价单的有效期；材料的价格是浮动价格还是固定价格，费用增加的补偿方法，以及运用公式计算价格浮动的基准日期；要求的折扣；承包商方面负责答疑的人员及联系方式。

过关问题3：为确定综合单价，投标人需要对施工机械设备进行询价。试说明：设备询价时需要确认哪些信息？对于一些无须自行购买的机械设备，可采用租赁的方式，设备租赁分为哪几种形式？不同租赁形式分别适用于哪些情况？在进行租赁询价时，应注意哪些信息？

答：(1) 承包商的设备要求应在其施工组织计划书和进度计划中确定。承包商应确定设备的基本性能要求，且在很多情况下应确定工程所需的具体设备选型。

在采购施工机械设备时，给设备供应商的询价单一般应包含以下内容：工程的名称和位置，以及现场的地址；设备的名称、规格（型号）或性能要求；设备的数量；设备的单价；设备预计到达施工现场的时间；运输方式，重点说明任何限制因素或交货约束条件、任何影响交货次数的交通限制条件；交付要求；报价单提交的截止日期；报价单的有效期；要求的折扣；承包商方面负责答疑的人员及联系方式。

(2) 常见的设备租赁方式有以下几种：

1) 直接融资租赁：根据承租企业的选择，向设备制造商购买设备，并将其出租给承租企业使用。租赁期满，设备归承租企业所有。适用于固定资产、大型设备购置；企业技术改造和设备升级。

2) 售后回租：承租企业将其所有的设备以公允价值出售给租赁方，再以融资租赁方式从租赁方租入该设备。租赁方在法律上享有设备的所有权，但实质上设备的风险和报酬由承租企业承担。适用于流动资金不足的企业；具有新投资项目而自有资金不足的企业；持有快速升值资产的企业。

3）联合租赁：租赁方与国内其他具有租赁资格的机构共同作为联合出租人，以融资租赁的形式将设备出租给承租企业。合作伙伴一般为租赁公司、财务公司或其他具有租赁资格的机构。

4）转租赁：转租赁是以同一物件为标的物的融资租赁业务。在转租赁业务中，租赁方从其他出租人处租入租赁物件再转租给承租人，租赁物的所有权归第一出租方。此模式有利于发挥专业优势、避免关联交易。

5）融资租赁：融资租赁是指由双方明确租让的期限和付费义务，出租者按照要求提供规定的设备，然后以租金形式回收设备的全部资金，出租者对设备的整机性能、维修保养、老化风险等不承担责任。该种租赁方式是以融资和对设备的长期使用为前提的，租赁期相当于或超过设备的寿命期，具有不可撤销性、租期长等特点，适用于大型机床、重型施工等贵重设备。融资租入的设备属承租方的固定资产，可以计提折旧计入企业成本，而租赁费一般不直接计入企业成本，由企业税后支付。但租赁费中的利息和手续费可在支付时计入企业成本，作为纳税所得额中准予扣除的项目。

（3）设备租赁询价时应确认的信息有：设备名称、设备型号、租赁单位及联系方式、单价、付款方式、租赁单位信誉等。询价员汇总填写询价比选表，并交由上级审批。

过关问题4： *在招标人允许的情况下，施工单位可将其所承包的施工项目的一部分劳务作业依法发包给具有相应资质的劳务分包单位完成，因此，为确定综合单价，投标人需要对劳务分包进行询价。试说明：劳务分包询价应询问哪些内容？*

答：与总包商为其投标需要各类信息一样，分包商应要求了解有关其分包工作的详细内容与信息。选择分包商时，应考虑其在类似规模和性质的工程方面的技术、业绩、信誉、责任心，过去在健康和安全方面的胜任情况，以及对本项目投标的兴趣。涉及主合同的选择性招标的原则必须要反映在分包询价单的数量上。

承包商对分包商的询价单应列出以下内容：工程的名称和位置，以及现场的地址；业主的名称；咨询顾问的名称；相关合同和分包合同的详细情况；任何对主合同、附录或者分包合同条件的修改；合同采用固定价格还是浮动价格，列出相关的细节和规则；要求报出的计日工费率；报价单的提交日期；工程的概况；进场道路情况、可供使用的现场设备、当地的劳资关系以及存储设施等；是否要审查进一步的详细文件和设计施工图；合同期、进度计划、时间安排的要求、施工组织计划书的详细内容以及分包工程的开工日期和工期；所要求的折扣；从准备工作项和工程量清单中提取的相关摘要内容的副本；相关的设计施工图、一览表和报告；总包商提供的服务或援助（如有的话）。

过关问题5： *施工企业可通过对增值税专用发票的管理，尽可能多地获取满足税法要求的抵扣凭证来减少税负，因此，询价时应了解纳税人的类型。对于不同纳税身份的材料及设备供应商，应如何进行选择？*

答：材料、设备供应商的纳税人类型分析见表4-3。

可通过询价获得更多的采购渠道，对供应商的资质做出合理性判断。在进行选择时需要遵循以下成本节约的原则：建议选择一般纳税人，但如购买对象为小规模纳税人或不提供发票的供应商，且两者提供的价格在折扣临界点以下，可选择小规模纳税人或不提供发票的供应商。在这个过程中，施工企业的询价成本也会有所上升，施工企业需要利用询价结果建立价格数据库，以降低企业未来采购成本。

表 4-3　不同纳税人类型

纳税人类型	可提供的发票类型	税负抵扣
一般纳税人	可以提供合规的增值税专用发票	施工企业能以100%的增值税税率进行抵扣
小规模纳税人	不能开具增值税专用发票，但能由税务机关按照3%的征收率代开增值税专用发票	施工企业不能进行抵扣
其他纳税人	只能开具普通发票或不能开具增值税专用发票	施工企业不能进行抵扣

任务三　施工项目分部分项工程综合单价的确定

过关问题1：由项目二可知，招标控制价的编制依据采用行业和地区的计价定额，反映价格的社会平均水平，而投标报价中的工程成本估算则体现企业的竞争能力，需要依据企业定额和市场询价来确定。试简要说明企业定额的主要组成部分及其各组成部分之间的关系，并结合已有知识，讨论企业定额与国家现行定额的区别。

答：企业定额是企业内部根据自身的技术水平和管理水平，编制完成单位合格产品所必须消耗的人工、材料和施工机械台班等的数量标准。它反映了企业的施工生产与生产消费之间的数量关系，体现了施工企业的生产力水平。

企业定额主要包括施工企业的计量定额、直接费定额和间接费定额三部分，其中计量定额是其他两种定额的编制基础。计量定额只受企业素质等重大因素的影响，在一定时期内可以保持相对稳定，但是在国家政策发生重大改变时需要进行及时的调整；直接费定额和间接费定额受价格因素的直接影响，由于价格因素处于不稳定状态，因此企业定额中的直接费定额和间接费定额需要因时、因地、因事进行调整。

国家现行定额是国家所规定，代表了整体平均水平；而企业定额是在这一基础上体现企业先进性而做出的定额，通俗地讲，企业定额比正常定额要低，这代表了自己的企业比行业平均水平要高。企业定额水平应高于国家现行定额，才能满足生产技术发展、企业管理和增强市场竞争能力的需要。投标报价时，用企业定额有助于提高竞争优势，但是企业定额比国家发布定额要高的将不予以采信。

过关问题2：与其他定额相比，企业定额更体现自己企业施工管理的特点，提高企业竞争力。然而，并非所有企业都具备企业定额。试说明施工企业在估算工程成本时，若没有企业定额应如何处理。

答：企业定额是施工企业根据本企业具有的管理水平、拥有的施工技术和施工机械装备水平而编制的，是施工企业投标报价确定综合单价的依据之一。投标企业没有企业定额，在编制投标报价时，可根据企业自身情况参照消耗量定额进行调整。

消耗量定额是指由建设行政主管部门根据合理的施工组织设计，按照正常施工条件下制定的，生产一个规定计量单位工程合格产品所需的人工、材料、机械台班的社会平均消耗量。

过关问题3：某公司决定参加某住宅楼中羽毛球馆项目的投标。该楼建筑面积为26900m²；主体建筑地上3层，看台2层，局部设备用房4层，地下2层；层高平均为5m；施工工期724日历天。结构工程采用满堂基础，主体为框架剪力墙，钢屋架，陶粒混凝土砌块及加气混凝土砌块填充墙，外墙装修采用烧毛花岗岩板、仿石涂料、玻璃幕墙及铝塑板，内装修为乳胶漆涂料、吸音铝板及釉面砖，铝合金门窗、木质防火门。

以独立基础为例，计算分部分项工程费。其中分部分项工程量清单基价表、某地区建设工程预算定额及资源价格表见表4-4~表4-6。分部分项工程费应按招标文件中分部分项工程量清单项目的特征描述确定的综合单价来计算，分部分项工程费=清单工程量×综合单价。因此确定综合单价是分部分项工程工程量清单与计价表编制过程中最主要的内容。分部分项工程量清单综合单价，包括完成单位分部分项工程所需的人工费、材料费、机械使用费、管理费、利润，并考虑风险费用的分摊（根据某地区建设工程预算定额对混凝土基础计算的规定，算得独立基础垫层定额工程量为57.58m³。现场经费费率为4.11%，企业管理费费率为4.77%，风险费用按3%确定）。

表4-4 分部分项工程量清单计价表

工程名称：某住宅楼中的羽毛球馆建筑工程（部分）　　　　第1页，共1页

序号	项目编码	项目名称	项目特征描述	计量单位	工程数量	金额/元		
						综合单价	合价	其中：暂估价
1	010101003001	挖基础土方	1. 土壤类别：二类土 2. 垫层底宽：1.50m 3. 挖土深度：2.3m 4. 弃土运距4km	m³	50123.200			
2	010501003001	独立基础	1. 垫层：C15混凝土100mm厚 2. 混凝土强度等级：C25	m³	184.700			
3	010103001001	土方回填	1. 土壤类别：二类土 2. 密实度：95% 3. 人工夯填	m³	304.200			
4	010503002001	二层矩形梁	混凝土强度等级：C30	m³	496.300			
	…							

表4-5 某地区建设工程预算定额（部分）　　　　（单位：m³）

定额编号			5-2	5-8
项目		单位	基础垫层	独立基础
人工	综合工日	工日	1.307	0.537
材料	C15普通混凝土	m³	1.015	1.015
	C25普通混凝土	m³	1.015	1.015
机械	机械费	元	1.957	0.536

表 4-6　某地区资源价格表

序　　号	资源名称	单　　位	价格/元
1	综合工日	工日	50
2	C15 普通混凝土	m^3	320
3	C25 普通混凝土	m^3	370
4	综合工日(模板)	工日	55
5	机械费(基础)	m^3	0.43

答：综合单价编制步骤如下：

1. 确定计算基础

根据项目所在地建设工程预算定额确定基价。

2. 分析每一清单项目的工程内容

以独立基础为例，工程内容包括 C15 混凝土垫层的施工和 C25 混凝土独立基础的施工。

3. 计算清单项目的施工量

根据项目所在地建设工程预算定额对混凝土基础的计算规则的规定，独立基础垫层定额工程量为 57.58m^3，独立基础定额工程量为 184.7m^3。

4. 清单项目工程直接工程费的计算

查定额及工程所在年份的市场价格信息，有

独立基础工程直接费 = ∑C15 垫层定额消耗量×要素价格×垫层定额项目工程量 + ∑C25 独立基础定额消耗量×要素价格×独立基础定额项目工程量

= (50×1.307×57.58+320×1.015×57.58+1.957×57.58+50×0.537×184.7+370×1.015×184.7+0.43×184.7)元

= (3762.853+18701.984+112.684+4959.195+69364.085+79.421)元

= 96980.222 元

5. 确定清单项目管理费、利润及风险

(1) 管理费率的确定主要是根据承包商自身的情况，取决于企业的内部因素，所以管理费率应根据承包商自身管理水平、技术水平自主确定。现场经费费率为 4.11%，企业管理费费率为 4.77%，则有。

管理费 = 直接费×现场经费费率+直接费×企业管理费费率

= (96980.222×4.11%+96980.222×4.77%)元

= (3985.887+4625.957)元

= 8611.844 元

(2) 利润率的确定。对该投标工程，承包商已估算完基础成本，现在来确定盈余率。

1) 建立因素集。在该投标项目中，公司专家经过研究，确定用 5 个指标，即承包商的技术实力、管理水平、类似工程经验、竞争对手情况、项目风险。

2) 建立权重计算表。由投标专家对这些因素，两两比较，可得权重集，见表 4-7。

3) 填写评价因素表，由 5 位专家对这些因素进行评价，见表 4-8。

4) 汇总评价结果，见表 4-9。

表 4-7 权重计算表

因素	X_1	X_2	X_3	X_4	X_5	K_i	P_i
X_1		3	1	0	1	5	0.096
X_2	3		4	4	3	14	0.269
X_3	2	4		1	3	10	0.192
X_4	3	2	4		3	12	0.231
X_5	1	4	2	4		11	0.212
总计						52	1

表 4-8 影响因素评价表

因素 / 专家	X_1	X_2	X_3	X_4	X_5
专家 1	2	1	3	1	1
专家 2	4	2	4	1	1
专家 3	2	2	4	1	2
专家 4	3	1	3	1	2
专家 5	4	2	1	2	2

表 4-9 影响因素模糊评价结果

结果 / 对象	评价为 1 的次数	评价为 2 的次数	评价为 3 的次数	评价为 4 的次数	评价为 5 的次数
对因素 X_1	0	2	1	2	0
对因素 X_2	2	3	0	0	0
对因素 X_3	1	0	2	2	0
对因素 X_4	4	1	0	0	0
对因素 X_5	2	3	0	0	0

5）计算影响因素的模糊评价矩阵，即

$$R=[R_{ij}]=\begin{pmatrix} 0 & 0.4 & 0.2 & 0.4 & 0 \\ 0.4 & 0.6 & 0 & 0 & 0 \\ 0.2 & 0 & 0.4 & 0.4 & 0 \\ 0.8 & 0.2 & 0 & 0 & 0 \\ 0.4 & 0.6 & 0 & 0 & 0 \end{pmatrix}=1.89$$

6）求报价盈余的综合评价 E 并进行归一化处理得

$$E=P\times P_{ij}=(0.3379, 0.3447, 0.2354, 0.082, 0.000)$$

7）现在业内通行的最高盈余率在10%左右，所以公司将最高赢利率设为10%，经战略分析，公司在此工程中应采取盈利型的报价方法，所以将最低能接受的盈余率定为0%，则盈余率矩阵为

$$D=(10\%, 7.5\%, 5\%, 2.5\%, 0\%)$$

8）该承包商此次投标报价的盈余率为

$$M=E\times D^{\mathrm{T}}=0.0700=7.0\%$$

模型的输出结果为 7.0%，这表明，该公司对报价时，可在工程成本上加上 7.0%的盈余率。

利润=(直接费+企业管理费)×利润率=(96980.222+4625.957)元×7.0%=7112.433 元

(3) 风险费的计算。在投标报价时主要考虑的是价格变化的风险，而价格的信息主要是国家工程造价管理部门发布的或市场定价，所以风险费率应根据工程情况及工程所在地实际情况，合理确定。在实际情况中，风险费的计取多是在总报价的基础上按一定的比率计取。此案例中风险费率取为 3%，则有

风险费=直接费×3%=96980.222 元×3%=2909.407 元

6. 确定清单子目综合单价

清单子目综合单价=(清单子目人工费+材料费+机械费+管理费+利润+风险)÷清单工程量
=(96980.222+8611.844+7112.433+2909.407)元÷184.700m^3
=115613.906 元÷184.700m^3
=625.955 元/m^3

独立基础的分部分项工程费=(625.955×184.700)元=115613.906 元

过关问题 4：某宿舍楼工程总建筑面积 6056.31m^2，建筑檐高为 20m。地下 0 层，地上 5 层，共有宿舍 144 间。首层层高为 3.8m，标准层层高为 3.6m。设计使用年限为 50 年，建筑结构安全等级为二级，抗震设防烈度为 8 度，属于三类工程。该工程为钢筋混凝土剪力墙结构。

该工程采用钻孔灌注桩，桩径 D=600mm，有效桩长 25m，总桩长 25.15m。混凝土强度及类型：垫层采用预拌混凝土 C20；桩承台采用预拌混凝土 C35；柱、墙、梁、板、楼梯采用预拌混凝土 C30；构造柱及混凝土带采用预拌混凝土 C20（与土壤直接接触，±0.000 以下与土壤接触构件抗渗等级 P8）。

该工程墙体采用钢筋混凝土剪力墙与非承重墙相结合的结构和构造形式。地上非承重墙采用 200mm 厚与 300mm 厚轻骨料混凝土空心砌块、100mm 厚矿渣空心混凝土砌块（砌块强度等级为 MU2.5）。外墙外保温采用 70mm 厚聚苯保温板。外窗采用塑钢平开窗，透明中空玻璃；宿舍门采用成品木门；公共房间及办公室门为高成品木门；部分门采用甲、乙、丙级防火门。

该工程总造价为 13651799 元，单方造价是 2254.14 元/m^2，其中建筑工程的单方造价是 1547.77 元/m^2。请根据以上案例信息，自行查找类似工程项目，填写表格 4-10，并对所查找工程与案例工程项目的建筑工程造价指标进行比较分析。

表 4-10 某住宿舍工程与类似工程单方造价对比表

名称	单方造价/(元/m^2)				
	土石方工程	桩基工程	砌筑工程	混凝土及钢筋混凝土工程	门窗工程
类似工程					
某住宅楼	965866.8	1688815.18	560171.1	3850573.95	963108.59
差价					

答：已知某宿舍楼工程建筑总造价为 13651799 元，单方造价是 2254.14 元/m^2，其中建筑工程的单方造价是 1547.77 元/m^2；类似工程项目 A 建筑工程总造价是 8800773.29 元，单方造价是 1507.33 元/m^2。相对某宿舍楼建筑工程的单方造价，较类似工程 A 工程高大约

40 元/m^2。建筑工程工程造价具体分析见表 4-11（以砌筑工程为例）。

表 4-11　某宿舍楼工程与类似工程 A 单方造价对比表

名称	单方造价/(元/m^2)				
	土石方工程	桩基工程	砌筑工程	混凝土及钢筋混凝土工程	门窗工程
类似工程	1047327.98	1540684.64	379017.95	3539855.99	1024662.74
某住宅楼	965866.8	1688815.18	560171.1	3850573.95	963108.59
差价	81461.18	148130.54	181153.15	310717.96	61554.15

某宿舍楼砌筑工程的单方造价比类似工程 A 砌筑工程的单方造价高大约 27 元，从表 4-12 中可以看出，两项工程在量上相差不算太大，但是相对于价两者却存在差异。300mm 厚轻骨料混凝土空心砌块案例工程综合单价为 543.51 元/m^3，类似工程 A 综合单价为 524.28 元/m^3；200mm 厚轻骨料混凝土空心砌块案例工程综合单价为 543.51 元/m^3，类似工程 A 综合单价为 393.89 元/m^3；100mm 厚矿渣空心混凝土砌块案例工程综合单价为 610.11 元/m^3，类似工程 A 综合单价为 588.91 元/m^3。

造成综合单价不同的原因是：首先，对于 300mm 厚轻骨料混凝土空心砌块，两者均选择规格为 390mm×140mm×190mm 的混凝土空心砌块且墙厚 19cm、现场搅拌砂浆，但是由于类似工程 A 工程采用的砂浆强度等级为 M5，因此要进行换算，于是两者综合单价产生不同。

其次，对于 200mm 厚轻骨料混凝土空心砌块，本工程选择规格为 390mm×140mm×190mm 的混凝土空心砌块且墙厚 19cm、现场搅拌砂浆；类似工程 A 工程选择规格为 390mm×190mm×190mm 的混凝土空心砌块且墙厚 19cm、现场搅拌砂浆且将砂浆强度等级换算为 M5，于是两者综合单价产生不同。

然后，对于 100mm 厚矿渣空心混凝土砌块：两个工程均选择规格为 390mm×140mm×190mm 的混凝土空心砌块且墙厚 14cm、现场搅拌砂浆，但是由于类似工程 A 工程采用的砂浆强度等级为 M5，因此要进行换算，于是两者综合单价产生不同。

最后，因为这两个工程所属的工程类别不同，所以也导致了两个工程的综合单价不同。综上，在砌块墙上两者存在明显的差异即本工程单方造价比类似工程 A 高 20 元，这 20 元的差异主要是由价的变化引起的。

表 4-12　不同厚度砌块工程量分析表

工程名称	某宿舍楼		类似工程 A	
砌块墙	工程量/m^3	每平方米工程量/m^3	工程量/m^3	每平方米工程量/m^3
300mm 厚轻骨料混凝土砌块	28.42	0.00469263	71.368	0.01222337
200mm 厚轻骨料混凝土砌块	908.26	0.14996921	825.11	0.14131863
100mm 厚矿渣空心混凝土砌块	9.6	0.00158512	28.1852	0.00482735

注：表中每平方米工程量为所需求的工程量/工程总建筑面积，如 300mm 厚轻骨料混凝土砌块每平方米工程量 = (28.42/6056.31) m^3 = 0.00469263m^3。

任务四　投标报价策略的选择

过关问题1：投标报价策略是承包人在投标竞争中的系统工作部署及其参与投标竞争的方式和手段。常用的投标报价策略主要有：不平衡报价、根据招标项目的不同特点采用不同报价、多方案报价、增加建议方案报价、突然降价报价、开标升级报价、许诺优惠条件、无利润投标法等。请查阅有关资料，讨论各投标报价策略的适用条件。

答：1. 不平衡报价法

不平衡报价法是指一个工程项目的投标报价，在总价基本确定后，调整内部各个项目的报价，以期既不提高总价，不影响中标，又能在结算时得到更理想的经济效益。一般可参考在以下几个方面采用不平衡报价：

（1）能够早日结算的项目（如前期措施项目费、基础工程、土石方工程等）可以适当提高报价，以利资金周转，提高资金时间价值。后期工程项目如设备安装、装饰工程等的报价可适当降低。

（2）经过工程复核，预计今后工程量会增加的项目，单价适当提高，这样最终结算时可多盈利，而将来工程量有可能减少的项目单价降低，工程结算时损失不大。

（3）设计图不明确、估计修改后工程量要增加的，可以提高单价，而工程说明不清楚的，则可以降低一些单价，在工程实施阶段通过索赔再寻求提高单价的机会。

（4）暂定项目又称任意项目或选择项目，对这类项目要做具体分析。因这一类项目要开工后由发包人研究决定是否实施，以及由哪一家投标人实施。如果工程不分包，只由一家投标人施工，则其中肯定要施工的单价可高些，不一定要施工的则应该低些。如果工程分包，该暂定项目也可能有其他投标人施工时，则不宜报高价，以免抬高总报价。

（5）单价与包干混合制合同中，招标人要求有些项目采用包干报价时，宜报高价。一则这类项目多半有风险，二则这类项目在完成后可全部按报价结算，即可以全部结算回来，其余单价项目则可适当降低。

2. 多方案报价法

有时招标文件中规定，可以提一个建议方案。如果发现有些招标文件工程范围不很明确，条款不清楚或很不公正，技术规范要求过于苛刻时，则要在充分估计风险的基础上，按多方案报价法处理。即是按原招标文件报一个价，然后再提出如果某条款做某些变动，报价可降低的额度。这样可以降低总造价，吸引招标人。

投标人这时应组织一批有经验的设计和施工工程师，对原招标文件的设计方案仔细研究，提出更合理的方案以吸引招标人，促成自己的方案中标。这种新的建议可以降低总造价或提前竣工。但要注意的是对原招标方案一定也要报价，以供招标人比较。

增加建议方案时，不要将方案写得太具体，保留方案的技术关键，防止招标人将此方案交给其他投标人，同时要强调的是，建议方案一定要比较成熟，或过去有这方面的实践经验。因为投标时间往往较短，如果仅为中标而匆忙提出一些没有把握的建议方案，可能引起很大的不良后果。

3. 突然降价法

突然降价法可以在报价时迷惑竞争对手，即先按一般情况报价或表现出自己对该工程兴趣不大，到快要投标截至时才突然降价。采用这种方法时，一定要在准备投标报价的过程中考虑好降价的幅度，在临近投标截止日期前，根据信息情况分析判断，再做最后决策。采用突然降价法往往降低的是总价，而要把降低的部分分摊到各清单项内，可采用不平衡报价法进行，以期取得更高的效益。

4. 许诺优惠条件

投标报价附带优惠条件是行之有效的一种手段。招标人评标时，除了主要考虑报价和技术方案外，还要分析别的条件，如工期、支付条件等。所以在投标时主动提出提前竣工、低息贷款、赠给施工设备、免费转让新技术或某种技术专利、免费技术协作、代为培训人员等，均是吸引招标人、利于中标的辅助手段。

5. 无利润投标法

无利润投标法有以下几种适用情况：

(1) 对于分期建设的项目，先以低价获得首期项目，而后赢得机会创造第二期工程中的竞争优势，并在以后的实施中赚得利润。

(2) 某些施工企业其投标的目的不在于从当前的工程上获利，而是着眼于长远的发展。如为了开辟市场、掌握某种有发展前途的工程施工技术等。韩国 LG 电梯为了进入大连市场，在大连广电中心的电梯投标报价中，赠送建设单位四部电梯，可以说是“零报价”。

(3) 在一定的时期内，施工单位没有在建的工程，如果再不得标，就难以维护生存。所以，在报价中可能只要一定的管理费用，以维持公司的日常运转，渡过暂时的难关后，再图发展。

过关问题 2：不平衡报价策略就是在报价时，在总标价不变的前提下，将工程量清单中的某些综合单价调整得略高于正常水平，另一些综合单价调得略低于正常水平，争取在施工结算时做到“早收钱，多收钱”，尽量创造最佳经济效益。承包商对综合单价进行不平衡报价时，应合理分析，并遵循一定原则，试讨论综合单价在何种情况下可以报低、何种情况下可以报高。

答：综合单价可以报低或可以报高的适用情况见表 4-13。

表 4-13　不平衡报价策略适用情况

情况 / 序号	综合单价可以报高	综合单价可以报低
1	施工条件差的工程	施工条件好的工程
2	专业要求高的技术密集型工程，而本公司在这方面有专长，声望也高	工作简单、工程量大而一般公司都可以做得工程
3	总价低的小工程以及自己不愿做、又不方便不投标的工程	本公司目前急于打入某一市场、某一地区，或在该地区面临工程结束，机械设备等无工地转移时
4	特殊的工程，如港口码头、地下开挖工程等	本公司在附近有工程，而本项目又可利用该工地的设备、劳务，或有条件短期内突击完成的工程
5	工期要求急的工程	非急需工程
6	投标对手少的工程	投标对手多，竞争激烈的工程
7	支付条件不理想的工程	支付条件好的工程

过关问题3：2012年7月2日，某工程建设公司承包建设某煤气化公司位于××省某化工园区的原料结构调整项目的气化、渣水装置主体土建工程，双方签订工程施工合同，并约定采用固定总价方式确定工程价款，投标人在施工图范围内总价包干，除招标人已定的暂估价材料价差、调整工程量（设计变更、包括正式施工图与招标图的差异、技术核定、现场签证）可调整之外，其他不再调整。后煤气化公司在主合同约定的工程范围内又增加了一些零星施工项目，对于该部分工程的工程款双方发生了争议。该公司要求就增加的零星项目按照施工合同的投标报价进行计价，煤气化公司抗辩主张若将零星施工项目任务委托视为施工合同的一部分，零星施工的防腐工程按照投标报价计价的话，主合同中的投标报价存在显失公平情形，应当予以撤销或者防腐工程单价按2015年《××省建设工程　工程量清单计价定额》计算费用。某工程建设公司与煤气化公司因建设工程施工合同纠纷告上法庭。试讨论被告煤气化公司的抗辩是否应予以支持，并简述原因。

答：原告某工程建设公司根据招标文件的工程量清单要求进行组价，确实存在各施工项目不平衡报价的情况，通过各项目的组价后形成最终的中标合同包干价，并不违反招投文件要求，且被告煤气化公司通过招投标后签订合同的行为，应当视为对原告某工程建设公司不平衡报价的认可。本案中，被告煤气化公司通过公开招投标进行工程发包，应当对建设工程市场比较了解的情况下最终予以中标后签订合同的。被告煤气化公司在庭审中并未向本院提供证据证明对方利用其优势地位或者己方无经验等情形，双方充分协商的情况下签订的该合同并无显失公平之情形。故对被告煤气化公司的抗辩主张，不应予以支持。

不平衡报价没有违反法律法规的效力性规定，也不属于合同法中的显失公平行为，它只是投标人根据目标工程的现实情况、未来预期而对己方将来可能要承担的风险进行的调整与再分配，其只要不违反招投标法及其招投标文件的相关要求，不突破单项综合单价的限制价，就应当认为其符合要求。另外，招标人作为目标工程的发包人，当然有能力也有义务审核投标人工程量清单的报价是否符合己方要求，从而承担相应的结果。

过关问题4：某承包商通过资格预审后，对招标文件进行分析，发现业主所提出的工期要求较为苛刻，且合同条款中规定每拖延1天工期罚合同价的1%，若要保证实现该工期要求，必须采取特殊措施，从而增加成本；还发现原设计结构方案采用框架剪力墙体系过于保守。因此，该承包商在投标文件中说明业主的工期难以实现，在工期方面按自己认为的合理工期（增加8个月）编制施工进度计划并据此报价；还建议将框架剪力墙体系改为框架体系，并对这两种体系进行技术经济分析和比较，证明框架体系不仅能保证工程结构的可靠性和安全性、增加使用面积、提高空间利用灵活性，而且可以降低造价约3%。该承包商将技术标和商务标分别封装，在封口处加盖本单位公章和法定代表人签字后，在投标截止日前1天上午将投标文件报送业主。次日（即投标截止日当天）下午，在规定的开标时间前1小时，该承包商又递交一份补充文件，其中声明将原报价降低4%。试分析该承包商运用了哪几种报价技巧，并讨论各报价策略运用是否得当。

答：该承包商运用了三种报价技巧：多方案报价法、增加建议方案法及突然降价法。

其中，多方案报价法运用不当，因为运用该报价技巧时，必须对原方案报价，而该承包商在投标时仅说明了该工期要求难以实现，却未报出相应的投标价。

增加建议方案运用得当，通过对两个结构体系方案的技术经济分析和比较，意味着对两个方案都进行了报价，验证了建议方案的技术可行性和经济合理性。

突然降价法运用得当，原投标文件的递交时间比规定的投标截止时间仅提前 1 天多，为竞争对手调整、确定最终报价保留了一定时间，起到了迷惑竞争对手的作用。同时在开标前 1 小时突然递交降价文件，这时竞争对手没有时间和可能再更新报价。

任务五 投标文件的递交

过关问题 1：投标函及其附录是投标人按照招标文件的条件和要求，向招标人提交的有关投标报价、工期、质量目标等要约主要内容的函件，是投标人为响应招标文件相关要求所做的概括性核心函件，一般位于投标文件的首要部分。工程投标函及其附录包含哪些要素？应如何填写？

答：工程投标函包括投标人告知招标人投标项目具体名称和具体标段，以及投标报价、工期和达到的质量目标等：

（1）投标有效期。投标函中，投标人应当填报投标有效期限和在有效期内相关的承诺。例如“我方同意在自规定的开标之日起 120 天的投标有效期内严格遵守本投标文件的各项承诺。在此期限届满之前，本投标文件始终对我方具有约束力，并随时接受中标。我方承诺在投标有效期内不修改和不撤销投标文件。”

（2）投标保证金。投标函中，投标人应该承诺为本次投标所提交的投标保证金金额，例如，“随同本投标函提交投标保证金一份，金额为人民币贰拾万元（人民币 20 万元）。”

（3）中标后的承诺。从理论上讲，每个投标人都存在中标的可能性，所以应在投标函中要求每个投标人对中标后的一些责任和义务进行承诺。例如，要求投标人承诺：

1）在收到中标通知书后，按照招标文件规定向招标人递交履约担保。

2）在中标通知书规定的期限内与招标人签订合同。

3）提交的投标函及其附录作为合同的组成部分。

4）在合同约定的期限内完成并移交全部合同工程。

5）所提交的整个投标文件及有关资料完整、准确、真实有效，且不存在招标文件不允许的情形。

（4）投标函的签署。投标人承诺的执行性和可操作性都基于投标人的书面签署，因此在投标函格式部分均应按招标文件要求由投标人签字或盖法人印章、法定代表人或其委托代理人签字，明确投标人的联系方式（包括地址、网址、电话、传真、邮政编码等），作为对投标函内容的确认。

投标文件应按照招标文件提供的统一格式编写，投标人有针对性地填写有空格的地方，评标时评标专家可以一目了然，减少废标的可能性，简化评标的工作。

投标人填报投标函附录时，在满足招标文件实质性要求的基础上，可以提出比招标文件要求更有利于招标人的承诺。一般以表格形式摘录列举，见表 4-14。其中“序号”一般是根据所列条款名称在招标文件合同条款中的先后顺序进行排列；“条款内容”为所摘录条款的关键词；“合同条款号”为所摘录条款名称在招标文件合同条款中的条款号；“约定内容”是投标人投标时填写的承诺内容。

表 4-14　投标函附录

工程名称：(项目名称) 标段

序号	条款内容	合同条款号	约定内容	备注
1	项目经理		姓名：____	
2	工期		____日历天	
3	缺陷责任期			
4	承包人履约担保金额			
5	分包		见分包项目情况表	
6	逾期竣工违约金		____元/天	
7	逾期竣工违约金最高限额			
8	提前竣工的奖金			
9	提前竣工的奖金限额			
10	价格调整的差额计算		见价格指数权重表	
11	开工预付款			
12	材料、设备预付款			
13	进度付款证书最低限额			
14	进度付款支付期限			
15	逾期付款违约金			
16	质量保证金百分比			
17	最终付款支付期限			
18	保修期			

过关问题 2：大型复杂项目中对资金和技术要求比较高，单靠一个投标人的力量不能顺利完成的，可以联合几家企业集中各自的优势以一个投标人的身份参加投标。如有联合体参与投标，应符合哪些要求？作为投标人，你所提交的联合体协议书应该包括哪些内容？

答：(1) 两个或两个以上施工单位组成的联合体投标时，除按有关规定提供组成联营体每一成员的资料外，还应符合以下规定要求：

1) 投标单位的投标文件及中标后签署的合同协议书，对联合体每一成员均受法律约束。

2) 应指定一家联合体成员作为主办人，由联合体各成员法定代表人签署提交一份授权书，证明其主办人资格。

3) 联合体主办人应被授权代表所有联合体成员承担责任和接受指令，并且由联合体主办人负责整个合同的全面实施，包括只有主办人可以支付费用等。

4) 所有联合体成员应按合同条件的规定，为实施合同共同和分别承担责任。在联合体授权书中，以及在投标文件和中标后签署的合同协议书中应对此做相应的声明。

5) 联合体各成员之间签订的联合体协议书副本应随投标文件一起递交。

6) 参加联合体的各成员不得再以自己名义单独投标，也不得同时参加两个或两个以上的联合体投标。如有违反将取消该联合及联合体各成员的投标资格。

（2）联合体协议书的内容主要包括及下几方面：

1）联合体成员的数量。联合体协议书中首先必须明确联合体成员的数量。其数量必须符合招标文件的规定，否则将视为不响应招标文件规定，而作为废标。

2）牵头人和成员单位名称。联合体协议书中应明确联合体牵头人，并规定牵头人的职责、权利及义务。

3）联合体协议中牵头人的职责、权利及义务一般有如下约定：

① 编制本项目投标文件。

② 接收与本项目投标有关资料、信息及指示，并处理与之有关一切事务。

③ 递交投标文件，进行合同谈判。

④ 负责履行合同阶段的主办、组织和协调工作。

4）联合体内部分工。联合体协议书一项重要内容是明确联合体各成员的职责分工和专业范围，以便招标人对联合体各成员专业资质业绩进行审查，并防止中标后联合体成员产生纠纷。

5）签署。联合体协议书应按招标文件规定进行签署和盖章，联合体中的每一成员都应签字。

过关问题3：投标保函是投标人向银行申请开立的保证函，保证投标人在开标之前不得撤标、在中标后按照招标文件和投标文件与招标人签订合同。投标保函的金额及有效期如何规定？开标后投标保证金如何退还？

答：《中华人民共和国招标投标法实施条例》第26条明确了投标保证金不得超过招标项目估算价的2%，此外，投标保证金有效期应超出投标有效期28天。对于未能按要求提交投标保证金的投标，招标单位将视为不响应投标而予以拒绝。

未中标的投标单位的投标保证金将尽快退还（无息），最迟不超过规定的投标有效期期满后14天。中标单位的投标保证金，按要求提交履约保证金并签署合同协议后，予以退还（无息）。如投标人有下列情况，将被没收投标保证金：投标人在投标有效期内撤回其投标文件；中标人未能在规定期限内提交履约保证金或签署合同协议。如果投标人违约，开立保证函的银行将根据招标人的通知，支付银行保函中规定数额的资金给招标人。

过关问题4：假如你是投标人，请你谈一谈投标文件递交时需注意的问题。哪些情形通常会被认为是废标？

答：（1）投标文件正本一份，副本份数见投标人须知前附表。正本和副本的封面上应清楚地标记“正本”或“副本”的字样。当副本和正本内容不一致时，以正本为准。并将投标文件的正本和每份副本分别密封在内层包封，再密封在一个外层包封中，并在内包封上正确标明“投标文件正本”或“投标文件副本”。

内层和外层包封都应写明招标单位名称和地址、合同名称、工程名称、招标编号、并注明开标时间以前不得开封。

在内层包封上还应写明投标单位的名称与地址、邮政编码，以便投标出现逾期送达时能原封退回。

如果内外层包封没有按上述规定密封并加标志，招标单位将不承担投标文件错放或提前开封的责任，由此造成的提前开封的投标文件将予以拒绝，并退还给投标单位。

投标文件应用不褪色的材料书写或打印，并由投标人的法定代表人或其委托代理人签字并加盖单位章。委托代理人签字的，投标文件应附法定代表人签署的授权委托书。投标文件应尽量避免涂改、行间插字或删除，如果出现上述情况，改动之处应加盖单位章或由投标人的法定代表人或其授权的代理人签字确认，签字或盖章的具体要求见投标人须知前附表。

（2）投标文件有下列情形之一的，在开标时将被视为无效或作废的投标文件，不能参加评标：

1）投标文件未按规定标志、密封的。

2）未经法定代表人签署、未加盖投标人公章或未加盖法定代表人印鉴的。

3）未按规定的格式填写，内容不全或字迹模糊辨认不清的。

4）投标截止时间以后送达的投标文件。投标人在编制投标文件时应特别注意，以免被判为无效标而前功尽弃。

成果与范例　某住宅楼工程投标文件

一、封面

投标文件正本

投 标 文 件

项目名称：某住宅项目

投标人（章）：××建筑有限公司

地址：幸福路 123 号

法定代表人或委托代理人（签字或盖章）：×××

投标日期：201×年×月××日　此前不得开封

二、投标函及投标函附录

投　标　函

××建筑有限公司：

1. 根据已收到的某住宅楼工程的招标文件，遵照规定，我单位经考察现场和认真研究上述工程招标文件后，我们承认招标文件的全部内容，并愿以人民币贰亿壹仟伍佰伍拾玖万肆仟柒佰陆拾（大写）元215594760元（小写）的总价，按上述工程的合同条件、技术规范、图纸、工程量清单的条件承包本次招标范围的全部工程的施工、竣工和保修。

2. 如果我方的投标书被接受，我们在接到中标通知书后将按中标通知书和招标文件的要求及时签订合同协议书。

3. 一旦我方中标，我方保证在接到监理工程师开工令后，严格按开工令上的开工日期为本工程施工，并按业主批准的工程进度完成，准时交付合同包括的工程，不致使总工期有所延误。

4. 一旦我方中标，我方保证在330天（日历日）内竣工并移交整个工程。

5. 如果我方中标，将派出××（项目经理姓名）作为本工程的项目经理。

6. 我方同意所提交的投标文件在“投标须知”3.3款规定的投标有效期内有效，在此期间内我方的投标有可能中标，我方将受此约束。

7、除非另外达成协议并生效，你方的中标通知书和本投标文件将构成约束我们双方的合同。

8、我们同意承担我单位为投标所发生的一切费用。

9. 我方金额为人民币肆佰万元的投标保证金与本投标书同时递交。

投标人：　　（印章）××建筑有限公司

单位地址：幸福路123号

法定代表人：（签字、印章）

邮政编码：　　　　电话：　　　　传真：

开户银行名称：　　　　开户银行地址：　　　　电话：

日期：201×年×月××日

投 标 函 附 录

序号	项 目	内 容
1	发出开工通知的时间	签订合同协议书格式后 7 天内
2	工期延误违约金	每延误一天，为合同价款的 0.05%
3	工期延误违约金限额	合同价款的 5%
4	工程质量未达标违约金	合同价款的 5%
5	工程预付款金额	合同价款的 10%
6	工程保修金金额	合同价款的 5%
7	竣工时间	201×年××月××日

投标人（公章）：××建筑有限公司

法定代表人或授权代理人（签名、印章）：××

日期：201×年×月××日

三、法定代表人资格证明书或授权委托书

法定代表人资格证明书

单位名称：××建筑有限公司

地址：幸福路 123 号

姓名：×× 性别：男年龄：50 岁 职务：总经理 系××建筑有限公司的法定代表人。为签署某住宅楼工程（工程名称）投标文件、进行合同谈判、签署合同和处理与之有关的一切事务。

特此证明。

投标人：（签字、印章）

日期：201×年×月××日

授权委托书

龙城建设开发有限责任公司：

本授权委托书声明：

我××（姓名）系××建筑有限公司（投标人名称）的法定代表人，现授权委托××（姓名）为我公司授权代理人，以本公司的名义参加某住宅楼工程的投标活动。

授权代理人在开标、评标、合同谈判、签约及办理相关公证等过程中所签署的一切文件和处理与之有关的一切事物，我均予以承认。该被授权人就在××办理相关公证事宜有转委权。

授权代理人：××　性别：男　年龄：45 岁　职务：职员

身份证号码：130582××××××××××××

特此委托。

投标人：（公章）：××建筑有限公司

法人代表：（签字、印章）：

授权代理人：（签字、印章）：

日期：201×年×月××日

四、投标保证金

投标保证金保函

×××（招标人名称）：

鉴于×××（投标人名称）（以下简称“投标人”）于 201×年×月××日参加某住宅楼工程（项目名称）的投标，（出具保函的银行名称，以下简称我方）无条件地、不可撤销地保证：投标人在规定的投标文件有效期内撤销或修改其投标文件的，或者投标人在收到中标通知书后无正当理由拒签合同或拒交规定履约担保的，我方承担保证责任。收到你方书面通知后，在 7 日内无条件向你方支付人民币（大写）肆佰万元。

本保函在投标有效期内保持有效。要求我方承担保证责任的通知应在投标有效期内送达我方。

保函银行名称：＿＿＿＿＿（盖单位章）

法定代表人或其委托代理人：（签字）

地址：

邮政编码：

电话：

传真：

201×年×月××日

五、已标价工程量清单

某住宅楼工程

工 程 量 清 单 报 价 表

投　标　人：××建筑有限公司（单位盖章）

法定代表人：××（签字盖章）

造价工程师（或造价编审人员）：××

注册证号（或造价编审章）：＿＿＿＿＿＿＿＿

（签字盖执业专用章）

编 制 时 间：201×年×月××日

目　录

投 标 总 价

建设单位：××房地产开发有限公司

工程名称：某住宅楼工程

投标总价（小写）：215594760 元

（大写）：贰亿壹仟伍佰伍拾玖万肆仟柒佰陆拾元整

投标人：××建筑有限公司（单位盖章）

法定代表人：××（签字盖章）

编制时间：201×年×月××日

报价说明

1. 本报价依据本工程投标须知和合同的有关条款进行编制。

2. 工程量清单报价表中所填入的综合单价和合价均包括人工费、材料费、机械费、管理费、利润和税金以及采用固定价格的工程量测算的风险等全部金额。

3. 措施项目报价表中所填入的措施项目报价，包括完成本工程项目施工必须采取的措施所发生的费用。

4. 其他项目报价表中所填入的其他项目报价，包括工程量清单报价表和措施项目报价以外的，为完成本项目施工必须发生的其他费用。

5. 本工程清单量报价表中的每一单项均应填写单价和合价，对没有填写单价和合价的项目费用，视为已包括其他单价和合价之中。

6. 本报价的币种为人民币。

××建筑有限公司

201×年×月××日

一、工程项目投标报价汇总表（表1）

表1　工程项目投标报价汇总表

工程名称：某住宅楼工程　　　　第1页，共1页

序号	汇总内容	金额/元	其中：暂估价/元
1	分部分项工程费	146826488	
1.1	建筑工程	57615569	1950000
1.2	装饰装修工程	33008367.44	9162669
1.4	电梯工程	1598596.7	1500000
1.5	变配电工程	7095624.89	2580000
1.6	强电工程	23012437.8	12262435
1.7	喷淋工程	712402	
1.8	消火栓及气体灭火工程	904233	
1.9	消防炮工程	633477	
1.10	给水排水工程	2945720	623800
1.11	供暖工程	1468507	
1.12	通风空调工程	17203100	950000
1.13	弱电工程	1456789	
2	措施项目费	13905320.42	
2.1	其中：安全文明施工费	4162240.65	
3	其他项目	42579334.54	
3.1	暂列金额	4480000	
3.2	专业工程暂估价	39165689	
3.3	计日工	41054	
3.4	总承包服务费	1466800	
4	规费	5149885	
5	税金	7133732	
投标报价合计=1+2+3+4+5		215594760	29028904

二、单位工程投标报价汇总表（表2）

表2　单位工程投标报价汇总表

工程名称：某住宅楼工程　　　　第1页，共1页

序号	汇总内容	金额/元	其中：暂估价/元
1	分部分项工程费	146826488	
1.1	建筑工程	57615569	1950000
1.2	装饰装修工程	33008367.44	9162669

（续）

序号	汇总内容	金额/元	其中：暂估价/元
1.4	电梯工程	1598596.7	1500000
1.5	变配电工程	7095624.89	2580000
1.6	强电工程	23012437.8	12262435
1.7	喷淋工程	712402	
1.8	消火栓及气体灭火工程	904233	
1.9	消防炮工程	633477	
1.10	给水排水工程	2945720	623800
1.11	供暖工程	1468507	
1.12	通风空调工程	17203100	950000
1.13	弱电工程	1456789	
2	措施项目费	13905320.42	
2.1	其中：安全文明施工费	4162240.65	
3	其他项目	42579334.54	
3.1	暂列金额	4480000	
3.2	专业工程暂估价	39165689	
3.3	计日工	41054	
3.4	总承包服务费	1466800	
4	规费	5149885	
5	税金	7133732	
投标报价合计=1+2+3+4+5		215594760	29028904

三、分部分项工程量和单价措施项目清单与计价表（表3）

表3　分部分项工程和单价措施项目清单与计价表（部分）

工程名称：某住宅楼建筑　　　　标段：　　　　第1页，共　　页

序号	项目编码	项目名称	项目特征描述	计量单位	工程量	金额/元		
						综合单价	合价	其中：暂估价
			A.1　土（石）方工程					
1	010101001001	场地平整	1. 土壤类别：自行考虑 2. 弃土运距：自行考虑 3. 取土运距：自行考虑	m^2	4733.44	3.76	17797.73	
2	010101004001	挖基坑土方	1. 土壤类别：根据地质勘探报告确定 2. 挖土深度：13m外（按图纸标注计算） 3. 弃土运距：自行考虑 4. 工作内容：挖土、余土外运、工作面内排水、修理边坡	m^3	5783.2	6.940	40135.408	

（续）

序号	项目编码	项目名称	项目特征描述	计量单位	工程量	金额/元		
						综合单价	合价	其中:暂估价
			A.1 土(石)方工程					
3	10103001001	土(石)方回填	1. 土壤类别:根据地质勘探报告确定 2. 土方运距:投标单位自行考虑,机械人工回填比例投标方自行考虑	m^3	5427.23	16.740	90851.83	
			(其他略)					
			分部小计					
			A.2 砌筑工程					
8	010401003002	实心砖墙(阳台砖栏板)	1. 砖的品种、规格、强度等级:MU10页岩多孔砖 2. 墙体类型:直形墙 3. 墙体厚度:120mm 4. 砂浆强度等级:水泥石灰砂浆中砂M5	m^3	95.162	489.91	46620.815	
9	010401005001	空心砖墙、砌块墙	1. 部位:内墙 2. 砖的品种、规格、强度等级:MU7.5陶粒混凝土空心砌块 3. 墙体类型:直形墙 4. 墙体厚度:19cm 5. 砂浆强度等级:μ5.0专用配套砂浆	m^3	3340.18	333.690	1114584.66	
			(其他略)					
			分部小计					

四、工程量清单综合单价分析表（表4）

表4 工程量清单综合单价分析表（部分）

工程名称：某住宅工程　　　　标段：　　　　第1页，共　页

序号	项目编码	项目名称及项目特征描述	单位	工程量	综合单价/元	综合单价/元					
						人工费	材料费	机械费	管理费	利润	其中:暂估价
		分部分项工程									
	0101	土石方工程									
1	010101001001	场地平整 1. 土壤类别:自行考虑 2. 弃土运距:自行考虑 3. 取土运距:自行考虑	m^2	4733.44	3.76	3.37			0.29	0.10	
	A1-1	人工平整场地	$100m^2$	47.334	376.33	388.80			36.55	10.23	

（续）

序号	项目编码	项目名称及项目特征描述	单位	工程量	综合单价/元	综合单价/元					
						人工费	材料费	机械费	管理费	利润	其中：暂估价
2	010101004001	挖基坑土方 1. 土壤类别：根据地质勘探报告确定 2. 挖土深度：13m 外（按图纸标注计算） 3. 弃土运距：自行考虑 4. 工作内容：挖土、余土外运、工作面内排水、修理边坡	m^3	6123.7	6.940	2.85		3.488	0.50	0.10	
	A1-18 换	液压挖掘机挖土　斗容量（$1.0m^3$）	$1000m^3$	5.427	4424.10	316.80		3632.23	371.21	103.86	
	A1-9 换	人工挖土方深度 1.5m 以内　三类土	$100m^3$	6.967	3498.16	3117.60		4.92	293.52	82.12	
		（其他略）									

五、总价措施项目清单与计价表（表 5）

表 5　总价措施项目清单与计价表

工程名称：某住宅楼工程　　　　标段：　　　　第 1 页，共 1 页

序号	项目名称	计算基础	费率（%）	金额/元
1	安全文明施工	分部分项工程费	6.96	4162240.65
2	夜间施工			
3	二次搬运			
4	冬雨季施工			
5	大型机械设备进出场及安拆			90000
6	施工排水			
7	施工降水			1167889.81
8	地上、地下设施，建筑物的临时保护设施			215531.71
9	已完工程及设备保护			
10	竣工图编制费			149999.61
11	护坡工程			3702585.68
12	场地狭小所需措施费用			
13	室内空气污染检测费			
14	建筑工程措施项目			1298288.69
（1）	脚手架			873122.87
（2）	垂直运输机械			425165.82
15	装饰装修工程措施项目			
（1）	垂直运输机械			

（续）

序号	项目名称	计算基础	费率(%)	金额/元
(2)	脚手架			
16	其他专业措施费用			
	合　计			10786536.15

六、其他项目清单与计价汇总表（表6）

表6　其他项目清单与计价汇总表

工程名称：某住宅楼工程　　　　标段：　　　　第1页，共1页

序号	项目名称	金额/元	结算金额/元	备注
1	暂列金额	4500000		明细详见暂列金额明细表
2	暂估价	39170000		
2.1	材料暂估价	—		明细详见材料暂估单价表
2.2	专业工程暂估价	39170000		明细详见专业工程暂估价表
3	计日工	41054		明细详见计日工表
4	总承包服务费	1466800		明细详见表总承包服务费计价表
	合计	45177854		—

七、规费、税金项目计价表（表7）

表7　规费、税金项目清单与计价表

工程名称：某住宅楼工程　　　　标段：　　　　第1页，共1页

序号	项目名称	计算基础	计算基数	费率/%	金额/元
1	规费	人工费			5149885
1.1	建筑安装劳动保险费			27.93	
(1)	养老保险费				
(2)	失业保险费				
(3)	医疗保险费				
1.2	生育保险费			1.16	
1.3	工伤保险费			1.28	
1.4	住房公积金			1.85	
1.5	工程排污费			0.40	
2	税金	Σ（分部分项工程和单价措施项目费+总价措施项目费+税前项目费+规费）		10	7133732
	合计				12283617

八、施工组织设计（详见项目三的成果文件）

九、拟分包项目情况表（表8）

表8　拟分包工程情况表

分包人名称	A 建设公司	地址	×市××区花园路	
法定代表人	××	电话	13×××××××××	
营业执照号码		资质等级	房屋建筑工程施工总承包一级	
拟分包的工程项目	主要内容		预计造价（万元）	已经做过的类似工程
细石混凝土楼地面找平（底层阳台厕所）	1. 部位：底层厕所及阳台 2. 做法：详 05ZJ00153 地/18 及建施 10-3 图大样 6 中的标注节点 98ZJ513 图集 2/19 3. 60mm 厚 C20 细石混凝土找坡 1%，最薄 30mm（仅水平面）		2.480	某教学楼项目
墙面一般抹灰（外墙面）	做法：05ZJ001 外墙 23/70 页 1. 阳台砖栏板及下吊梁 2. 阳台栏杆支座外侧及吊梁 3. 外墙面为涂料位置 4. 12mm 厚 1∶3 水泥砂浆 5. 8mm 厚 1∶2.5 水泥砂浆 6. 建施 10-1 图第三条第 4 小条的（1）点外墙抹灰砂浆内掺 5% 防水剂		22.05	
块料楼地面（屋面铺砖）	1. 部位：58.8m 标高平屋面 2. 做法：05ZJ001 屋 20/115 3. 在 40mm 厚 C30UEA 补偿收缩混凝土面铺地板砖（设计没有规格，暂按 300mm×300mm 防滑砖） 4. 25mm 厚 1∶4 干硬性水泥砂浆		0.11	

十、资格后审证明文件或资格预审更新资料（表9~表11）

表9　投标人基本情况表

投标人名称	××建设公司					
注册地址	幸福路 123 号			邮政编码	××××××	
联系方式	联系人	××		电　话	13×××××××××	
	传　真	010-××××××××		网　址		
法定代表人	姓名	××	技术职称	工程师	电话	13×××××××××
技术负责人	姓名		技术职称	工程师	电话	13×××××××××
成立时间	2000 年		员工总人数：			
企业资质等级	房建施工总承包一级		其中	项目经理	10 人	
营业执照号码				高级职称人员	6 人	
注册资金	100 万			中级职称人员	15 人	
开户银行	中国银行××支行			初级职称人员	30 人	
账号	××××			技工	78 人	
经营范围	房屋建筑施工总承包					

表 10　近年完成的类似工程情况表

项目名称	某写字楼项目
项目所在地	×市城西区北大街 123 号
发包人名称	××建设投资有限公司
发包人地址	×市高新区东马路 90 号
发包人电话	010-××××××××
合同价格	2.36 亿
开工日期	2006 年 8 月
竣工日期	2009 年 12 月
承担的工作	施工总承包
工程质量	优
项目经理	××
技术负责人	××
总监理工程师及电话	××　13×××××××××
项目描述	该写字楼高 28 层 建筑面积：622.922m^2 地上水泥砂浆地面 外墙面砖+涂料、内墙乳胶漆 外门窗为塑钢、内门为成品木门
备　注	

表 11　正在施工的和新承接的工程情况表

项目名称	海阳小区
项目所在地	×市高新区
发包人名称	A 建筑有限公司
发包人地址	×市高新区
发包人电话	13×××××××××
签约合同价	5778.36 万元
开工日期	2016 年 5 月
计划竣工日期	2018 年 12 月
承担的工作	建筑施工及内部装饰工程
工程质量	优
项目经理	××
技术负责人	××
总监理工程师及电话	××　13×××××××××
项目描述	总建筑面积 38092.11m^2，其中 1#楼 8847.3m^2 框架 11+1 层、2#楼 10136.7m^2 框架 11+1 层、3#楼 6595.7m^2 框架 6+1 层、4#楼 3014.4m^2 框架 6+1 层、5#楼 3014.4m^2 框架 11+1 层、人防地下室 5215m^2 框架、地下车库 1268.61m^2 框架
备　注	

参 考 文 献

[1] 严玲，尹贻林. 工程计价学［M］. 3版. 北京：机械工业出版社，2017.

[2] 李启明. 土木工程合同管理［M］. 3版. 南京：东南大学出版社，2015.

[3] 林知炎，曹吉鸣. 工程施工组织与管理［M］. 上海：同济大学出版社，2002.

[4] 严玲. 招投标与合同管理工作坊［M］. 北京：机械工业出版社，2015.

[5] 孙琳琳，贾宏俊，刘建新. 工程量清单计价模式下投标报价方法探析［J］. 建筑经济，2015，36（3）：58-60.

[6] 严敏《建设工程工程量清单计价规范》释义与解读［M］. 北京：中国建材工业出版社，2013.

[7] 孙林，周建平. 小议工程量清单的准确性和完整性［J］. 价值工程，2014（10）：85-86.

[8] 中国建设工程造价管理协会. 建设工程造价咨询规范：GB/T 51095—2015［S］. 北京：中国建筑工业出版社，2015.

[9] 王华. 工程招标与投标报价实战指南［M］. 北京：中国电力出版社，2010.

[10] 刘恩超. 工程量清单计价编制与典型实例应用图解：工程量清单计价基础知识与投标报价［M］. 2版. 北京：中国建材工业出版社，2014.

[11] 蔡雪峰. 土木工程施工组织［M］. 北京：高等教育出版社，2011.

[12] 中国建筑技术集团有限公司. 建筑施工组织设计规范：GB/T 50502—2009［S］. 北京：中国建筑工业出版社，2009.

[13] 严玲，吴量. 专业工程暂估价调整与支付研究［J］. 建筑经济，2014，35（7）：56-59.